Web 开发与设计

Rust 全栈开发

[美] 帕布·埃什瓦拉(Prabhu Eshwarla) 著

王志强 刘 畅 译

清華大学出版社

北 京

北京市版权局著作权合同登记号 图字：01-2024-5557

Prabhu Eshwarla
Rust Servers, Services,and Apps
EISBN: 9781617298608

图书在版编目（CIP）数据

Rust 全栈开发 / (美) 帕布·埃什瓦拉
(Prabhu Eshwarla) 著 ; 王志强, 刘畅译. -- 北京 :
清华大学出版社, 2025. 3. -- (Web 开发与设计).
ISBN 978-7-302-68171-7

Ⅰ. TP312

中国国家版本馆 CIP 数据核字第 2025F1930T 号

责任编辑：王　军
封面设计：高娟妮
版式设计：恒复文化
责任校对：马遥遥
责任印制：沈　露

出版发行：清华大学出版社
网　　址：https://www.tup.com.cn，https://www.wqxuetang.com
地　　址：北京清华大学学研大厦 A 座　　邮　　编：100084
社 总 机：010-83470000　　邮　　购：010-62786544
投稿与读者服务：010-62776969，c-service@tup.tsinghua.edu.cn
质 量 反 馈：010-62772015，zhiliang@tup.tsinghua.edu.cn
印 装 者：涿州汇美亿浓印刷有限公司
经　　销：全国新华书店
开　　本：170mm×240mm　　印　　张：18.25　　字　　数：422 千字
版　　次：2025 年 3 月第 1 版　　印　　次：2025 年 3 月第 1 次印刷
定　　价：98.00 元

产品编号：106326-01

拥抱 Rust 全栈开发，开启高效安全编程新纪元

当今时代，软件开发领域风起云涌，新技术、新框架层出不穷。作为一名 Rust 开发者和技术爱好者，我深知开发者在享受技术红利的同时，也面临着日益严峻的挑战：如何在保障系统高性能、高并发的同时，兼顾代码的安全性和可维护性？如何在快速迭代的开发节奏中，降低错误发生的概率，提升开发效率？传统的编程语言在面对这些挑战时，往往显得力不从心。而 Rust 语言的出现，为我们提供了一种全新的、极具潜力的解决方案。

我有幸提前拜读了"Web 开发与设计"丛书的新作《Rust 全栈开发》，深感这是一本能够引领开发者进入 Rust Web 全栈开发新世界、并能切实解决上述挑战的优秀著作。

为什么你需要阅读这本书？

在信息爆炸、技术快速迭代的今天，选择一本适合自己的书，就如同获得了一位经验丰富的导师，能够帮助你少走弯路，快速掌握核心技能。

以下是我对本书内容的一个重点摘要，方便广大读者查看本书是否适合你。

1. 系统掌握 Rust Web 开发从后台到前端的全貌： 无论你是 Rust 新手，还是有一定经验的开发者，本书都能为你提供系统全面的 Rust Web 开发知识。它从 Rust 基础、Web 服务概念讲起，逐步深入到 Actix Web 框架的使用、数据库操作、异步编程、错误处理、模板引擎、客户端测试，乃至 P2P 网络编程和 Docker 部署。

2. 从实践中学习，提升实战能力： 本书最大的特点在于其实战性。它以一个名为 EzyTutors 的在线教育平台项目为贯穿全书的案例，从需求分析、架构设计到代码实现，手把手教你如何使用 Rust 构建一个真实的 Web 应用。通过这个项目，你不仅可以学习 Rust Web 开发的各项技术，更能够理解如何将这些技术应用到实际项目中，以解决实际问题。

3. 深入理解 Rust 核心优势： 本书不仅教你"如何做"，还会深入讲解"为什么这样做"。通过本书，你将深刻理解 Rust 语言在内存安全、并发安全、零成本抽象等方面的独特优势，以及这些优势如何帮助你构建更加健壮、高效、安全的 Web 应用。

4. 掌握前沿技术，拓展技术视野。 本书不仅停留在基础知识和常见用例。它前瞻性地引入了异步 Rust 和 P2P 网络编程的内容。

- **异步 Rust：** 在现代 Web 应用中，处理高并发、I/O 密集型任务是常态。本书详细讲解了 Rust 的异步编程模型，包括 async/await 语法、future 的使用，以及如何利用 Tokio 运行时构建高效的异步 Web 服务。

- **libp2p：**去中心化应用是未来的趋势。本书专门用一章介绍了如何使用 Rust 和 libp2p 库构建 P2P 应用。libp2p 是一个模块化的网络协议栈，用于构建点对点应用程序，它提供了传输层、安全性、多路复用、对等路由、内容发现等功能。通过学习第 11 章，你将掌握构建去中心化应用的基础知识，为未来的 Web 3.0 开发做好准备。

阅读本书你将收获什么？

1. 扎实的 Rust Web 开发基础：你将掌握使用 Rust 编写 Web 服务、处理 HTTP 请求、操作数据库、渲染模板、进行客户端测试等核心技能。

2. 构建高性能、高并发 Web 应用的能力：你将理解 Rust 在并发编程方面的优势，学会如何利用 Rust 的异步编程模型构建高吞吐量、低延迟的 Web 服务。

3. 编写安全、可靠代码的信心：你将深入理解 Rust 的所有权系统和借用检查器，掌握编写内存安全、无数据竞争代码的方法。

4. 解决实际问题的实战经验：通过 EzyTutors 项目的实践，你将获得构建真实 Web 应用的宝贵经验，提升你的项目开发能力。

5. 拥抱未来技术趋势的前瞻视野：本书介绍的异步编程，libp2p，为你打开通向区块链技术的大门。

寄语

Rust 语言近年来发展迅猛，凭借其独特的优势，已成为系统编程、Web 开发、嵌入式开发等领域的新宠。本书的出版，为中文开发者学习和掌握 Rust 全栈开发提供了难得的机遇。

我强烈推荐每一位对 Rust 语言、Web 开发、以及对构建高性能、安全、可靠的应用程序感兴趣的开发者阅读本书。我相信，通过本书的学习与实践，你定能在 Rust 的世界中乘风破浪，构建出属于自己的精彩应用！

张汉东
资深独立咨询师，《Rust 编程之道》的作者

译 者 序

在当今这个信息爆炸、技术迅速更新换代的时代，编程语言的迭代似乎永不停歇。然而，Rust 这门语言以其独特的魅力和强大的功能，成功地在众多语言中脱颖而出。我在早期的职业生涯，一直使用 C++进行程序开发。近年来，当接触到 Rust，并在几个项目实际应用后，我便被 Rust 的诸多特性深深吸引。Rust 的安全性、性能和并发能力让我在许多新项目中毫不犹豫地选择了它，来替代 C++。

我有幸翻译了这本《Rust 全栈开发》，希望通过我的努力，将 Rust 的精髓和魅力介绍给更多对技术充满热情的朋友们。

在翻译本书的过程中，我深刻感受到了 Rust 语言的严谨与优雅。它不仅在语法上追求简洁，更在运行时保证了内存安全，有效避免了传统编程语言常见的内存泄漏和数据竞争问题。虽然对初学者来说，Rust 的所有权系统和生命周期概念可能有些难以理解，但这正是 Rust 确保内存安全的核心。随着我对这些概念的深入学习和实践，我逐渐发现它们其实是既直观又强大的工具，能够帮助开发者编写出既安全又高效的代码。

本书内容丰富，涵盖了 Rust 的基础知识和实战项目，能够帮助读者打下坚实的基础，并引导他们将理论知识应用到实践中，逐步提升编程技能。无论是数据库编程、网络编程、错误处理还是 Web 应用开发，Rust 都能提供稳定而高效的解决方案。

在翻译这本书的过程中，我努力保持了原作的准确性和可读性，同时也尽量让语言更加贴近中文读者的阅读习惯。我相信，无论是 Rust 的初学者还是有一定基础的开发者，都能从本书获得宝贵的知识和启发。

最后，我要特别感谢本书的二译刘畅先生，没有他的强有力帮助，就无法如此顺利地完成本书的翻译工作。同时，我也要感谢我的爱人沈平女士，以及清华大学出版社的王军老师，还有所有支持和帮助我完成这项工作的人。虽然翻译是一项既费时又费力的工作，但是每每想到能将优秀的知识传播给更多的人，我就会深感荣幸和满足。希望本书能成为读者学习 Rust 编程的良师益友。

愿 Rust 在国内的生态越来越繁荣，愿大家的代码都无 bug，愿我们的技术之路越走越宽广。

关 于 作 者

Prabhu Eshwarla 目前是一家初创公司的 CTO，该公司正在使用 Rust 构建一层区块链。Prabhu 对 Rust 编程语言有浓厚的兴趣，自 2019 年 7 月以来一直在积极地学习和研究 Rust 语言。他之前曾在惠普担任软件工程师和技术管理等职位。

致　谢

在快节奏的科技领域中撰写《Rust 全栈开发》，无疑需要投入大量的时间和精力。

首先，我要感谢我的家人，他们牺牲了大量的时间支持我写书。我对他们的感激之情溢于言表。

同时，我还要感谢 Manning 出版团队的许多人，他们以各种方式帮助我，使我能够以更高的效率完成这本书的编写。我要感谢 Mike Stephens 给我这个宝贵的机会。感谢各位编辑，特别是 Elesha Hyde，她坚定的支持、指导和耐心，帮助我克服了无数挑战，最终完成本书。非常感谢制作人员，促成了这本书最终的呈现。最后，我真诚地感谢技术编辑 Alain Couniot。如果没有他们的辛勤付出，就不会有这本书。感谢 Alain 耐心而细致地审阅章节，改进代码和提升内容的技术质量、相关性，为读者带来更好的阅读体验!

最后，我还要感谢所有的审稿人，他们对稿件提出了宝贵的意见：Adam Wendell、Alessandro Campeis、Alex Lucas、Bojan Djurkovic、Casey Burnett、Clifford Thurber、Dan Sheikh、David Paccoud、Gustavo Gomes、Hari Khalsa、Helmut Reiterer、Jerome Meyer、Josh Sandeman、Kent R. Spillner、Marcos Oliveira、Matthew Krasnick、Michal Rutka、Pethuru Raj Chelliah、Richard Vaughan、Slavomir Furman、Stephane Negri、Tim van Deurzen、Troi Eisler、Viacheslav Koryagin、William Wheeler 和 Yves Dorfsman。我还要感谢 MEAP 的读者，他们在 liveBook 论坛上提了许多有趣的问题和意见，并发现了一些文字错误。

前　言

构建高性能网络服务对于任何一种编程语言来说都是挑战。Rust 所具有的特性可以大大降低这些“挑战”的门槛。

事实上，Rust 从一开始就被设计成一种用于高并发和安全系统的语言。尽管已有几种编程语言(如 C、C++、Go、Java、JavaScript 和 Python)用于开发高性能和可靠的网络服务，且这些服务既可以在单个节点上运行，也可以作为多节点分布式系统的一部分，无论是在内部部署的数据中心或云中，但是以下几点仍旧让 Rust 成为一种更佳的选择。

- 占用空间小(内存和 CPU 使用率完全可控)
- 安全性和可靠性(编译器保障内存和数据竞争的安全性)
- 低延迟(无垃圾收集器)
- 现代语言特性

本书讲授了如何通过各种工具、技术，用 Rust 构建高效可靠的网络服务和应用程序；还介绍了 Rust 中的网络服务和 Web 应用程序，从标准库原语构建的基本单节点、单线程服务器到高级多线程异步分布式服务器，跨越协议栈的不同层。内容涵盖：

- Rust 标准库中的网络原语
- 基本 HTTP 服务
- 由关系数据库支持的 REST API 服务器
- P2P 网络分布式服务器
- 高并发异步服务器

本书通过教程式方法讲解如何使用 Rust 开发 Web 服务和应用程序，通过一个个示例，不同的章节，逐步强化、深入。希望你能在本书中找到乐趣。本书内容丰富，可实践性强，对实际工作定有助益。

关 于 本 书

本书并非参考指南，更像一个引言，指引大家如何利用 Rust 开发网络服务。本书采用实践教程的形式，最大限度地方便读者的学习和理解。

本书读者对象

本书主要面向从事服务器端、Web 后端和 APl 开发，或对这些感兴趣的后端软件工程师；想探索用 Rust 替代 Go、Java 或 C++的分布式系统工程师；以及从事机器学习、人工智能、物联网、图像/视频/音频处理等领域的低延迟服务器、应用程序、实时系统的后端开发的软件工程师。

要想从本书中获得更大的收获，最好既有后端开发经验，又熟悉 Rust。如果你是后端开发人员，最好熟练掌握 Web 服务概念，包括 HTTP、JSON、使用 ORM 访问数据库以及任何高级语言(如 Java、JavaScript、Python、C#、Go 或 Ruby)的 API 开发。如果你是进阶的初学者或中级 Rust 程序员，最好了解如何复制和修改开源教程和仓库，并熟悉 Rust 的以下方面：

- Rust 基础(数据类型)、用户定义的数据结构(结构、枚举)、函数、表达式和控制循环(if、for 和 while 循环)
- 不可变性、所有权、引用和借用
- 使用 Result 和 Option 结构进行错误处理
- Rust 中的基本功能结构
- Rust 工具链，包括用于构建和依赖性管理的 Cargo，以及代码格式化、文档生成和自动化测试工具

更多 Rust 的新资讯参阅本节最后的“其他在线资源”。

本书学习路线图

本书由一系列实践项目组成，每个项目都涉及可以选用 Rust 开发的特定类型的网络服务。你将通过检查代码和编写代码的方式来学习。我们会在项目中解读相关理论知识，并鼓励你尝试一些编码练习。

本书共有 12 章，分为三部分。第 I 部分介绍了 Web 应用程序的基本概念，为其他部分奠定了基础。其中我们将开发一个日益复杂的 Web 应用程序后端，最终达到接近生产

就绪的阶段。第 I 部分由以下几章组成。

- 第 1 章介绍关键概念，如分布式体系结构和 Web 应用程序，以及将在本书中开发的应用程序。最后，总结 Rust 的优势，并提供一些关于何时使用和不使用 Rust 的提示。
- 第 2 章是本书其余部分的“热身”章节，会开发一些基于 TCP 的组件，以了解 Rust 在该领域的能力。
- 第 3 章展示如何在已经存在的丰富生态系统中用 Rust 和 crates 构建 RESTful Web 服务(并持续迭代)；解释什么是应用程序状态以及如何管理它。
- 第 4 章论述在数据库中持久化数据的必要性，将使用一个简单但高效的与 SQL 数据库交互的 crate。
- 第 5 章重点讨论在调用已开发的 Web 服务时，应对不可预见情境的关键点。
- 第 6 章旨在展示在用 Rust 开发时，随着 Web 服务 API 变得越来越强大和复杂，重构代码如何变得更加简单和安全。

第 II 部分介绍处理 Web 应用程序的另一部分——前端及其图形用户界面(GUI)。本书采用了一种简单的方法，该方法依赖于服务器端渲染，而非在浏览器中运行的复杂 Web 框架。本部分由以下三章组成。

- 第 7 章详细介绍选定的服务器端渲染框架，并阐述如何引导用户输入以及如何处理项目列表。此外，还会展示如何与第 I 部分开发的后端 Web 服务进行交互。
- 第 8 章着重探讨在服务器端使用的模板引擎，详细展示如何借助几个表单来实现用户注册功能。
- 第 9 章会更加深入地介绍 Web 应用程序，如用户身份验证、路由，以及如何高效地使用 RESTful Web 服务以 CRUD(创建、读取、更新、删除)的方式维护数据。

第 III 部分包含三个高级主题，这些主题与前面章节已经构建的 Web 服务和 Web 应用程序没有直接关联，但对于有兴趣构建复杂的 Rust 服务器并为其生产部署做准备的人来说，非常重要。

- 第 10 章介绍异步编程以及 Rust 如何支持异步编程范式。然后，通过几个简单的例子说明异步编程。
- 第 11 章展示使用 Rust 和精选的 crate 开发 P2P 应用程序时 Rust 的强大功能。
- 第 12 章详细介绍如何将 Web 应用程序打包成 Docker 映像，以便在各种环境(从本地到云端)中进行部署。

关于代码

本书的源代码可在 GitHub 上获取：https://github.com/peshwar9/rust-servers-services-apps。也可扫描封底二维码下载。全部代码按章节存放，且为各章代码的最终形式。

对于有 Rust 开发经验的人来说，配置环境应该不难：所需要的只是标准的 Rust 工具链和一个合适的 IDE(集成开发环境)，如 VS Code，以及一些 Rust 扩展(建议使用 Rust 扩展包；Rust 语法和 Rust 文档查看器也不错)。为了尽可能从 GitHub 和版本控制中受益，还应该安装Git，但这不是强制性的，毕竟还可以从GitHub上以zip存档的形式下载源代码。这本书包含了许多源代码的例子，既有带编号的代码清单，也有直接引用的代码。在这两种情况下，源代码都以这样固定宽度的字体进行格式化，以将其与普通文本分开。

在书中，大多原始源代码已被重新格式化；添加了换行符并重新调整了缩进，以适应排版。在极少数情况下，代码清单中还用到了换行标记(➥)。此外，若文中详细讲解过代码，则代码清单中不再对相应的源代码做注释。许多代码清单中都带有代码注释，用于突出重要概念。

其他在线资源

Rust编程语言由Rust创建者管理的优质在线资源以及其他独立资源(如Medium)提供支持。以下是一些推荐资源。

- *The Rust Book*——Rust开发者的官方指南(www.rust-lang.org/learn)。这本在线书籍有一个关于编写网络服务程序的部分，相对比较基础。
- *Rust by Example*——*The Rust Book* 的姊妹篇(https://doc.rust-lang.org/rust-by-example/index.html)。
- *The Cargo Book*——另一本来自Rust官网的书，专门介绍Cargo包管理(https://doc.rust- lang.org/cargo/index.html)。

关于封面插图

本书封面上的形象源自“Homme Toungouse”，又名“通古斯人”，取自 Jacques Grasset de Saint-Sauveur 于 1788 年出版的一本合集。其中每幅插图都由手工精细绘制及着色而成。

在过去，很容易通过穿着来识别人们的居住地、职业和社会地位。Manning 通过将再现几个世纪前地区文化的丰富多样性的藏画做封面，来赞颂计算机行业的创造力和积极性。

目　录

第 I 部分　Web 服务器及 Web 服务

第 II 部分 服务器端 Web 应用程序

第 III 部分 高级主题：异步 Rust

第 I 部分

Web 服务器及 Web 服务

Rust 是一种卓越的编程语言，如今正日益受到广泛认可。它最初被定位为系统编程语言，与 C 语言和 Go(lang)语言等齐名。的确，它正逐渐融入 Linux 内核：目前仅用于驱动程序和模块开发，但其核心优势——出色的表现力、内存安全性和性能——无疑将为其在操作系统中更多关键领域的应用敞开大门。在浏览器和无服务器的云环境中，Rust 正以较慢的速度渗透到仍属于保密范畴的 WebAssembly(WASM)中。

与 Go 语言一样，富有创新精神的开发者已经证明，Rust 不仅限于系统编程，还可以用于由数据库支持的高效 Web 应用程序后端开发。

本书的第 I 部分将使用 REST Web 服务开发一个简单而有代表性的 Web 应用程序，该服务由相关数据库支持。UI 方面的问题放在本书的第 II 部分讲解。本部分为 Web 应用程序奠定基础——毕竟既要拥有广阔的视野，也要踏踏实实从小事做起。然后讨论日益专业化的主题，如数据库持久化、错误处理以及 API 维护和重构。

学完这一部分后，便能够使用 Rust 设置和开发强大的应用程序后端，包括路由和错误处理。然后，开始第 II 部分的学习。

第1章

为什么Rust可用于Web应用程序

本章内容

- 现代Web应用程序简介
- 为Web应用程序选择Rust
- 可视化示例应用程序

通过互联网运行的Web应用程序构成了现代企业和人类数字生活的支柱。作为个人，我们使用以消费者为中心的应用程序进行网络社交和通信、电子商务购物、旅行预订、支付和理财、教育和娱乐等。同样，以业务为中心的应用程序在企业中几乎用于所有职能和流程。

当今的Web应用程序是极其复杂的分布式系统。这些应用程序的用户通过Web或移动前端用户界面进行交互。但用户很少看到后台服务和软件基础架构组件的复杂环境，这些组件可以响应用户在应用程序界面发出的请求。主流的消费类应用程序拥有分布在全球数据中心的数千个后端服务和服务器。应用程序的每项功能都可以在不同的服务器上执行，使用不同的设计方案，用不同的编程语言编写，并且位于不同的地理位置。无缝衔接的应用内用户体验让事情看起来如此简单，但开发现代Web应用程序绝非易事。

发推特、在Netflix上看电影、在Spotify上听歌曲、预订旅行、订餐、玩在线游戏、叫出租车或使用众多在线服务，都是人们日常生活的一部分。如果没有分布式Web应用程序，企业和现代数字社会将停滞不前。

注意：网站提供业务的相关信息。Web应用程序为客户提供服务。

本书将介绍使用Rust设计和开发分布式Web服务和应用程序所需的概念、技术和工具，这些服务通过标准互联网协议进行通信。在此过程中，还将通过实例展示Rust核心概念的实际应用。

如果你是Web后端软件工程师、全栈应用程序开发人员、云或企业架构师、技术产品的CTO，或者只是一个对构建极其安全、高效、高性能且不会产生过高的操作及维护成本的分布式Web应用程序感兴趣的好奇学习者，那么本书非常适合你。通过在本书中开发一个工作示例，将向你展示如何使用纯Rust构建Web服务和传统Web应用程序前端。

正如你在各个章节中所注意到的，Rust 是一种通用语言，可以有效地支持许多不同类型应用程序的开发。本书介绍了一个单一的应用程序，但所演示的技术适用于使用相同或其他 crate 的许多其他情况(库在 Rust 术语中称为 crate)。

本章将回顾分布式 Web 应用程序的关键特性，了解 Rust 如何以及在何处发挥作用，并概述将在本书中共同构建的示例应用程序。

1.1 现代 Web 应用程序简介

首先介绍现代分布式 Web 应用程序的结构。分布式系统的组件可以分布在多个不同的计算处理器上，通过网络进行通信，并同时进行工作。从技术上讲，家用计算机就类似于一个网络分布式系统(具有现代多 CPU 和多核处理器)。

主流的分布式系统类型包括

- 分布式网络，如电信网络和互联网；
- 分布式客户端-服务器应用程序(大多数基于网络的应用程序都属于这一类)；
- 分布式 P2P 应用程序，如 BitTorrent 和 Tor；
- 实时控制系统，如空中交通管制和工业控制等；
- 分布式服务器基础设施，例如云计算、网格计算和其他形式的科学计算。

分布式系统大致由三部分组成：分布式应用程序、网络协议栈以及硬件和操作系统基础设施。

分布式应用程序可以使用多种网络协议在其组件之间进行内部通信。然而，由于其简单性和通用性，HTTP 是当今 Web 服务或 Web 应用程序与外界通信的压倒性选择。

Web 应用程序是使用 HTTP 作为应用层协议的程序，并为人类用户提供可通过标准 Internet 浏览器访问的功能。当 Web 应用程序不是单一的，而是由数十或数百个通过网络协作和通信的分布式组件组成时，这样的 Web 应用程序就被称为分布式 Web 应用程序。大规模分布式 Web 应用程序的示例包括 Facebook 和 Twitter 等社交媒体应用程序、Amazon 和 eBay 等电子商务网站、Uber 和 Airbnb 等共享经济应用程序、Netflix 等娱乐网站，甚至来自 AWS、Google 和 Azure 等提供商的用户友好型的云端应用。

图 1.1 是现代 Web 应用程序的分布式系统架构的代表性逻辑视图。在现实世界中，此类系统可以分布在数千台服务器上，但在此图中，只展示了通过网络协议栈连接的三台服务器。这些服务器可能全部位于单个数据中心内，也可能分布在云上。每个服务器内均显示了硬件和软件组件的分层视图。

图 1.1　社交媒体应用程序的简化分布式系统架构

- **硬件和操作系统基础设施组件**——这些组件包括物理服务器(位于数据中心或云上)、操作系统以及虚拟化或容器运行时等。嵌入式控制器、传感器和边缘设备等也可以划分到这一层(未来，当超市货架上添加或移除带有 RFID 标签的商品库存时，连锁超市的社交媒体就会向关注者推送消息)。
- **网络协议栈**——网络协议栈由四层互联网协议套件组成，构成了分布式系统组件的通信主干，允许跨物理硬件相互通信。四个网络层(按抽象层次从低到高排序)是链路/接入层、网络层、传输层、应用层。

前三层通常在硬件或操作系统级别实现。对于大多数分布式 Web 应用程序，HTTP 使用的主要是应用层协议。REST、gRPC 和 GraphQL 等流行的 API 协议都使用 HTTP。有关 Internet 协议套件的更多详情，可访问 https://tools.ietf.org/id/draft-baker-ietf-core-04.html。

- **分布式应用程序**——分布式应用程序是分布式系统的子集。现代 *n* 层分布式应用程序由以下各项组合构建。
  - **应用程序前端** ——这些可以是(在 iOS 或 Android 上运行的)移动应用程序或在互联网浏览器中运行的 Web 前端。这些应用程序前端与(通常位于数据中心或云平台的)驻留在远程服务器上的应用程序后端服务进行通信。终端用户与应用程序前端交互。
  - **应用程序后端** ——其包含应用程序业务规则、数据库访问逻辑、图像或视频处理等计算密集型流程以及其他服务，被部署为物理机或虚拟机上运行的单独进程(例如 UNIX/Linux 上的 systemd 进程)，或者被部署为由容器编排环境(如 Kubernetes)管理的容器引擎(如 Docker)中的微服务。与应用程序前端不同，应用程序后端通过编程接口(API)公开其功能。应用程序前端与应用程序后端服务交互以代表用户完成任务。

- **分布式软件基础设施**——这包括为应用程序后端提供支持服务的组件。示例包括协议服务器、数据库、键/值存储、缓存、消息、负载均衡器和代理、服务发现平台以及使用的其他此类基础设施组件，这些组件用于分布式应用程序的通信、操作、安全和监控。应用程序后端与分布式软件基础设施交互，以实现服务发现、通信、生命周期支持、安全、监控等。

现在，你已经对分布式 Web 应用程序有了大致的了解，下面接着介绍使用 Rust 构建它们的好处。

1.2 为 Web 应用程序选择 Rust

Rust 可用于构建所有的三层分布式应用程序：前端、后端服务和软件基础设施组件。但每一层都涉及一组不同的关注点和特征。在讨论 Rust 的优势时，了解这些非常重要。

例如，客户端前端处理用户界面设计、用户体验、跟踪应用程序状态的变化和在屏幕上渲染更新视图以及构建和更新文档对象模型(DOM)等方面。

后端服务需要设计良好的 API，以减少往返次数，实现高吞吐量(以每秒请求数衡量)，在不同负载下保持短响应时间、对于视频流和在线游戏等应用提供低且可预测的延迟，同时降低内存和 CPU 占用率并支持服务发现和可用性。

软件基础设施层主要关注极低的延迟、网络和其他操作系统资源的底层控制、CPU 和内存的节约使用、高效的数据结构和算法、内置安全性、短启动和关闭时间，以及用于应用程序后端服务的符合人体工程学的 API。

诚然，单个 Web 应用程序包含至少具有三组特征和要求的组件。虽然其中每一个都可以独立成书，但本书将尽可能全面地介绍并重点关注一组对 Web 应用程序的所有三层都有广泛益处的共同特征。

1.2.1 Web 应用程序的特点

Web 应用程序可以分为不同的类型。

- 核心应用程序，例如车辆和智能电网的自主控制、工业自动化以及高速交易应用程序，其中成功的交易取决于快速可靠地响应输入事件的能力。
- 大批量交易和消息传递基础设施，例如电子商务平台、社交网络和零售支付系统。
- 近实时应用程序，例如在线游戏服务器、视频或音频处理、视频会议和实时协作工具。

这些应用程序的共同要求如下：

- 安全、可靠
- 节约资源

- 必须最大限度地减少延迟
- 支持高并发

此外，以下是此类服务应具备的要求：

- 快速的启动和关闭时间
- 易于维护和重构
- 必须提高开发者生产力

以上所有要求都可以在单个服务级别和架构级别上得到满足。例如，单个服务可通过采用多线程或异步 I/O 来实现高并发。同样，通过在负载均衡器后面添加多个服务实例来处理并发负载，可以在架构级别实现高并发性。本书在讨论 Rust 的好处时，仅关注单个服务级别，毕竟架构级别选项对于所有编程语言都是通用的。

1.2.2　Rust 对 Web 应用程序的好处

现代 Web 应用程序由 Web 前端、后端和软件基础设施组成。尽管 Rust 对于开发 Web 前端的好处，无论是替换还是补充部分 JavaScript 代码，都是当今的热门话题，但本书对此不做讨论。

这里将主要关注 Rust 对应用程序后端和软件基础设施服务的好处。Rust 满足 1.2.1 节中确定的此类服务的所有关键要求。具体如下。

1. Rust 是安全的

谈及程序安全时，需要考虑三个不同的方面：类型安全、内存安全和线程安全。

就类型安全而言，Rust 是一种静态类型语言。类型检查(验证并强制执行类型约束)发生在编译时，因此必须在编译时确定变量的类型。如果未指定变量的类型，编译器就会尝试推断它。如果无法做到，或者存在冲突，编译器便会告知并阻止用户继续。在这种情况下，Rust 类似于 Java、Scala、C 和 C++。Rust 中的类型安全由编译器强制执行，并提供有用的错误消息。这有助于消除一整类运行时错误。

内存安全可以说是 Rust 编程语言最独特的存在。为了公正地对待这个话题，不妨来详细分析一下。

主流编程语言可以根据它们提供内存管理的方式分为两组。第一组包括具有手动内存管理的语言，例如 C 和 C++。第二组包括具有垃圾收集器的语言，如 Java、C#、Python、Ruby 和 Go。

因为开发人员并不完美，手动内存管理意味着接受一定程度的风险，所以程序缺乏正确性。因此，对于那些不需要低级内存控制，峰值性能也不是主要目标的语言，垃圾收集在过去的 20 到 25 年里已经成了主流特性。垃圾收集使程序比手动管理内存更安全，但在执行速度、额外计算资源的消耗以及程序执行可能停顿方面存在局限性。此外，垃圾收集仅处理内存，而不处理其他资源，例如网络套接字和数据库句柄。

Rust 是第一个提出替代方案的流行语言——不需要垃圾收集的自动内存管理和内存安全，而是通过独特的所有权模式实现该目标。Rust 使得开发人员能够控制其数据结构的内存布局并明确所有权。Rust 的资源管理所有权模型围绕 RAII(资源获取即初始化，一种 C++编程概念)和支持安全内存使用的智能指针建模。

在此模型中，Rust 程序中声明的每个值都会分配一个所有者。一旦某个值被赋予另一个所有者，就不能再为原始所有者使用。当值的所有者超出范围时，该值将自动销毁(内存被释放)。

Rust 还可以授予对值、另一个变量或函数的临时访问权限，这称为借用。Rust 编译器(特别是借用检查器)确保对值的引用不会比借用的值存在更久。要借用值，必须使用&运算符(称为引用)。引用有两种类型：不可变引用&T(允许共享但不允许更改)和可变引用&mut T(允许更改但不允许共享)。Rust 确保只要有一个对象的可变借用，就不会再有该对象的其他借用(无论是可变的还是不可变的)。所有这些都在编译时强制执行，从而消除了涉及无效内存访问的一整类错误。

总之，可以使用 Rust 进行编程，而不必担心无效的内存访问，并且不需要垃圾收集器。Rust 提供编译时保证来防止以下类别的内存安全错误。

- 空指针解引用，程序因解引用的指针为空而崩溃。
- 段错误，程序尝试访问内存的受限区域。
- 悬空指针，与指针关联的值不再存在。
- 由于程序访问数组开头之前或超出数组末尾的元素而导致缓冲区溢出。Rust 迭代器不会越界运行。

在 Rust 中，内存安全和线程安全(这似乎是两个完全不同的问题)使用相同的基本所有权原则来解决。为了类型安全，Rust 默认情况下确保不存在由于数据竞争而导致的未定义行为。虽然某些 Web 开发语言能提供类似的保证，但 Rust 更进一步，能防止用户在线程之间共享非线程安全的对象。Rust 将某些数据类型标记为线程安全并为用户强制执行。大多数其他语言并不区分线程安全和线程不安全的数据结构。Rust 编译器明确防止所有类型的数据竞争，这使得多线程程序更加安全。

以下是一些深入了解 Rust 安全性的参考资料。

- Send 和 Sync trait：http://mng.bz/Bmzl
- Rust 无畏并发：http://mng.bz/d1W1

除了上面讨论过的，Rust 还有一些其他功能可以提高程序的安全性。

- Rust 中的所有变量默认都是不可变的，在改变任何变量之前需要显式声明。这强制开发人员思考数据的修改方式和位置以及每个对象的生命周期。
- Rust 的所有权模型不仅涵盖了内存管理，还扩展到了对其他资源的管理，例如网络套接字、数据库和文件句柄以及设备描述符。不使用垃圾收集器可以避免不确定的行为。
- match 语句(相当于其他语言中的 switch 语句)很详尽，这意味着编译器强制开发人员处理 match 语句中的每种可能的变体。这可以避免开发人员无意中错过处理某些可能导致意外运行时行为的代码流路径。
- 代数数据类型的存在使得更容易以简洁且可验证的方式表示数据模型。

Rust 的静态类型系统、所有权和借用模型、缺少垃圾收集器、不可变默认值以及详尽的模式匹配，所有这些都由编译器强制执行，为 Rust 开发安全应用程序提供了不容置否的优势。

2. Rust 是资源高效的

多年来，诸如 CPU、内存和磁盘空间等系统资源越发便宜。虽然事实证明这对于分布式应用程序的开发和扩展非常有益，但也带来了一些问题。首先，软件团队普遍倾向于使用更多硬件来解决可扩展性的挑战——更多的 CPU、更多的内存和更多的磁盘空间。这是通过向服务器添加更多的 CPU、内存和磁盘资源(垂直扩展，又名向上扩展)或向网络添加更多计算机以分担负载(水平扩展，又称为横向扩展)来实现的。

这些方法变得流行的原因之一是当今主流 Web 开发语言的局限性。JavaScript、Java、C#、Python 和 Ruby 等高级 Web 开发语言不支持细粒度控制内存来限制内存使用。许多编程语言没有很好地利用现代 CPU 的多核架构。动态脚本语言无法进行有效的客户端内存分配，原因是变量的类型仅在运行时可知，不可能进行优化，这与静态类型语言不同。

Rust 提供了以下固有的特性，可以创建资源高效的服务。

- 源于其内存管理的所有权模型，Rust 很难编写泄露内存或其他资源的代码。
- Rust 允许开发人员严格控制其程序的内存布局。
- Rust 没有消耗额外 CPU 和内存资源的垃圾收集器。垃圾收集代码通常在单独的线程中运行并消耗资源。
- Rust 没有大型、复杂的运行时环境。这为开发人员提供了巨大的灵活性，即使在资源不足的嵌入式系统和微控制器(例如家用电器和工业机器)上运行 Rust 程序也是如此。Rust 可以在没有内核的裸机中运行。
- Rust 不鼓励对堆分配的内存进行深度复制，并且提供了各种类型的智能指针来优化程序的内存占用。Rust 没有运行时，并因此成为少数适合资源极少环境的现代编程语言之一。

Rust 结合了最好的静态类型、细粒度内存控制、多核 CPU 的高效使用以及内置异步 I/O 语义，所有这些都使其在 CPU 和内存利用率方面非常高效。所有这些都意味着降低服务器成本，并减轻小型和大型应用程序的运营负担。

3. Rust 的低延迟

往返网络请求和响应的延迟取决于网络延迟和服务延迟。网络延迟受传输介质、传播距离、路由器效率、网络带宽等多种因素影响。服务延迟取决于许多因素，例如处理请求时的 I/O 延迟、是否存在引入非确定性延迟的垃圾收集器、虚拟机暂停、上下文切换次数(例如，在多线程中)、序列化和反序列化成本，等等。

从纯编程语言的角度来看，Rust 作为系统编程语言，由于其底层硬件控制能力，提供了低延迟。Rust 没有垃圾收集器或运行时，并且原生支持非阻塞 I/O，拥有高性能异步(非阻塞)I/O 库和运行时的良好生态系统，同时将以零成本抽象作为语言的基本设计原则。此外，在 Rust 中，变量默认存储在栈上，这使得管理速度更快。

几个不同的基准测试显示，对于类似的工作负载，遵循典型编程风格的 Rust 与 C++ 性能相当，这比主流 Web 开发语言的结果更快。

4. Rust 已实现无所畏惧的并发

前文从程序安全的角度介绍了 Rust 的并发特性。接下来从更高的多核 CPU 利用率、吞吐量以及应用程序和基础设施服务性能的角度来看看 Rust 的并发性。

Rust 是一门并发友好的语言，支持开发人员利用多核处理器的强大功能。Rust 提供两种类型的并发：经典的多线程和异步 I/O。

- 多线程——Rust 的传统多线程支持提供共享内存和消息传递并发性。为共享值提供类型级保证。线程可以借用值、取得所有权并将值的范围转移到新线程。Rust 还提供数据竞争安全性，防止线程阻塞，从而提高性能。为了提高内存效率并避免复制跨线程共享的数据，Rust 提供了引用计数作为跟踪其他进程或线程对变量的使用的机制。当计数达到零时，该值将被删除，从而提供安全的内存管理。此外，Rust 中还可以使用互斥(mutex)来实现跨线程的数据同步。对不可变数据的引用不需要使用互斥。
- 异步 I/O——基于异步事件循环的非阻塞 I/O 并发原语内置于 Rust 语言中，具有零成本 future 和 async-await。非阻塞 I/O 确保代码在等待数据处理时不会挂起。

此外，Rust 的不变性规则提供了高级别的数据并发性。

5. Rust 是一门高效的语言

尽管 Rust 首先是一门面向系统的编程语言，但也添加了高级和函数式编程语言舒适便捷的特性。以下是 Rust 中的一些高级抽象，可带来高效且令人愉快的开发体验：

- 带有匿名函数的闭包
- 迭代器
- 泛型和宏
- 枚举，例如 Option 和 Result
- 通过 trait 实现多态性
- 通过 trait 对象进行动态调度

Rust 不仅支持开发人员构建高效、安全和高性能的软件，还通过其表现力来优化开发人员的生产力。Rust 连续五年(2016—2020 年)成为 Stack Overflow 开发者调查中最受欢迎的编程语言并非浪得虚名。

注意：要更深入地了解高级开发人员为什么喜欢 Rust，可参阅 The Overflow 博客上的“Why the developers who use Rust love it so much”一文，网址为：http://mng.bz/rWZj。

到目前为止，已经介绍了 Rust 如何提供内存安全、资源效率、低延迟、高并发和开发人员生产力的独特组合。这些特性赋予了 Rust 系统编程语言的底层控制能力和高性能、高级语言的开发效率，以及独特的无垃圾收集器的内存模型。应用程序后端和基础设施服务直接受益于这些特性，在高负载下提供低延迟响应，同时高效地使用系统资源，例如多核 CPU 和内存。接下来看一下 Rust 的一些限制。

1.2.3　Rust 的欠缺之处

没有一种语言可以适合所有用例。此外，基于编程语言设计的本质，在一种语言中容易做到的事情在另一种语言中可能十分困难。为了有一个完整的视角来决定是否在 Web 上使用 Rust，需要了解以下几点。

- Rust 的学习曲线很陡峭。对于编程新手或从事动态编程或脚本语言的人来说，这绝对是一个更大的飞跃。即使对于经验丰富的开发人员来说，语法有时也难以阅读。
- 与其他语言相比，有些东西更难用 Rust 编程，例如单链表和双链表。这是由于语言的设计方式造成的。
- Rust 编译器目前比许多其他编译语言的编译器都慢。然而，编译速度在过去几年中已有所提高，并且一直在改进。
- 与其他主流语言相比，Rust 的库及其社区生态系统仍然处于成熟发展中。
- Rust 开发人员更稀缺。
- Rust 在大公司和企业中的采用仍处于早期阶段。Rust 缺乏一个天然的培育环境，例如 Java 的 Oracle、Golang 的 Google 或 C#的 Microsoft。

现在已经介绍了使用 Rust 开发应用程序后端服务的优点和缺点。1.3 节将介绍本书要构建的示例应用程序。

1.3　可视化示例应用程序

接下来的章节将使用 Rust 构建 Web 服务器、Web 服务和 Web 应用程序，并将通过完整的示例演示概念。注意，我们的目标不是开发功能完整或架构完整的分布式应用程序，而是学习如何在 Web 领域使用 Rust。

记住这一点很重要：我们只会探索一些路径——所有可能路径中数量非常有限的路径——而完全忽视其他可能同样有希望和有趣的路径。这是一个有意的选择，用以聚焦讨论重点。例如，仅开发 REST Web 服务，完全排除 SOAP 服务，尽管这看起来是多么武断。

本书也不会讨论现代软件开发的一些重要方面，例如持续集成/持续交付(CI/CD)。这些是今天实践中非常重要的主题，但没有任何特别针对 Rust 需要解释的内容，这已超出了本书的范畴。

另一方面，因为容器化是当今的主要趋势，而且我认为将 Rust 开发的分布式应用程序部署为容器很有趣，所以我将展示使用 Docker 部署和运行我们的示例应用程序是多么容易。

同样，本书的最后几章将简述点对点(P2P)网络领域，这是异步功能最引人注目的用法之一。不过，本书的这一部分与示例应用程序略显脱节，原因是我没有找到将 P2P 与其集成的令人信服的用例。因此，我们的示例应用程序使用 P2P 作为可以探索的练习。

接下来先看示例应用程序。

1.3.1 构建目标

本书将为导师建立一个名为 EzyTutors 的数字店面，导师可以在其中在线发布课程目录。导师可以是个人或培训企业。数字店面将成为导师的销售工具而非市场。

既然已经定义了产品愿景，接下来先谈谈范围，然后是技术栈。

店面允许导师自行注册然后登录。导师可以创建课程并将其与课程类别相关联。程序将为每位导师生成一个包含课程列表的网页，然后他们可以通过网络在社交媒体上分享该网页。还将有一个公共网站，允许学习者搜索课程、按导师浏览课程以及查看课程详细信息。图 1.2 说明了示例应用程序的逻辑设计。

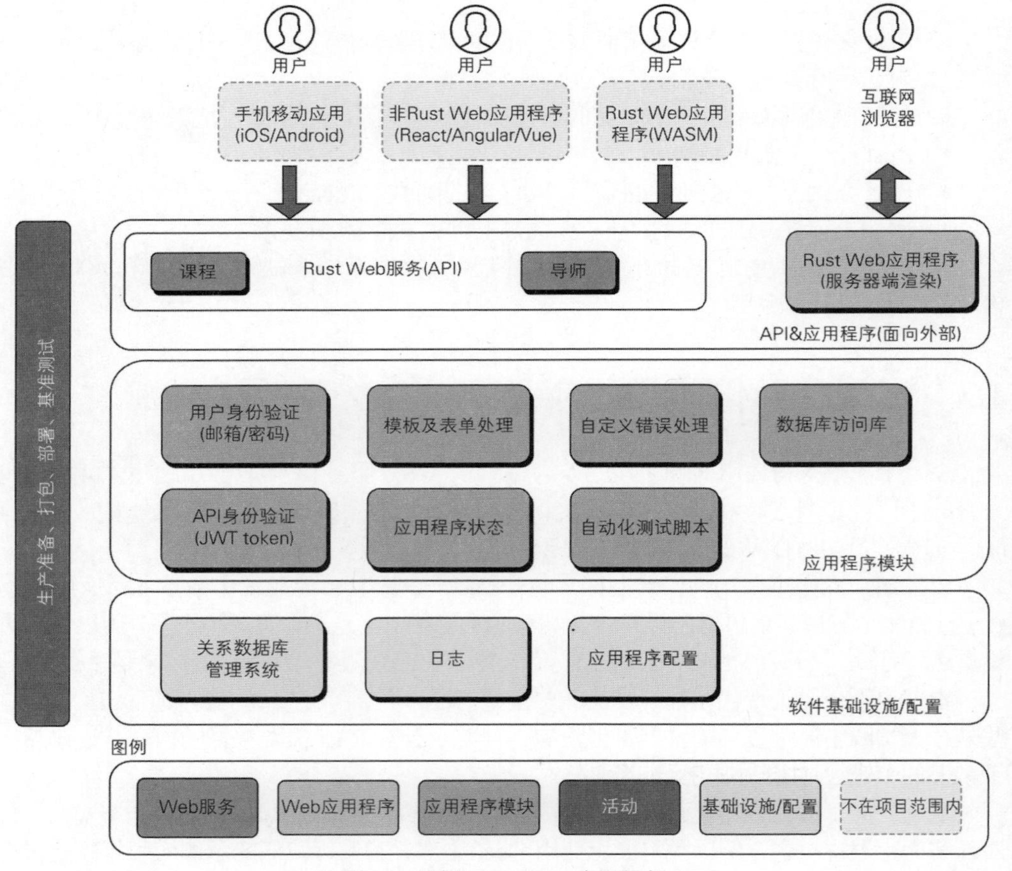

图 1.2 示例：EzyTutors 应用程序

技术栈将由一个 Web 服务和一个纯用 Rust 编写的服务器端渲染的 Web 应用程序组成。有几种非常流行的方法，例如使用成熟的 Web 框架(如 React、Vue 或 Angular)开发 GUI，但为了专注于 Rust，本书不会使用这些方法。关于这个主题还有很多其他优秀的书籍可供参考。

课程数据将保存在关系数据库中。我们将使用 Actix Web 作为 Web 框架，使用 SQLx 作为数据库连接，使用 Postgres 作为数据库。重要的是，设计始终是异步的。Actix Web 和 SQLx 都支持完全异步 I/O，这非常适合我们的 Web 应用程序工作负载，它的 I/O 负载大于计算负载。

首先，构建一个 Web 服务，该服务公开 RESTful API、连接到数据库并以特定于应用程序的方式处理错误和故障。然后，将通过增强数据模型并添加额外的功能来模拟应用程序生命周期的变化。这将需要重构代码和数据库迁移。这个练习将展示 Rust 的关键优势之一——借助强类型系统和严格但有用的编译器来无畏地重构代码(并减少技术债)。

除了 Web 服务，示例还将演示如何使用 Rust 构建前端；本书选择的示例将是服务器渲染的客户端应用程序。并且将使用模板引擎为服务器渲染的 Web 应用程序渲染模板和表单。也可以实现一个基于 WebAssembly 的浏览器内应用程序，但这样的任务超出了本书的范围。

本书的 Web 应用程序可以在 Rust 支持的任何平台上开发和部署：Linux、Windows 或 macOS。这意味着我们不会使用任何将应用程序限制到任何特定计算平台的外部库。应用程序将能够部署在传统的服务器中或任何云平台中，无论是作为传统的二进制文件还是容器化环境(例如 Docker 或 Kubernetes)。

示例应用程序选择的问题域是一个实际场景，但并不难理解。这将使我们能够专注于本书的核心主题——如何将 Rust 应用到 Web 领域。作为额外的收获，我们还将通过实践来加深对 Rust 的理解，例如特性(traits)、生命周期(lifetimes)、Result 和 Option、结构体(structs)和枚举(enums)、集合(collections)、智能指针(smart pointers)、可推导特性(derivable traits)、关联函数和方法(associated functions and methods)、模块和工作区(modules and workspaces)、单元测试(unit testing)、闭包(closures)，以及函数式编程(functional programming)等概念。

本书介绍 Rust Web 开发的基础知识，不会介绍如何配置和部署其他基础设施组件和工具，例如反向代理服务器、负载均衡器、防火墙、TLS/SSL、监控服务器、缓存服务器、DevOps 工具、CDN 等，因为这些不是 Rust 专用的主题(尽管大规模生产部署需要它们)。

除了在 Rust 中构建业务功能，示例应用程序还将展示良好的开发实践，例如自动化测试、便于维护的代码结构、将配置与代码分离、生成文档。当然，还有编写惯用的 Rust。

你准备好学习一些实用的 Web 领域的 Rust 知识了吗？

1.3.2　示例应用程序的技术准则

这不是一本关于系统架构或软件工程理论的书。不过，我想列举一些我在书中采用的基本准则，这些准则将帮助你更好地理解我在代码示例中选择设计的基本原理。

(1) 项目结构——本书将大量使用 Rust 模块系统来分离各个功能部分并保持组织有序。将使用 Cargo 工作区将相关项目分组在一起，其中可以包括二进制文件和库。

(2) 单一职责原则——每个逻辑上独立的应用程序功能都应该位于自己的模块中。例如，Web 层中的处理程序应该只处理 HTTP 消息。业务和数据库访问逻辑应该位于不同的模块中。

(3) 可维护性——以下准则与代码的可维护性相关。

- 变量和函数名称必须直观易懂。
- 使用 Rustfmt 可保持代码格式的统一。
- 随着代码的迭代发展，我们将编写自动化测试用例，以在代码迭代开发过程中检测和防止回归问题。
- 项目结构和文件名必须直观易懂。

(4) 安全性——本书将介绍使用 JSON Web Tokens(JWT)的 API 身份验证和基于密码的用户身份验证。基础设施和网络级安全不包括在内。然而，重要的是要记住，Rust 本质上提供了内存安全性，无需垃圾收集器，并且线程安全性可以避免竞争条件，从而避免几类难以查找和难以修复的内存、并发和安全错误。

(5) 应用配置——配置与应用分离是示例项目采用的原则。

(6) 外部 crate 的使用——将尽量减少外部库的使用。例如，本书中的自定义错误处理功能是从零开始构建的，而不是使用简化和自动化错误处理的外部库。这是因为使用外部库走捷径有时会阻碍学习和深入理解的过程。

(7) 异步 I/O——特意选择在示例应用程序中使用支持完全异步 I/O 的库，用于网络通信和数据库访问。

现在已经涵盖本书将讨论的主题、示例项目的目标以及将用来指导设计选择的准则，第 2 章开始深入研究 Web 服务器和 Web 服务。

1.4 本章小结

- 现代 Web 应用程序是数字生活和企业不可或缺的组成部分，但其构建、部署和操作都很复杂。
- 分布式 Web 应用程序包括应用程序前端、后端服务和分布式软件基础设施。
- 应用程序后端和软件基础设施由松散耦合、协作的面向网络的服务组成。它们需要满足特定的运行时特性，并会影响构建工具和技术的选择。
- Rust 因其安全性、并发性、低延迟和低硬件资源占用而成为一种非常适合开发分布式 Web 应用程序的语言。
- 本书适合考虑使用 Rust 进行分布式 Web 应用程序开发的读者。
- 本章研究了将在本书中构建的示例应用程序，并回顾了代码示例所采用的关键技术指南。

第2章 从头开始编写一个基本的 Web 服务器

本章内容

- 用 Rust 编写 TCP 服务器
- 用 Rust 编写 HTTP 服务器

本章将深入研究使用 Rust 进行 TCP 和 HTTP 通信。这些协议通常面向开发人员制定，用于构建 Web 应用程序的更高级别的库和框架。为什么讨论底层协议很重要呢？

学习使用 TCP 和 HTTP 非常重要，是因为它们构成了互联网上大多数通信的基础。流行的应用程序通信协议和技术(如 REST、gRPC 和 WebSockets)都在使用 HTTP 和 TCP 进行传输。使用 Rust 设计和构建基本的 TCP 和 HTTP 服务器可更自信地设计、开发更高级别的应用程序后端服务。

不过，若想直接使用示例应用程序，可以先跳到第 3 章，在需要时再随时查阅本章。

在本章中，你将学习以下内容。

- 如何编写 TCP 客户端和服务器。
- 如何构建库，用于在 TCP 原始字节流和 HTTP 消息之间进行转换。
- 如何构建可以提供静态网页(Web 服务器)和 JSON 数据(Web 服务)的 HTTP 服务器。使用标准 HTTP 客户端[例如 cURL(命令行)工具和 Web 浏览器]测试服务器。

通过本练习，可了解如何使用 Rust 数据类型和 trait 来建模现实世界的网络协议，并加深对 Rust 基础知识的理解。

本章分为三个部分。第一部分详细讲解本章将要构建的内容。第二部分使用 Rust 开发一个可以通过 TCP/IP 进行通信的基本网络服务器。第三部分构建一个 Web 服务器来响应网页和 JSON 数据的 GET 请求。我们仅使用 Rust 标准库(无外部 crate)来实现这一切。要构建的 HTTP 服务器并不是功能齐全或可用于生产的，但它完全满足本章的需求。

2.1　网络模型

现代应用程序被构建为一组独立的组件和服务，一些属于前端，一些属于后端，一些是分布式软件基础设施的一部分。每当有单独的组件时，就会出现这些组件如何相互通信的问题。客户端(Web 浏览器或移动应用程序)如何与后端服务通信？后端服务如何与数据库等软件基础设施通信？这就是网络模型发挥作用的地方。

网络模型描述了消息发送者与其接收者之间如何进行通信。它解决的问题包括应以何种格式发送和接收消息、应如何将消息分解为物理数据传输的字节、如果数据包未到达目的地应如何处理错误等。OSI 模型是最流行的网络模型，它根据全面的七层框架来定义。但出于网络通信的目的，TCP/IP 模型的简化四层模型通常足以描述客户端与服务器之间如何通过网络进行通信。

注意：Henrik Frystyk 于 1994 年发表的题为 "The Internet Protocol Stack"(互联网协议栈)的文章中描述了 TCP/IP 模型：www.w3.org/People/Frystyk/thesis/TcpIp.html。

TCP/IP 模型(见图 2.1)是一组简化的互联网通信标准和协议。它分为四个抽象层：网络接入层、网络层、传输层和应用层，各层可使用的网络协议十分灵活。该模型以其构建的两个主要协议命名：传输控制协议(TCP)和互联网协议(IP)。需要注意的是，TCP/IP 模型的四层相辅相成，以确保消息从发送进程成功发送到接收进程。

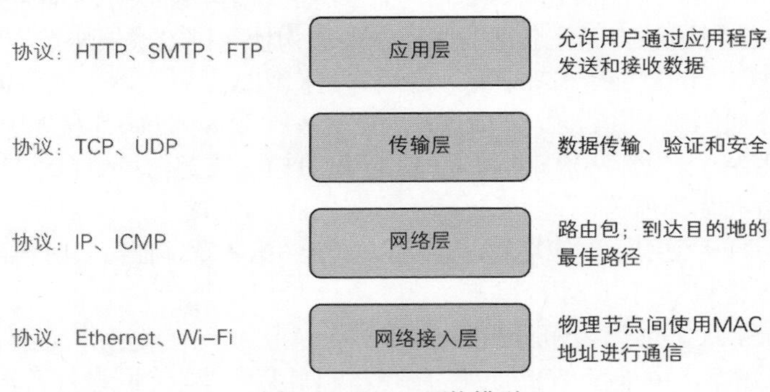

图 2.1　TCP/IP 网络模型

下面介绍这四层通信中每一层的作用。

- 应用层——应用层是最上层的抽象层。该层可以理解消息的语义。例如，Web 浏览器和 Web 服务器使用 HTTP 进行通信，电子邮件客户端和电子邮件服务器使用 SMTP(简单邮件传输协议)进行通信。还有其他此类协议，例如 DNS(域名服务)和 FTP(文件传输协议)。所有这些都被称为应用层协议，因为它们处理特定的用户应用程序，例如网页浏览、电子邮件或文件传输。本书主要关注应用层的 HTTP 协议。
- 传输层——传输层提供可靠的端到端通信。应用层处理具有特定语义的消息(例如发送 GET 请求以获取货运详情)，而传输协议则处理发送和接收原始字节。(注意，所有应用层协议消息最终都会转换为原始字节，以便由传输层进行传输。)TCP 和 UDP 是该层使用的两个主要协议，QUIC(Quick UDP Internet Connection，快速 UDP 互联网连接)是最近加入的协议。TCP 是一种面向连接的协议，允许对数据进行分区传输并在接收端以可靠的方式重新组装。UDP 是一种无连接协议，与 TCP 不同，它不提供传送保证。因此，UDP 速度更快并且适合某一类应用程序，例如 DNS 查找和语音或视频应用程序。本书重点关注传输层的 TCP 协议。

- 网络层——网络层使用 IP 地址和路由器来定位信息包并将其路由到网络上的主机。虽然传输层专注于在由 IP 地址和端口号标识的两个服务器之间发送和接收原始字节，但网络层确定将数据包从源发送到目的地的最佳路径。我们不需要直接与网络层打交道——Rust 的标准库提供了与 TCP 和套接字交互的接口，并且它处理了网络层通信的内部机制。
- 网络接入层——网络接入层是 TCP/IP 网络模型的最底层。它负责通过主机之间的物理链路(例如网卡)传输数据。就我们的目的而言，使用什么物理介质进行网络通信并不重要。

现在已经介绍了 TCP/IP 网络模型，接下来学习如何使用 TCP/IP 协议在 Rust 中发送和接收消息。

2.2　用 Rust 编写 TCP 服务器

本节介绍如何在 Rust 中执行基本的 TCP/IP 网络通信。这相当容易。首先了解如何使用 Rust 标准库中的 TCP/IP 能力。

2.2.1　设计 TCP/IP 通信流程

Rust 标准库通过 std::net 模块提供网络原语；它的文档可以在以下网址找到：https://doc.rust-lang.org/std/net/。该模块支持基本的 TCP 和 UDP 通信。两个具体的数据结构——TcpListener 和 TcpStream——包含实现我们场景所需的大部分方法。

TcpListener 用于创建绑定到特定端口的 TCP 套接字服务器。客户端可以向指定套接字地址(机器的 IP 地址和端口号的组合)处的套接字服务器发送消息。一台机器上可能运行多个 TCP 套接字服务器，当网卡上有网络连接请求时，操作系统使用端口号将消息路由到正确的 TCP 套接字服务器。

以下示例代码创建一个套接字服务器：

```
use std::net::TcpListener;

let listener = TcpListener::bind("127.0.0.1:3000")
```

绑定到端口后，套接字服务器应开始侦听下一个传入连接。使用以下方式实现：

```
listener.accept()
```

若要连续(循环)监听连接请求，可使用以下方法：

```
listener.incoming()
```

listener.incoming()方法返回在此监听器上接收到的连接的迭代器。每个连接代表一个 TcpStream 类型的字节流。可以在此 TcpStream 对象上发送或接收数据。注意，对 TcpStream 的读取和写入以原始字节完成，如以下代码片段所示(简单起见，忽略了错误处理)。

```
for stream in listener.incoming(){
    // 从流中读入数据到缓冲区
    stream.read(&mut [0;1024]);
    // 构造消息并写入流中
    let message = "Hello".as_bytes();
    stream.write(message)
}
```

上面的代码中构造了一个字节缓冲区(在 Rust 中称为字节切片)用于从流中读取。为了写入流，又构造了一个字符串切片并使用 as_bytes()方法将其转换为字节切片。

到目前为止，已经介绍了 TCP 套接字服务器的服务器端。客户端可以与 TCP 套接字服务器建立连接。

```
let stream = TcpStream.connect("172.217.167.142:80")
```

回顾一下，std::net 模块中的 TcpListener 提供了连接管理功能。要在连接上读取和写入，可使用 TcpStream 结构体。

接下来应用这些知识编写一个有效的 TCP 服务器和客户端。

2.2.2 编写 TCP 服务器和客户端

首先建立一个项目结构。对于 Rust 项目，工作区是保存其他项目的容器项目。工作区结构的好处是支持将多个项目作为一个单元进行管理，并将所有相关项目无缝存储在单个 Git 仓库中。

如图 2.2 所示，我们将创建一个名为 scenario1 的工作区项目。在此工作区下，可使用 Cargo(Rust 项目构建和依赖项工具)创建四个新的 Rust 项目。这四个项目分别是 tcpclient、tcpserver、http、httpserver。

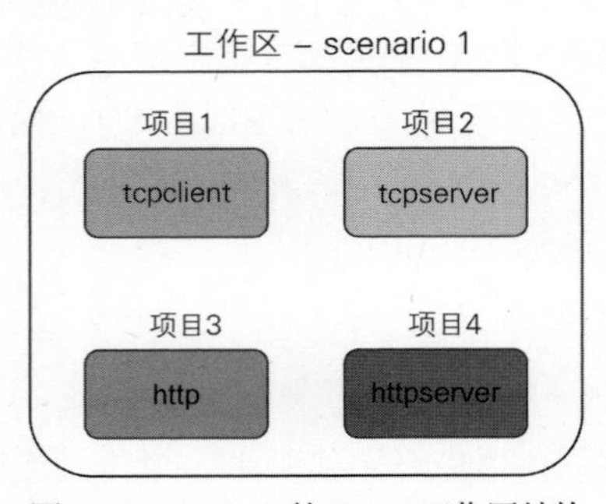

图 2.2 scenario 1 的 Cargo 工作区结构

要启动一个新的 Cargo 项目，可以使用以下命令。

```
cargo new scenario1 && cd scenario1
```

scenario1 目录也可以称为工作区根目录。在 scenario1 目录下，将创建以下四个新的 Rust 项目。

- tcpserver 是 TCP 服务器代码的二进制项目。
- tcpclient 是 TCP 客户端代码的二进制项目。
- httpserver 是 HTTP 服务器代码的二进制项目。
- http 是 HTTP 协议功能的库项目。

可以使用以下命令创建项目：

```
cargo new tcpserver
cargo new tcpclient
cargo new httpserver
cargo new --lib http
```

现在项目已创建，还应该将 scenario1 项目声明为一个工作区并指定其与四个子项目的关系。添加以下内容，如代码清单 2.1 所示。

代码清单 2.1　scenario1/Cargo.toml

```
[workspace]
members = [
    "tcpserver","tcpclient", "http", "httpserver",
]
```

分两次迭代编写 TCP 服务器和客户端的代码。

(1) 编写 TCP 服务器和客户端以执行健全性检查，确保从客户端到服务器正在建立连接。

(2) 从客户端发送文本到服务器并让服务器回显该文本。

跟着代码进行操作

本章(以及整本书)中显示的许多代码片段都包含注释。如果将代码(从本书的任何章节)复制并粘贴到代码编辑器中，应确保删除代码注释(否则程序将无法编译)。另外，粘贴的代码有时可能会错位，因此如果出现编译错误，可能需要手动验证以将粘贴的代码与本章中的代码片段进行对比。

迭代 1

在 tcpserver 目录中修改 src/main.rs，如代码清单 2.2 所示。

代码清单 2.2 TCP 服务器的第一次迭代(tcpserver/src/main.rs)

```
use std::net::TcpListener;

fn main(){
    let connection_listener = TcpListener::bind(
    ➥ "127.0.0.1:3000").unwrap();
    println!("Running on port 3000");
    for stream in connection_listener.incoming(){
        let _stream = stream.unwrap();
        println!("Connection established");
    }
}
```

初始化套接字服务器，以绑定到 IP 地址 127.0.0.1(localhost)和端口 3000

套接字服务器等待(监听)传入的连接

当新连接进入时，它的类型为 Result <TcpStream, Error>，当执行 unwrap 操作后，如果成功，则返回 TcpStream，或者在连接错误的情况下通过 panic(崩溃)退出程序

从工作区(scenario1)的根目录中，运行以下命令。

```
cargo run -p tcpserver
```

-p 参数指定要运行工作区中的哪个包

服务器会启动，并且在终端提示消息“Running on port 3000”。到此，一个正在运行的 TCP 服务器便开始监听 localhost 上的 3000 端口。

接下来编写一个 TCP 客户端，与 TCP 服务器建立连接，如代码清单 2.3 所示。

代码清单 2.3 tcpclient/src/main.rs

```
use std::net::TcpStream;

fn main(){
    let _stream = TcpStream::connect("localhost:3000").unwrap();
}
```

TCP 客户端向 localhost:3000 上运行的远程服务器发起连接

在新终端中，从工作区的根目录运行以下命令。

```
cargo run -p tcpclient
```

TCP 服务器运行的终端将打印出“Connection established”消息，如下所示。

```
Running on port 3000
Connection established
```

现在，不仅有一个在 3000 端口上运行的 TCP 服务器，而且还有一个可以与其建立连接的 TCP 客户端。是时候尝试从客户端发送消息并确保服务器可以回显它了。

迭代 2

修改 tcpserver/src/main.rs 文件，如代码清单 2.4 所示。

代码清单 2.4　完成 TCP 服务器

```
use std::io::{Read, Write};
use std::net::TcpListener;
fn main(){
    let connection_listener = TcpListener::bind("127.0.0.1:3000").unwrap();
    println!("Running on port 3000");
    for stream in connection_listener.incoming(){
        let mut stream = stream.unwrap();
        println!("Connection established");
        let mut buffer = [0; 1024];
        stream.read(&mut buffer).unwrap();
        stream.write(&mut buffer).unwrap();
    }
}
```

TcpStream 实现了 Read 和 Write trait，因此包含 std::io 模块以将 Read 和 Write trait 纳入范围

使用可变流来读取和写入

从传入流中读取

将同一连接上收到的所有内容回传给客户端

代码清单 2.4 会向客户端回传从客户端收到的所有信息。接下来，在工作区根目录使用 cargo run -p tcpserver 运行 TCP 服务器。

Read trait 和 Write trait

Rust 中的 trait 定义了共享行为。其与其他语言中的 interface 类似，但也有一些差异。Rust 标准库(std)定义了由 std 中的数据类型实现的几个 trait。这些 trait 也可以通过用户定义的数据类型(例如结构体和枚举)来实现。Read 和 Write 是 Rust 标准库中定义的两个 trait。

Read trait 允许从源读取字节。实现 Read trait 的源示例包括 File、Stdin(标准输入)和 TcpStream。Read trait 的实现者需要实现一种方法：read()。支持使用相同的 read()方法从 File、Stdin、TcpStream 或实现 Read trait 的任何其他类型中读取。

类似地，Write trait 表示面向字节接收器的对象。Write trait 的实现者实现了两个方法：write()和 flush()。实现 Write trait 的类型示例包括 File、Stderr、Stdout 和 TcpStream。此 trait 允许我们使用 write()方法写入文件、标准输出、标准错误或 TcpStream。

下一步是修改 TCP 客户端以将消息发送到服务器，然后打印从服务器接收的内容。参见代码清单 2.5 修改文件 tcpclient/src/main.rs。

代码清单 2.5　完成 TCP 客户端

```
use std::io::{Read, Write};
use std::net::TcpStream;
use std::str;

fn main(){
    let mut stream = TcpStream::connect("localhost:3000").unwrap();
    stream.write("Hello".as_bytes()).unwrap();
    let mut buffer = [0; 5];
    stream.read(&mut buffer).unwrap();
```

将“Hello”消息写入 TCP 服务器连接

读取从服务器接收到的字节

```
        println!(
            "Got response from server:{:?}",
            str::from_utf8(&buffer).unwrap()
        );
    }
```

打印出从服务器接收到的内容。服务器发送原始字节，还需要将其转换为 UTF-8 的 str 类型才能在终端打印

从工作区根目录使用 cargo run -p tcpclient 运行 TCP 客户端。确保 TCP 服务器也在另一个终端窗口中运行。

TCP 客户端的终端窗口将显示以下消息：

```
Got response from server: "Hello"
```

恭喜。你已经完成了相互通信的 TCP 服务器和 TCP 客户端的编写。

Result 类型和 unwrap()方法

在 Rust 中，若函数或方法会失败，那么返回 Result<T,E>类型比较常见。在成功的情况下 Result 类型会包装另一种数据类型 T，在失败的情况下则包装一个 Error 类型，然后将其返回给调用函数。调用函数依次检查 Result 类型并将其解包，接收类型 T 或类型 Error 的值以进行进一步处理。

在到目前为止的示例中，已在多个地方使用了 unwrap()方法来获取通过标准库方法嵌入 Result 对象中的值。如果操作成功，unwrap()方法将返回 T 类型的值，否则会出现错误。在现实应用程序中，这不是正确的方法，因为 Rust 中的 Result 类型用于可恢复的故障，而 panic(崩溃)用于不可恢复的故障。然而，我们在这里使用它是因为使用 unwrap()可以简化我们的代码，以方便学习。我们将在后面的章节中介绍正确的错误处理。

本节讲解了如何在 Rust 中实现 TCP 通信。其中，TCP 是一个低级别协议，仅处理字节流。它对所交换的消息和数据的语义没有任何理解。对于编写 Web 应用程序，语义消息比原始字节流更容易处理，因此需要使用更高级别的应用程序协议，如 HTTP，而非 TCP。我们将在下一节中探讨这个问题。

2.3 用 Rust 编写 HTTP 服务器

本节将用 Rust 构建一个可以与 HTTP 消息通信的 Web 服务器。

Rust 没有内置的 HTTP 支持，也没有可以使用的 std::http 模块。尽管也有第三方 HTTP 包可用，但此处将从头开始编写一个，以便了解如何使用 Rust 开发现代 Web 应用程序所依赖的较低级别的库和服务器。

首先可视化要构建的 Web 服务器功能。客户端与 Web 服务器各模块之间的通信流程如图 2.3 所示。

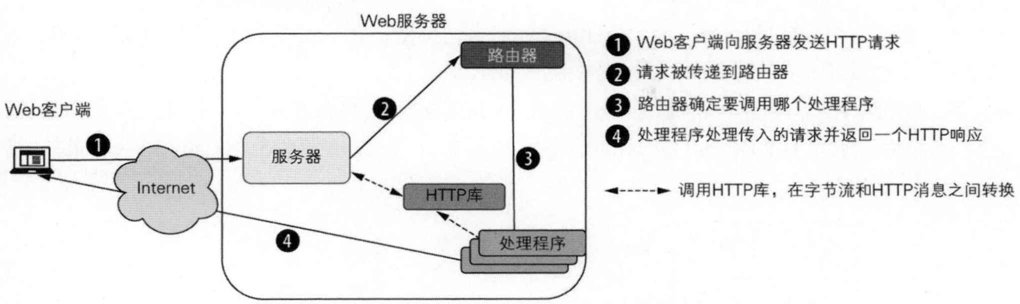

图 2.3　Web 服务器信息流

此处的 Web 服务器会有四个组件：服务器、路由器、处理程序和 HTTP 库。每个组件都有特定的用途，符合单一职责原则(Single Responsibility Principle，SRP)。服务器监听传入的 TCP 字节流。HTTP 库解释字节流并将其转换为 HTTP 请求(消息)。路由器接受 HTTP 请求并确定要调用哪个处理程序。处理程序处理 HTTP 请求并构造 HTTP 响应。使用 HTTP 库将 HTTP 响应消息转换回字节流，然后将字节流发送回客户端。

图 2.4 是 HTTP 客户端/服务器通信的另一个视图，这次描述了 HTTP 消息如何流经 TCP/IP 协议栈。TCP/IP 通信是在客户端和服务器端的操作系统级别进行处理的，Web 应用程序开发人员仅处理 HTTP 消息。

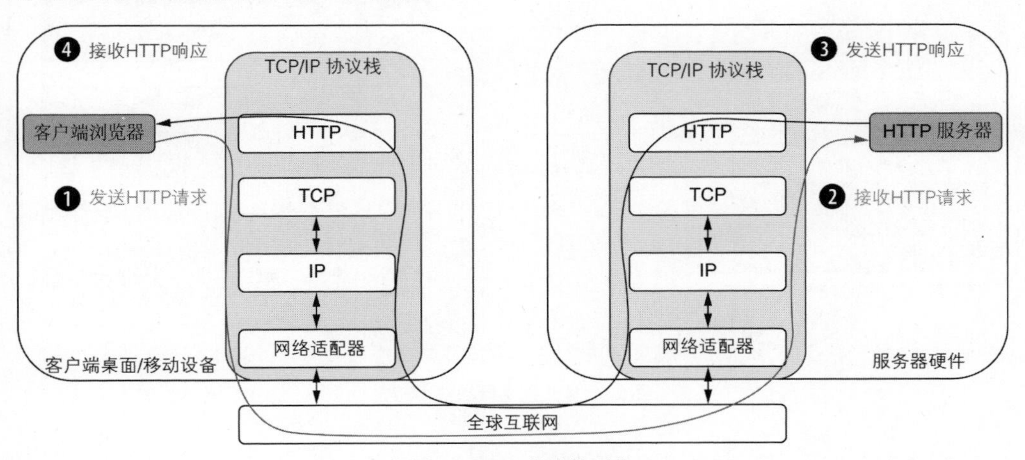

图 2.4　HTTP 协议栈通信

按以下顺序构建代码。

(1) 构建 http 库。
(2) 编写项目的 main()函数。
(3) 编写 server 模块。
(4) 编写 router 模块。
(5) 编写 handler 模块。

方便起见，图 2.5 总结了代码设计，展示了 http 库和 httpserver 项目的关键模块、结构和方法。图中主要有两个组成部分。

- http——包含 HttpRequest 和 HttpResponse 类型的库。实现了 HTTP 请求和响应以及相应 Rust 数据结构之间转换的逻辑。
- httpserver——主 Web 服务器，包含 main()函数、套接字服务器以及处理程序和路由器，负责它们之间的协调。既充当 Web 服务器(提供 HTML)又充当 Web 服务(提供 JSON)。

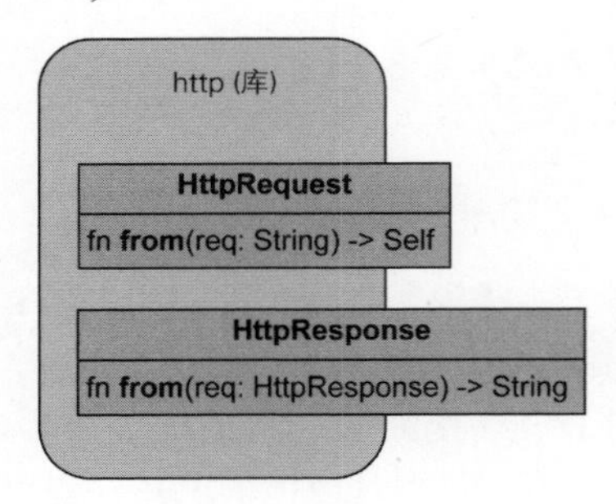

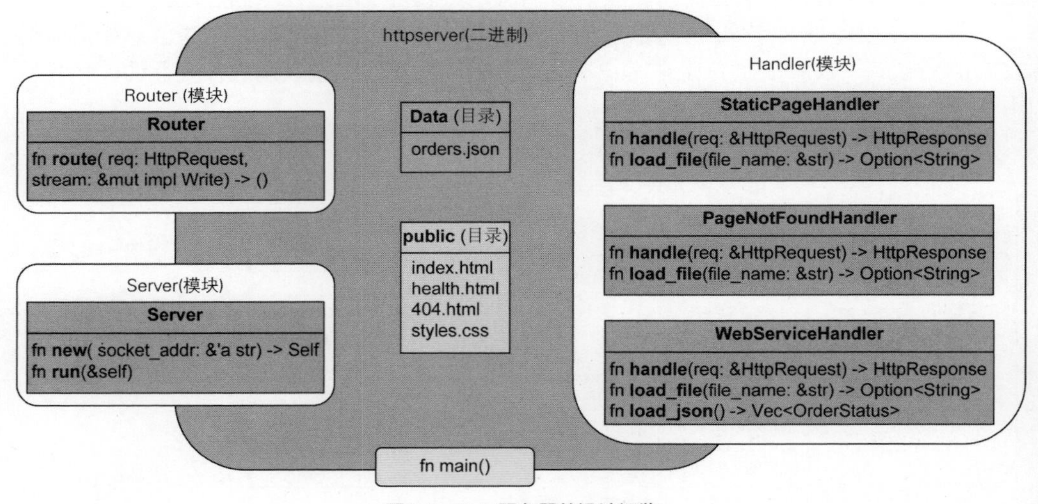

图 2.5 Web 服务器的设计概览

2.3.1 解析 HTTP 请求消息

本节构建一个 HTTP 库。该库包含执行以下操作的数据结构和方法。

- 解释传入的字节流并将其转换为 HTTP 请求消息
- 构造 HTTP 响应消息并将其转换为字节流以便通过网络传输

scenario1 工作区下已创建了一个名为 http 的库。HTTP 库的代码可放置在 http/src 目录下。

在 http/src/lib.rs 中添加以下代码：

```
pub mod httprequest;
```

这会告诉编译器正在 http 库中创建一个名为 httprequest 的新的可公开访问的模块。还可以从此文件中删除 Cargo 自动生成的测试脚本。稍后将编写测试用例。

首先在 http/src 下创建两个新文件 httprequest.rs 和 httpresponse.rs，分别包含处理 HTTP 请求和响应的功能。

接下来，从设计 Rust 数据结构来保存 HTTP 请求开始。在字节流通过 TCP 连接传入时，解析它并将其转换为强类型的 Rust 数据结构以进行进一步处理。然后，HTTP 服务器程序便可以使用这些 Rust 数据结构，而非 TCP 流。

表 2.1 总结了传入 HTTP 请求所需的 Rust 数据结构。

表 2.1　传入 HTTP 请求的数据结构

数据结构名称	Rust 数据类型	说明
HttpRequest	struct	表示一个 HTTP 请求
Method	enum	指定 HTTP 方法允许的值(变体)
Version	enum	指定 HTTP 版本的允许值

之后将在这些数据结构上实现一些 trait 来传递一些行为。表 2.2 列举了将在三种数据结构上实现的 trait。

表 2.2　HTTP 请求的数据结构的 trait 实现

Rust trait(已实现)	说明
From<&str>	启用传入字符串切片到 HttpRequest 的转换
Debug	用于打印调试消息
PartialEq	用于在解析和自动化测试脚本中比较值

接着将此设计转换为代码。

1. Method 枚举

Method 枚举的代码如以下代码片段所示。此处使用 enum 数据结构，是因为只希望在 HTTP 方法中使用预定义值。此实现仅支持两种 HTTP 方法：GET 和 POST 请求。接下来添加第三种类型“Uninitialized”，以在运行程序中的数据结构初始化期间使用。

将以下代码添加到 http/src/httprequest.rs：

```
#[derive(Debug, PartialEq)]
pub enum Method {
    Get,
    Post,
    Uninitialized,
}
```

接下来是 Method 的 trait 实现(也会添加到 httprequest.rs 中)：

```
impl From<&str> for Method {
```

```
    fn from(s: &str)-> Method {
        match s {
            "GET" => Method::Get,
            "POST" => Method::Post,
            _ => Method::Uninitialized,
        }
    }
}
```

在 From trait 中实现 from 方法，使我们能够从 HTTP 请求行读取方法字符串并将其转换为 Method::Get 或 Method::Post 的变体。为了了解实现此 trait 的好处并测试此方法是否有效，可先编写一些测试代码。本书特意将测试限制为单元测试，以便可以专注于代码的 Rust 特定方面。

将以下测试添加到 http/src/httprequest.rs：

```
#[cfg(test)]
mod tests {
    use super::*;
    #[test]
    fn test_method_into(){
        let m: Method = "GET".into();
        assert_eq!(m, Method::Get);
    }
}
```

从工作区根目录运行以下命令：

```
cargo test -p http
```

结果是一条类似于以下内容的消息，表明测试已通过。

```
running 1 test
test httprequest::tests::test_method_into ... ok

test result: ok. 1 passed; 0 failed; 0 ignored; 0 measured; 0 filtered out
```

测试中的"GET"使用.into()方法转换为 Method::Get 变体。这就是实现 From trait 的好处——可以生成干净、可读的代码。

接下来查看 Version 枚举的代码。

2. Version 枚举

Version 枚举的定义如下所示。为了便于说明，代码支持两个 HTTP 版本，但示例仅使用 HTTP/1.1。第三种类型，Uninitialized，用作默认初始值。

将以下代码添加到 http/src/httprequest.rs：

```
#[derive(Debug, PartialEq)]
pub enum Version {
    V1_1,
    V2_0,
    Uninitialized,
}
```

Version 的 trait 实现与 Method 枚举的实现类似(也会添加到 httprequest.rs 中)：

```
impl From<&str> for Version {
    fn from(s: &str)-> Version {
        match s {
            "HTTP/1.1" => Version::V1_1,
            _ => Version::Uninitialized,
        }
    }
}
```

在 From trait 中实现 from 方法，使我们能够从传入的 HTTP 请求中读取 HTTP 协议版本并将其转换为 Version 变体。

先来测试这个方法是否有效。将以下代码添加到 http/src/httprequest.rs 中——之前添加的 mod tests 块内(在 test_method_into()函数之后)，使用 cargo test -p http 从工作区根目录运行测试：

```
#[test]
    fn test_version_into(){
        let m: Version = "HTTP/1.1".into();
        assert_eq!(m, Version::V1_1);
    }
```

终端将显示以下消息：

```
running 2 tests
test httprequest::tests::test_method_into ... ok
test httprequest::tests::test_version_into ... ok

test result: ok.2 passed; 0 failed; 0 ignored; 0 measured; 0 filteredout
```

现在这两个测试都通过了。使用.into()语句，字符串"HTTP/1.1"被转换为 Version::V1_1，这也是实现 From triat 的好处。

3. HttpRequest 结构

代码清单 2.6 中的 HttpRequest 结构体代表完整的 HTTP 请求。可将此代码添加到 http/src/httprequest.rs 文件的开头。

代码清单 2.6　HTTP 请求的数据结构

```
use std::collections::HashMap;

#[derive(Debug, PartialEq)]
pub enum Resource {
    Path(String),
}

#[derive(Debug)]
pub struct HttpRequest {
    pub method: Method,
    pub version: Version,
    pub resource: Resource,
```

```
    pub headers: HashMap<String, String>,
    pub msg_body: String,
}
```

HttpRequest 结构体的 From<&str> trait 实现是我们练习的核心。其支持将传入请求转换为方便进一步处理的 Rust HTTP Request 数据结构。

图 2.6 是典型 HTTP 请求的结构，由请求行、一组一个或多个标题行(后跟一个空行)和可选的消息正文组成。必须解析所有行并将它们转换为 HttpRequest 类型。作为 From<&str> trait 实现的一部分，这将是 from()函数的工作。

图 2.6 HTTP 请求的结构

以下是 From<&str> trait 实现的核心逻辑。

(1) 读取传入 HTTP 请求中的每一行。每行均由 CRLF(\r\n)分隔。

(2) 按如下方式评估每行。

- 如果该行是请求行(之后要查找关键字 HTTP，因为所有请求行都包含 HTTP 关键字和版本号)，则从该行中提取方法、路径和 HTTP 版本。
- 如果该行是标题行(由分隔符:标识)，则从 header 条目中提取 key 和 value 并将它们添加到请求的 header 列表中。注意，HTTP 请求中可以有多个标题行。简单起见，假设键和值必须由可打印的 ASCII 字符组成(即，以 10 为基数，值在 33 到 126 之间的字符，冒号除外)。
- 如果一行为空(\n\r)，则将其视为分隔行。在这种情况下无须采取任何措施。
- 如果消息正文存在，则将扫描并存储为 String。

首先来看代码的框架。先不要输入它——这只是为了展示代码的结构。

```
impl From<String> for HttpRequest {
    fn from(req: String)-> Self {}
}
fn process_req_line(s: &str)->(Method, Resource, Version){}
```

```
fn process_header_line(s: &str)->(String, String){}
```

既然有一个 from()方法，就应该为 From trait 实现它。还有两个支持函数分别用于解析请求行和 header 行。

首先看一下 from()方法。将此代码添加到 httprequest.rs，如代码清单 2.7 所示。

代码清单 2.7　解析传入的 HTTP 请求：from()方法

```
impl From<String> for HttpRequest {
    fn from(req: String)-> Self {
        let mut parsed_method = Method::Uninitialized;
        let mut parsed_version = Version::V1_1;
        let mut parsed_resource = Resource::Path("".to_string());
        let mut parsed_headers = HashMap::new();
        let mut parsed_msg_body = "";

        // 读取传入 HTTP 请求中的每一行
        for line in req.lines(){
            // 如果读取的是请求行，调用函数 process_req_line()
            if line.contains("HTTP"){
                let(method, resource, version)= process_req_line(line);
                parsed_method = method;
                parsed_version = version;
                parsed_resource = resource;
            // 如果读取的是 header 行，调用函数 process_header_line()
            } else if line.contains(":"){
                let(key, value)= process_header_line(line);
                parsed_headers.insert(key, value);
            // 如果是空行，什么都不做
            } else if line.len()== 0 {
               // 如果这些都不是，则视作消息正文
            } else {
                parsed_msg_body = line;
            }
        }
        // 将传入的 HTTP 请求解析为 HttpRequest 结构体
        HttpRequest {
            method: parsed_method,
            version: parsed_version,
            resource: parsed_resource,
            headers: parsed_headers,
            msg_body: parsed_msg_body.to_string(),
        }
    }
}
```

根据前面描述的逻辑，尝试检测传入 HTTP 请求中的各种类型的行，然后使用解析的值构造一个 HttpRequest 结构体。

接下来看看这两种支持方法。代码清单 2.8 显示了用于处理传入请求的请求行的代码。将其添加到 httprequest.rs 中 impl From<String> for HttpRequest {}块之后。

代码清单 2.8 解析传入的 HTTP 请求：process_req_line()函数

```
fn process_req_line(s: &str)->(Method, Resource, Version){
   // 将请求行解析为由空格分隔的各个块
   let mut words = s.split_whitespace();
   // 从请求行的第一部分提取 HTTP 方法
   let method = words.next().unwrap();
   // 从请求行的第二部分提取资源(URI/URL)
   let resource = words.next().unwrap();
   // 从请求行的第三部分提取 HTTP 版本
   let version = words.next().unwrap();

   (
        method.into(),
        Resource::Path(resource.to_string()),
        version.into(),
   )
}
```

代码清单 2.9 展示的是解析标题行的代码。可将其添加到 httprequest.rs 中的 process_req_line()函数之后。

代码清单 2.9 解析传入的 HTTP 请求：process_header_line()函数

```
fn process_header_line(s: &str)->(String, String){
     // 将标题行解析为由分隔符(':')分隔的单词
     let mut header_items = s.split(":");
     let mut key = String::from("");
     let mut value = String::from("");
     // 提取 header 中的 key 部分
     if let Some(k)= header_items.next(){
         key = k.to_string();
   }
   // 提取 header 中的 value 部分
   if let Some(v)= header_items.next(){
       value = v.to_string()
   }

   (key, value)
}
```

这就完成了 HttpRequest 的 From trait 的代码实现。

接着在 http/src/httprequest.rs 中的 mod tests(测试模块)内，为 HTTP 请求解析逻辑编写一个单元测试。回想一下前面写过的测试模块中的 test_method_into()和 test_version_into()函数。此时，httprequest.rs 文件中的测试模块应类似于以下代码片段。

```
#[cfg(test)]
mod tests {
     use super::*;
     #[test]
     fn test_method_into(){
          let m: Method = "GET".into();
```

```
        assert_eq!(m, Method::Get);
    }
    #[test]
    fn test_version_into(){
        let m: Version = "HTTP/1.1".into();
        assert_eq!(m, Version::V1_1);
    }
}
```

接着在同一 tests 模块中 test_version_info()函数后添加代码清单 2.10 中的测试函数。

代码清单 2.10　用于解析 HTTP 请求的测试脚本

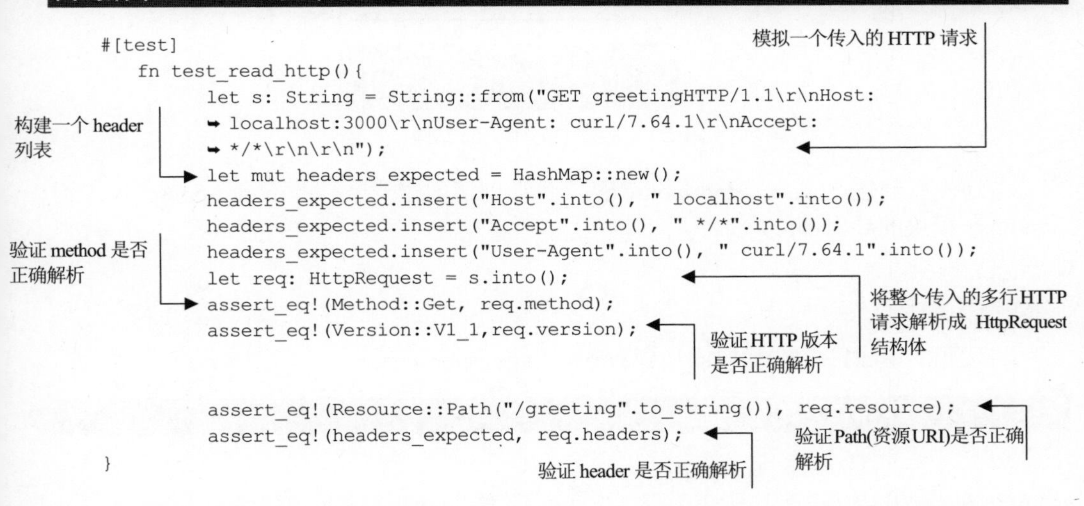

接下来，使用工作区根目录中的 cargo test -p http 运行测试。若显示以下消息，表示三个测试均已通过。

```
running 3 tests
test httprequest::tests::test_method_into ... ok
test httprequest::tests::test_version_into ... ok
test httprequest::tests::test_read_http ... ok

test result: ok. 3 passed; 0 failed; 0 ignored; 0 measured; 0 filtered out
```

现在已经完成 HTTP 请求处理的代码。该库可以解析传入的 HTTP GET 或 POST 消息并将其转换为 Rust 数据结构体。下面继续编写处理 HTTP 响应的代码。

2.3.2　构造 HTTP 响应消息

定义一个 HttpResponse 结构体，以表示程序中 HTTP 响应的消息，并编写一个方法来将此结构体转换(序列化)为 HTTP 客户端(例如 Web 浏览器)可以理解的格式良好的 HTTP 消息。

图 2.7 是典型的 HTTP 响应结构，可帮助定义示例的结构体。

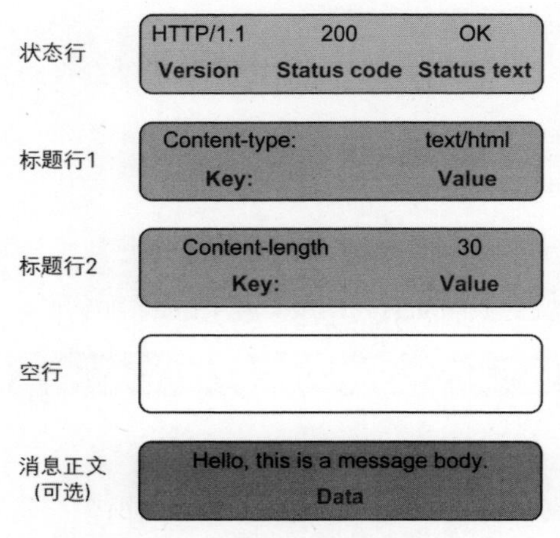

图 2.7 典型 HTTP 响应的结构

若还没有创建 http/src/httpresponse.rs 文件，则请创建一个。将 httpresponse 添加到 http/lib.rs 模块的导出部分，如下所示。

```
pub mod httprequest;
pub mod httpresponse;
```

将代码清单 2.11 中的代码添加到 http/src/httpresponse.rs。

代码清单 2.11 HTTP 响应的结构

```
use std::collections::HashMap;
use std::io::{Result, Write};

#[derive(Debug, PartialEq, Clone)]
pub struct HttpResponse<'a> {
     version: &'a str,
     status_code: &'a str,
     status_text: &'a str,
     headers: Option<HashMap<&'a str, &'a str>>,
     body: Option<String>,
}
```

HttpResponse 结构体包含协议版本、状态码、状态描述、可选 header 列表和可选主体。注意所有引用类型的成员字段中生命周期注解('a)的使用。

Rust 的生命周期

在 Rust 中，每个引用都有一个生命周期，即引用有效的范围。生命周期是 Rust 中的一个重要特性，旨在防止悬空指针和释放后使用错误，这在手动管理内存的语言(例如 C/C++)中很常见。Rust 编译器推断(若未指定)或使用(若指定)引用的生命周期注解以确保引用不会比它所指向的基础值的生命周期长。

另注意 Debug、PartialEq 和 Clone trait 中#[derive]注解的使用。这些称为可派生(derivable) trait，原因是此处要求编译器为 HttpResponse 结构体派生这些 trait 的实现。通过实现这些 trait，结构体获得了打印(出于调试目的)、将其成员值与其他值进行比较以及复制自身的能力。

之后将为 HttpResponse 结构体实现以下方法。

- Default trait 实现——之前使用#[derive]自动派生了一些 triat。现在将手动实现 Default trait。其支持指定结构成员的默认值。
- new()方法——该方法将创建一个新的结构体，并为其成员设置默认值。
- send_response()方法——该方法将 HttpResponse 结构体序列化为有效的 HTTP 响应消息以进行在线传输，通过 TCP 连接发送原始字节。
- Getter 方法——还将为 version、status_code、status_text、headers 和 body 实现一组 getter 方法，它们是 HttpResponse 结构体的成员字段。
- From trait 实现——最后，实现 From trait，以将 HttpResponse 结构体转换为表示有效 HTTP 响应消息的 String 类型。

下面将所有这些代码添加到 http/src/httpresponse.rs。

1. 实现 Default trait

先从 HttpResponse 结构体的 Default trait 实现开始，如代码清单 2.12 所示。

代码清单 2.12　HTTP 响应的 Default trait 实现

```
impl<'a> Default for HttpResponse<'a> {
   fn default()-> Self {
      Self {
           version: "HTTP/1.1".into(),
           status_code: "200".into(),
           status_text: "OK".into(),
           headers: None,
           body: None,
      }
   }
}
```

实现 Default trait，使我们能够创建一个具有默认值的新结构体，如下所示。

```
let mut response: HttpResponse<'a> = HttpResponse::default();
```

2. 实现 new()方法

new()方法接受一些参数，设置其他参数的默认值，并返回一个 HttpResponse 结构体。在 HttpResponse 结构体的 impl 块下添加如代码清单 2.13 所示的代码。由于该结构体的成员具有引用类型，因此 impl 块声明还必须指定生命周期参数('a)。

代码清单 2.13　HttpResponse 的 new()方法(httpresponse.rs)

```
impl<'a> HttpResponse<'a> {
    pub fn new(
        status_code: &'a str,
```

```
        headers: Option<HashMap<&'a str, &'a str>>,
        body: Option<String>,
    )-> HttpResponse<'a> {
        let mut response: HttpResponse<'a> = HttpResponse::default();
        if status_code != "200" {
            response.status_code = status_code.into();
        };
        response.headers = match &headers {
            Some(_h)=> headers,
            None => {
                let mut h = HashMap::new();
                h.insert("Content-Type", "text/html");
                Some(h)
            }
        };
        response.status_text = match response.status_code {
            "200" =>"OK".into(),
            "400" =>"Bad Request".into(),
            "404" =>"Not Found".into(),
            "500" =>"Internal Server Error".into(),
            _ =>"Not Found".into(),
        };
        response.body = body;
        response
    }
}
```

new()方法首先使用默认构造函数构造一个结构体，然后对参数值进行求值，并将参数值整合到结构体中。

3. 实现 send_response()方法

send_response()方法用于将 HttpResponse 结构体转换为 String 并通过 TCP 连接传输。其可以添加到 httpresponse.rs 中的 impl 块里，new()方法之后。

```
impl<'a> HttpResponse<'a> {
    // 这里不展示 new()method
    pub fn send_response(&self, write_stream: &mut impl Write)->
    ➥ Result<()> {
        let res = self.clone();
        let response_string: String = String::from(res);
        let _ = write!(write_stream, "{}", response_string);
        Ok(())
    }
}
```

此方法接受(实现 Write trait 的)TCP 流作为输入，并将格式良好的 HTTP 响应消息写入该流。

4. 实现 HttpResponse 结构体的 getter 方法

下面为结构体的每个成员编写 getter 方法。这些方法用于在 httpresponse.rs 中构建 HTML 响应消息，如代码清单 2.14 所示。

代码清单 2.14　HttpResponse 的 getter 方法

```
impl<'a> HttpResponse<'a> {
    fn version(&self)->&str {
        self.version
    }
    fn status_code(&self)->&str {
        self.status_code
    }
    fn status_text(&self)->&str {
        self.status_text
    }
    fn headers(&self)-> String {
        let map: HashMap<&str, &str> = self.headers.clone().unwrap();
        let mut header_string: String = "".into();
        for(k, v)in map.iter(){
            header_string = format!("{}{}:{}\r\n", header_string, k, v);
        }
        header_string
    }
    pub fn body(&self)->&str {
        match &self.body {
            Some(b)=> b.as_str(),
            None =>"",
        }
    }
}
```

getter 方法允许将数据成员转换为字符串类型。

5. 实现 From trait

最后，在 From trait 中实现 from 方法，该方法将用于将 HttpResponse 结构体转换(序列化)为 httpresponse.rs 中的 HTTP 响应消息字符串，如代码清单 2.15 所示。

代码清单 2.15　将 Rust 结构体序列化为 HTTP 响应消息的代码

```
impl<'a> From<HttpResponse<'a>> for String {
    fn from(res: HttpResponse)-> String {
        let res1 = res.clone();
        format!(
            "{} {} {}\r\n{}Content-Length: {}\r\n\r\n{}",
            &res1.version(),
            &res1.status_code(),
            &res1.status_text(),
            &res1.headers(),
            &res.body.unwrap().len(),
            &res1.body()
        )
    }
}
```

注意 format 字符串中\r\n 的使用。这将插入一个换行符。HTTP 响应消息由以下序列组成：状态行、header、空行和可选的消息正文。

下面编写一些单元测试。稍后，将创建一个如下所示的测试模块，并将每个测试添加到该块中。先不要输入——其只是为了展示测试代码的结构。

```
#[cfg(test)]
mod tests {
    use super::*;
    // 在此添加单元测试，每个测试都需要添加一个#[test]注解
}
```

首先检查是否为状态码 200(成功)的消息构造了 HttpResponse 结构体。将代码清单 2.16 中的内容添加到 httpresponse.rs 文件末尾。

代码清单 2.16　HTTP 成功(200)消息的测试脚本

```
#[cfg(test)]
mod tests {
    use super::*;
#[test]
    fn test_response_struct_creation_200(){
        let response_actual = HttpResponse::new(
            "200",
            None,
            Some("Item was shipped on 21st Dec 2020".into()),
        );
        let response_expected = HttpResponse {
            version: "HTTP/1.1",
            status_code: "200",
            status_text: "OK",
            headers: {
                let mut h = HashMap::new();
                h.insert("Content-Type", "text/html");
                Some(h)
            },
            body: Some("Item was shipped on 21st Dec 2020".into()),
        };
        assert_eq!(response_actual, response_expected);
    }
}
```

接下来，测试 404(未找到页面)HTTP 消息。在 mod tests {}块中的 test_response_struct_creation_200()之后添加如代码清单 2.17 所示的测试用例测试功能。

代码清单 2.17　404 消息的测试脚本

```
#[test]
    fn test_response_struct_creation_404(){
        let response_actual = HttpResponse::new(
            "404",
            None,
            Some("Item was shipped on 21st Dec 2020".into()),
        );
        let response_expected = HttpResponse {
```

```
            version: "HTTP/1.1",
            status_code: "404",
            status_text: "Not Found",
            headers: {
                let mut h = HashMap::new();
                h.insert("Content-Type", "text/html");
                Some(h)
            },
            body: Some("Item was shipped on 21st Dec 2020".into()),
        };
        assert_eq!(response_actual, response_expected);
}
```

最后，检查 HttpResponse 结构体是否被序列化为正确格式的在线 HTTP 响应消息。在 mod tests {}块中的 test_response_struct_creation_404()测试函数之后添加如代码清单 2.18 所示的测试。

代码清单 2.18　检查格式正确的 HTTP 响应消息的测试脚本

```
#[test]
    fn test_http_response_creation(){
        let response_expected = HttpResponse {
            version: "HTTP/1.1",
            status_code: "404",
            status_text: "Not Found",
            headers: {
                let mut h = HashMap::new();
                h.insert("Content-Type", "text/html");
                Some(h)
            },
            body: Some("Item was shipped on 21st Dec 2020".into()),
        };
        let http_string: String = response_expected.into();
        let response_actual = "HTTP/1.1 404 Not Found\r\nContent-Type:
        ➥ text/html\r\nContent-Length: 33\r\n\r\nItem was
        ➥ shipped on 21st Dec 2020";
        assert_eq!(http_string, response_actual);
}
```

现在运行测试。从工作区根目录运行以下命令：

```
cargo test -p http
```

提示以下消息，显示 http 模块已通过六个测试。注意，这包括对 HTTP 请求和 HTTP 响应模块的测试。

```
running 6 tests
test httprequest::tests::test_method_into ... ok
test httprequest::tests::test_version_into ... ok
test httpresponse::tests::test_http_response_creation ... ok
test httpresponse::tests::test_response_struct_creation_200 ... ok
test httprequest::tests::test_read_http ... ok
test httpresponse::tests::test_response_struct_creation_404 ... ok
```

```
test result: ok. 6 passed; 0 failed; 0 ignored; 0 measured; 0 filtered out
```

如果测试失败，则检查代码中是否有任何拼写错误或错位(若复制粘贴代码)。特别是，重新检查以下字符串文字(它很长并且容易出错)。

```
"HTTP/1.1 404 Not Found\r\nContent-Type:text/html\r\nContent-Length:
➥ 33\r\n\r\nItem was shipped on 21st Dec 2020";
```

如果执行测试时仍然遇到问题，可返回 Git 仓库查看。这样就完成了 http 库的代码。回想一下 HTTP 服务器的设计，如图 2.8 所示。

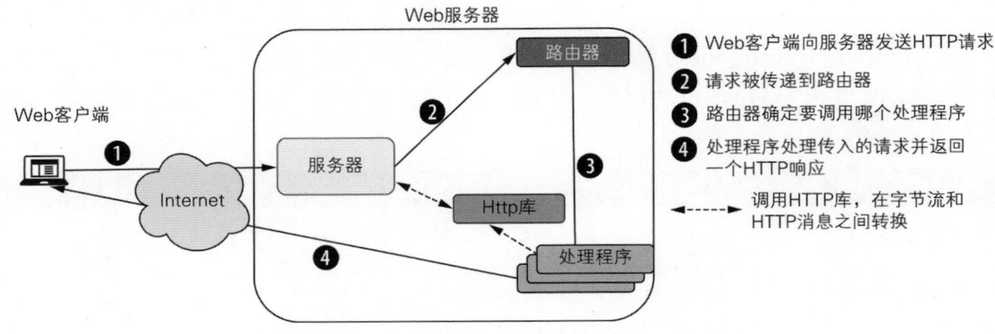

图 2.8　Web 服务器消息流

http 库已经编写完。接下来需要编写 main()函数、服务器、路由器和处理程序。必须从 http 项目切换到 httpserver 项目目录来编写此代码。

若要在 httpserver 项目中引用 http 库，可将以下代码添加到后者的 Cargo.toml 文件中：

```
[dependencies]
http = {path = "../http"}
```

2.3.3　编写 main()函数和 server 模块

在此采取自上而下的方法，从 httpserver/src/main.rs 中的 main()函数开始，如代码清单 2.19 所示。

代码清单 2.19　main()函数

```
mod handler;
mod server;
mod router;
use server::Server;
fn main(){
    // 启动服务器
    let server = Server::new("localhost:3000");
    // 运行服务器
    server.run();
}
```

main 函数导入了三个模块：handler、server、router。现在，需要在 httpserver/src 下创

建这三个文件：handler.rs、server.rs 和 router.rs。

如代码清单 2.20 所示，在 httpserver/src/server.rs 中编写 server 模块的代码。

代码清单 2.20　server 模块

```
use super::router::Router;
use http::httprequest::HttpRequest;
use std::io::prelude::*;
use std::net::TcpListener;
use std::str;
pub struct Server<'a> {
    socket_addr: &'a str,
}
impl<'a> Server<'a> {
    pub fn new(socket_addr: &'a str)-> Self {
        Server { socket_addr }
    }
    pub fn run(&self){
        // 在套接字地址上启动一个服务器进行监听
        let connection_listener = TcpListener::bind(
        ➥ self.socket_addr).unwrap();
        println!("Running on {}", self.socket_addr);
        // 循环监听传入的连接
        for stream in connection_listener.incoming(){
            let mut stream = stream.unwrap();
            println!("Connection established");
            let mut read_buffer = [0; 90];
            stream.read(&mut read_buffer).unwrap();
            // 将 HTTP 请求转换为 Rust 数据结构
            let req: HttpRequest = String::from_utf8(
            ➥ read_buffer.to_vec()).unwrap().into();
            // 将请求路由到合适的处理程序中
            Router::route(req, &mut stream);
        }
    }
}
```

server 模块有两种方法。new()方法接受套接字地址(主机和端口)并返回一个 Server 实例。run()方法执行以下操作：

- 绑定套接字
- 监听传入的连接
- 在有效连接上读取字节流
- 将流转换为 HttpRequest 结构体实例
- 将请求传递给 Router 进行进一步处理

2.3.4　编写 router 和 handler 模块

router 模块检查传入的 HTTP 请求并确定将请求路由到哪个处理程序进行处理。将代码清单 2.21 中的代码添加到 httpserver/src/router.rs。

代码清单 2.21　router 模块

```
use super::handler::{Handler, PageNotFoundHandler, StaticPageHandler,
➥ WebServiceHandler};
use http::{httprequest, httprequest::HttpRequest,
➥ httpresponse::HttpResponse};
use std::io::prelude::*;
pub struct Router;
impl Router {
    pub fn route(req: HttpRequest, stream: &mut impl Write)->(){
    match req.method {
        // 如果是 GET 请求
        httprequest::Method::Get => match &req.resource {
            httprequest::Resource::Path(s)=> {
                // 解析 URI
                let route: Vec<&str> = s.split("/").collect();
                match route[1] {
                    // 如果路由以/api 开头，则调用 Web 服务
                    "api" => {
                        let resp: HttpResponse =
                        ➥ WebServiceHandler::handle(&req);
                        let _ = resp.send_response(stream);
                    }
                    // 否则，触发静态页面处理程序
                    _ => {
                        let resp: HttpResponse =
                        ➥ StaticPageHandler::handle(&req);
                        let _ = resp.send_response(stream);
                    }
                }
            }
        },
        // 如果方法不是 GET 请求，则返回 404 页面
        _ => {
            let resp: HttpResponse = PageNotFoundHandler::handle(&req);
            let _ = resp.send_response(stream);
        }
      }
    }
}
```

router 检查传入方法是否为 GET 请求。如果是，则按以下顺序执行检查。

(1) 如果 GET 请求路由以/api 开头，则将请求路由到 WebServiceHandler。

(2) 如果 GET 请求针对任何其他资源，则假定该请求针对静态页面，并将该请求路由到 StaticPageHandler。

(3) 如果不是 GET 请求，则返回 404 错误页面。

为 handler 模块添加几个外部 crate 来处理 JSON 序列化和反序列化：serde 和 serde_json。httpserver 项目的 Cargo.toml 文件如下所示。

```
[dependencies]
http = {path = "../http"}
serde = {version = "1.0.117",features = ["derive"]}
```

```
serde_json = "1.0.59"
```

下面先从模块导入开始。将以下代码添加到 httpserver/src/handler.rs：

```
use http::{httprequest::HttpRequest, httpresponse::HttpResponse};
use serde::{Deserialize, Serialize};
use std::collections::HashMap;
use std::env;
use std::fs
```

接下来定义一个名为 Handler 的 trait，如代码清单 2.22 所示。

代码清单 2.22　定义 Handler trait

```
pub trait Handler {
    fn handle(req: &HttpRequest)-> HttpResponse;
    fn load_file(file_name: &str)-> Option<String> {
        let default_path = format!("{}/public", env!("CARGO_MANIFEST_DIR"));
        let public_path = env::var("PUBLIC_PATH").unwrap_or(default_path);
        let full_path = format!("{}/{}", public_path, file_name);

        let contents = fs::read_to_string(full_path);
        contents.ok()
    }
}
```

注意，Handler trait 包含以下两种方法。

- handle()——任何其他用户数据类型都必须实现此方法才能实现该 trait。
- load_file()——此方法从 httpserver 根目录中的 public 目录加载文件(非 JSON)。该实现已作为 trait 定义的一部分提供。

接着定义以下数据结构：

- StaticPageHandler——提供静态网页
- WebServiceHandler——提供 JSON 数据
- PageNotFoundHandler——提供 404 页面服务
- OrderStatus——加载从 JSON 文件读取的数据

将代码清单 2.23 中的代码添加到 httpserver/src/handler.rs。

代码清单 2.23　handler 的数据结构

```
#[derive(Serialize, Deserialize)]
pub struct OrderStatus {
    order_id: i32,
    order_date: String,
    order_status: String,
}

pub struct StaticPageHandler;

pub struct PageNotFoundHandler;

pub struct WebServiceHandler;
```

现在为三个 handler 结构体实现 Handler trait。从 PageNotFoundHandler 开始：

```
impl Handler for PageNotFoundHandler {
     fn handle(_req: &HttpRequest)-> HttpResponse {
          HttpResponse::new("404", None, Self::load_file("404.html"))
     }
}
```

如果调用 PageNotFoundHandler 结构体上的 handle 方法，则会返回一个新的 HttpResponse 结构体实例，其状态码为 404，正文包含从 404.html 文件加载的一些 HTML。

接下来是 StaticPageHandler 的代码，如代码清单 2.24 所示。

代码清单 2.24　提供静态网页的 handler

```
impl Handler for StaticPageHandler {
   fn handle(req: &HttpRequest)-> HttpResponse {
       // 获取被请求的静态页面资源的路径
       let http::httprequest::Resource::Path(s)= &req.resource;

       // 解析 URI
       let route: Vec<&str> = s.split("/").collect();
       match route[1] {
            "" => HttpResponse::new("200", None,
            ➥ Self::load_file("index.html")),
            "health" => HttpResponse::new("200", None,
            ➥ Self::load_file("health.html")),
            path => match Self::load_file(path){
                 Some(contents)=> {
                      let mut map: HashMap<&str, &str> = HashMap::new();
                      if path.ends_with(".css"){
                         map.insert("Content-Type", "text/css");
                      } else if path.ends_with(".js"){
                         map.insert("Content-Type", "text/javascript");
                      } else {
                         map.insert("Content-Type", "text/html");
                      }
                      HttpResponse::new("200", Some(map), Some(contents))
                 }
                 None => HttpResponse::new("404", None,
                 ➥ Self::load_file("404.html")),
            },
       }
   }
}
```

如果在 StaticPageHandler 上调用 handle()方法，则会进行以下处理。

- 如果传入的请求针对 localhost:3000/，则加载 index.html 文件中的内容，并构造一个新的 HttpResponse 结构体。
- 如果传入的请求针对 localhost:3000/health，则会加载 health.html 文件中的内容，并构造一个新的 HttpResponse 结构体。

- 如果传入的请求针对任何其他文件，该方法会尝试在 httpserver/public 目录中查找该文件。如果未找到该文件，则会发回 404 错误页面。如果找到该文件，则会加载内容并将其嵌入 HttpResponse 结构体。注意，HTTP 响应消息中的 Content-Type header 根据文件类型设置。

接下来查看代码的最后一部分：WebServiceHandler，如代码清单 2.25 所示。

代码清单 2.25　提供 JSON 数据的 handler

定义一个 load_json()方法以从磁盘加载 orders.json 文件

```
impl WebServiceHandler {
  fn load_json()-> Vec<OrderStatus> {
       let default_path = format!("{}/data", env!("CARGO_MANIFEST_DIR"));
       let data_path = env::var("DATA_PATH").unwrap_or(default_path);
       let full_path = format!("{}/{}", data_path, "orders.json");
       let json_contents = fs::read_to_string(full_path);
       let orders: Vec<OrderStatus> =
           serde_json::from_str(json_contents.unwrap().as_str()).unwrap();
       orders
  }
}
// 实现 Handler trait
impl Handler for WebServiceHandler {
    fn handle(req: &HttpRequest)-> HttpResponse {
         let http::httprequest::Resource::Path(s)= &req.resource;

         // 解析 URI
         let route: Vec<&str> = s.split("/").collect();
         // 如果路由是/api/shipping/orders, 返回 json 数据
         match route[2] {
              "shipping" if route.len()> 2 && route[3] == "orders" => {
                   let body = Some(serde_json::to_string(
                   ➥ &Self::load_json()).unwrap());
                   let mut headers: HashMap<&str, &str> = HashMap::new();
                   headers.insert("Content-Type", "application/json");
                   HttpResponse::new("200", Some(headers), body)
              }
              _ => HttpResponse::new("404", None, Self::load_file("404.html")),
         }
    }
}
```

如果在 WebServiceHandler 结构体上调用 handle()方法，则会进行以下处理。

- 如果 GET 请求针对 localhost:3000/api/shipping/orders，则会加载包含订单的 JSON 文件，并将其序列化为 JSON，并作为响应正文的一部分返回。
- 如果是其他路由，则返回 404 错误页面。

到此已经完成了代码。接下来必须创建 HTML 和 JSON 文件来测试 Web 服务器。

2.3.5 测试 Web 服务器

本节首先创建测试网页和 JSON 数据。然后，针对各种场景测试 Web 服务器并分析结果。

在 httpserver 根目录下创建两个子目录：data 和 public。在 public 目录中，创建四个文件：index.html、health.html、404.html 和 styles.css。在 data 目录中，创建一个 orders.json 文件。

代码清单 2.26 至代码清单 2.30 显示了这些文件的示例内容。你可以根据自己的喜好更改它们。

代码清单 2.26 索引网页(httpserver/public/index.html)

```
<!DOCTYPEhtml>
<html lang="en">
    <head>
        <meta charset="utf-8"/>
        <linkrel="stylesheet"href="styles.css">
        <title>Index! </title>
    </head>
    <body>
      <h1>Hello, welcome to home page</h1>
      <p>This is the index page for the web site</p>
    </body>
</html>
```

代码清单 2.27 用于格式化页面的样式表(httpserver/public/styles.css)

```
h1 {
     color: red;
     margin-left: 25px;
}
```

代码清单 2.28 health 页面(httpserver/public/health.html)

```
<!DOCTYPEhtml>
<html lang="en">
   <head>
      <meta charset="utf-8"/>
      <title>Health! </title>
   </head>
   <body>
      <h1>Hello welcome to health page!</h1>
      <p>This site is perfectly fine</p>
   </body>
</html>
```

代码清单 2.29　404 页面文件(httpserver/public/404.html)

```
<!DOCTYPE html>
  <html lang="en">
<head>
<meta charset="utf-8" /><title>Not Found! </title>
     </head>
     <body>
       <h1>404 Error</h1>
       <p>Sorry the requested page dose not exist</p>
     </body>
</html>
```

代码清单 2.30　订单的 JSON 数据文件(httpserver/data/orders.json)

```
[
     {
          "order_id": 1,
          "order_date": "21 Jan 2020",
          "order_status": "Delivered"
     },
     {
          "order_id": 2,
          "order_date": "2 Feb 2020",
          "order_status": "Pending"
     }
]
```

现在已准备好运行 Web 服务器。从工作区根目录运行它，如下所示。

```
cargo run -p httpserver
```

然后，从浏览器窗口或使用 curl 工具测试以下 URL。

```
localhost:3000/
localhost:3000/health
localhost:3000/api/shipping/orders
localhost:3000/invalid-path
```

如果在浏览器上调用这些命令，那么对于第一个 URL，应该会显示红色字体的标题。转到 Chrome 浏览器中的网络选项卡(或其他浏览器上的等效开发工具)并查看浏览器下载的文件，会看到，除了 index.html 文件，浏览器还会自动下载 styles.css 文件，这会导致样式应用于索引页面。如果进一步检查，就会发现 CSS 文件的 Content-Type 为 text/css，HTML 文件的 Content-Type 为 text/html，所有这些都是从我们的 Web 服务器发送到浏览器的。

同样地，如果你检查发送到/api/shipping/orders 路径的响应内容类型，你会看到从浏览器中接收到了 application/json，它作为响应头的一部分。

本节编写了一个 HTTP 服务器和一个可以为静态页面和 JSON 数据提供服务的 HTTP 消息库。虽然前一个功能与术语 Web server 相关，但后者是开始看到 Web 服务功能的地方。我们的 httpserver 项目既充当静态 Web 服务器，又充当提供 JSON 数据的 Web 服务。

当然，常规的 Web 服务将提供比 GET 请求更多的方法，但这个练习的目的是演示如何使用 Rust 从头开始构建这样的 Web 服务器和 Web 服务，而不使用任何 Web 框架或外部 HTTP 库。

希望你可以按照代码进行操作并正常运行。如果遇到困难，可以参考第 2 章的代码库：https://git.manning.com/agileauthor/eshwarla/-/tree/master/code。

现在，已经掌握了基础知识，可以了解如何使用 Rust 开发底层 HTTP 库和 Web 服务器，以及 Web 服务的基础。第 2 章将直接使用 Rust 编写的 Web 框架来开发 Web 服务。

2.4 本章小结

- TCP/IP 模型是一组简化的 Internet 通信标准和协议。它分为四个抽象层：网络接入层、网络层、传输层和应用层。TCP 是传输层协议，其他应用层协议(如 HTTP)通过该协议进行操作。本章构建了一个使用 TCP 协议交换数据的服务器和客户端。
- TCP 是一种面向流的协议，其中数据作为连续的字节流进行交换。
- 本章使用 Rust 标准库构建了一个基本的 TCP 服务器和客户端。TCP 不像 HTTP 那样可以理解消息的语义。TCP 客户端和服务器只是交换字节流，而不了解传输的数据。
- HTTP 是应用层协议，是大多数 Web 服务的基础。大多数情况下，HTTP 使用 TCP 作为传输协议。
- 本章构建了一个 HTTP 库来解析传入的 HTTP 请求并构造 HTTP 响应。HTTP 请求和响应使用 Rust 结构体和枚举进行建模。
- 本章构建了一个 HTTP 服务器，它提供两种类型的内容：静态网页(带有关联文件，如样式表)和 JSON 数据。
- Web 服务器可以接收请求并向标准 HTTP 客户端(例如浏览器和 curl 工具)发送响应。
- 本章通过实现几个 trait 向自定义结构体添加了额外的行为。其中一些是使用 Rust 注解自动派生的，另一些是手动编码的。此外，还使用生命周期注解来指定结构体内引用的生命周期。

第 3 章

构建 RESTful Web 服务

本章内容

- Actix 入门
- 编写 RESTful Web 服务

本章将构建第一个真正的 Web 服务，此服务通过 HTTP 公开一组 API，并使用 REST 架构风格。

使用 Actix(https://actix.rs)构建的 Web 服务是一个用 Rust 编写的轻量级 Web 框架，也是在代码活跃度、使用情况和生态系统方面最成熟的框架之一。我们将通过在 Actix 中编写一些介绍性代码来热身，以帮助读者了解其基本概念和结构。本章后部将使用线程安全的内存数据存储来设计和构建一组 REST API。

本章的完整代码可访问以下网址获取：https://git.manning.com/agileauthor/eshwarla/-/tree/master/code。

3.1 Actix 入门

本书想要创建一个面向导师的数字店面。将数字平台称为 EzyTutors 的原因是希望导师能够在线轻松地发布培训目录，这反过来又可以激发学习者的兴趣并产生销量。

为了开启这一旅程，我们将构建一组简单的 API，允许导师创建课程，让学习者检索课程。

Actix 的介绍分为两部分。第一部分将使用 Actix 构建一个基本的异步 HTTP 服务器，该服务器演示了一个简单的运行状况检查 API。这将有助于你了解 Actix 的基本概念。第二部分将为导师 Web 服务设计和构建 REST API。本章依赖内存数据存储(而非数据库)并使用测试驱动开发。在此过程中，将会学习 Actix 的关键概念，例如路由、处理程序、HTTP 请求、参数和 HTTP 响应。

开始代码编写之旅吧！

选择 Actix 的理由

本书介绍如何用 Rust 开发高性能的 Web 服务和应用程序。撰写本书时考虑的 Web 框架有 Actix、Rocket、Warp 和 Tide。Warp 和 Tide 相对较新，而 Actix 和 Rocket 在使用率和活跃度方面处于领先地位。选择 Actix 而非 Rocket，是因为 Rocket 还没有原生异步支持，而异步支持是大规模 I/O 密集型工作负载(例如 Web 服务 API)中提高性能的关键因素。

3.1.1 编写第一个 REST API

本节将编写一个可以响应 HTTP 请求的 Actix 服务器。

关于项目结构的说明

有多种方法可以组织将在本书中构建的代码。

第一种方法是创建一个工作区项目(类似于在第 2 章中创建的项目)，并在工作区下创建单独的项目，每个章节创建一个。

第二种方法是为每个章节创建一个单独的 Cargo 二进制项目。可以稍后确定部署的分组选项。

这两种方法都可以，但本书将采用第一种方法维持条理性。接下来将创建一个工作区项目 ezytutors，用以保存其他项目。

首先，使用以下命令创建一个新项目。

```
cargo new ezytutors && cd ezytutors
```

这将创建一个二进制 Cargo 项目。

此工作区会存储将在后续章节中构建的 Web 服务和应用程序。将以下内容添加到 Cargo.toml 中：

```
[workspace]
members = ["tutor-nodb"]
```

tutor-nodb 是要在本章中创建的 Web 服务的名称。继续创建另一个 Cargo 项目，如下所示。

```
cargo new tutor-nodb && cd tutor-nodb
```

这将在 ezytutors 工作区下创建一个名为 tutor-nodb 的二进制 Rust 项目。方便起见，可将其称为"导师 Web 服务"。该 Cargo 项目的根目录包含一个 src 子目录和一个 Cargo.toml 文件。

在导师 Web 服务的 Cargo.toml 中添加以下依赖项。

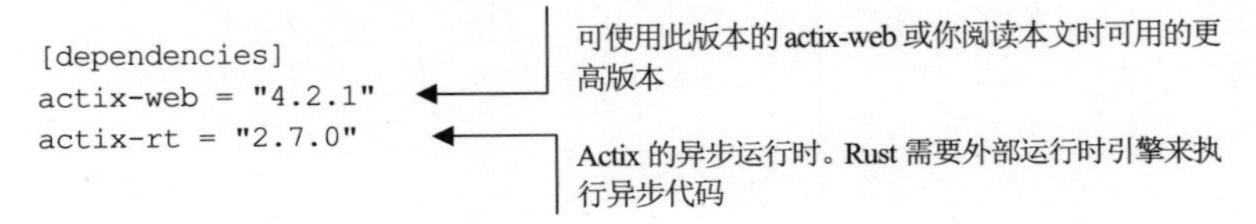

[dependencies]
actix-web = "4.2.1"
actix-rt = "2.7.0"
可使用此版本的 actix-web 或你阅读本文时可用的更高版本
Actix 的异步运行时。Rust 需要外部运行时引擎来执行异步代码

将以下二进制声明添加到同一个 Cargo.toml 文件中，以指定二进制文件的名称。

```
[[bin]]
name ="basic-server"
```

现在，已在 tutor-nodb/src/bin 目录下创建一个名为 basic-server.rs 的源文件。该文件将包含 main()函数，它是二进制文件的入口。

在 Actix 中创建和启动基本 HTTP 服务器涉及四个基本步骤。

(1) 配置路由，其是 Web 服务器中各种资源的路径。对于本书的示例，可配置/health 路由检查服务器执行运行状况。

(2) 配置处理程序。处理程序是处理路由请求的函数。可定义一个运行状况检查处理程序来服务/health 路由。

(3) 构建一个 Web 应用程序，并在该应用程序中注册路由和处理程序。

(4) 构建链接到 Web 应用程序的 HTTP 服务器，并运行该服务器。

这四个步骤在代码清单 3.1 中已突出标注并带有注释。将该代码添加到 src/bin/basic-server.rs。如果不理解所有步骤和代码，也不要担心，稍后将详细解释。

注意：强烈建议逐行输入代码，而非将其复制并粘贴到编辑器中。这可以提供更好的学习回报，因为目的是练习而非阅读。

代码清单 3.1　编写一个基本的 Actix Web 服务器

```
// 模块导入
use actix_web::{web、App、HttpResponse、HttpServer、Responder};
use std::io;

// 配置路由
pub fn general_routes(cfg: &mut web::ServiceConfig){
    cfg.route("/health", web::get().to(health_check_handler));
}

// 配置处理程序
pub async fn health_check_handler()-> impl Responder {
   HttpResponse::Ok().json("Hello. EzyTutors is alive and kicking")
}

// 初始化并运行 HTTP 服务器
#[actix_rt::main]
async fn main()-> io::Result<()> {
    // 构建 app 并配置路由
    let app = move || App::new().configure(general_routes);

    // 启动 HTTP 服务器
    HttpServer::new(app).bind("127.0.0.1:3000")?.run().await
}
```

对于通过/health 路由传入的 HTTP GET 请求，Actix Web 服务器会将请求路由到 health_check_handler()

处理程序构造一个带问候语的 HTTP 响应

构建 Actix Web 应用程序实例，并注册配置的路由

初始化 Web 服务器，加载应用程序，将其绑定到套接字，然后运行服务器

可以通过两种方式的其中之一运行服务器。如果位于 ezytutors 工作区根目录中，则运行以下命令。

```
cargo run -p tutor-nodb --bin basic-server
```

-p 标志告诉 Cargo 在工作区中构建并运行 tutor-nodb 项目的二进制文件。

或者，可以从 tutor-nodb 目录中运行命令，如下所示。

```
cargo run --bin basic-server
```

在 Web 浏览器中，访问以下 URL：

```
localhost:3000/health
```

将看到以下内容。

```
Hello, EzyTutors is alive and kicking
```

恭喜！你已经在 Actix 中构建了第一个 REST API。

3.1.2 了解 Actix 概念

3.1.1 节编写了一个基本的 Actix Web 服务器(Actix HTTP 服务器)。服务器配置使用单个路由/health 运行 Web 应用程序，该路由返回 Web 应用程序服务的运行状况。图 3.1 是在代码中使用的 Actix 组件。

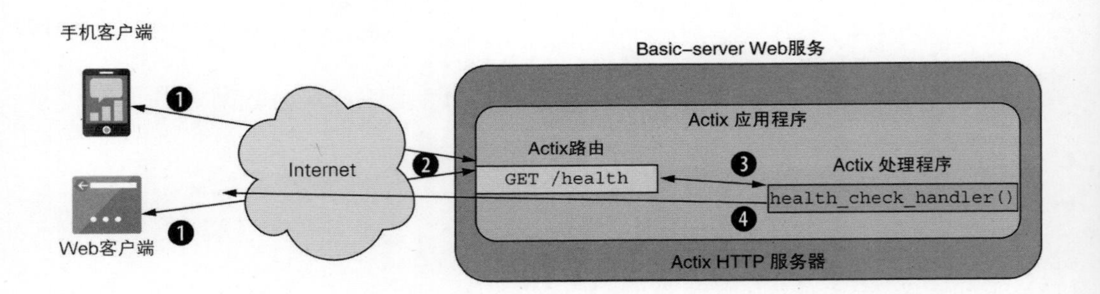

图 3.1 Actix Web 服务器的组件

以下操作对应图中所示的步骤。

(1) 在浏览器中输入 localhost:3000/health 时，浏览器会构造一个 HTTP GET 请求消息并发送到在 localhost:3000 端口监听的 Actix basic-server。

(2) Actix basic-server 检查 GET 请求并确定消息中的路由为/health。然后，服务器将请求路由到定义了/health 的 Web 应用程序(app)。

(3) Web 应用程序接着将路由/health 的处理程序确定为 health_check_handler()，并将消息路由到该处理程序。

(4) health_check_handler()处理程序使用文本消息构建 HTTP 响应，并将其发送回浏览器。

留意使用的术语：HTTP 服务器、Web 应用程序、路由和处理程序，它们是 Actix 中用于构建 Web 服务的关键概念。回想一下，第 2 章也使用了术语"服务器""路由"和"处理程序"。从概念上讲，它们是相似的，但下面将在 Actix 的背景下更详细地讲解它们。

- HTTP(Web)服务器——HTTP 服务器负责处理 HTTP 请求。它理解并实现 HTTP 协议。默认情况下，HTTP 服务器启动许多线程(称为工作线程)来处理传入请求。Actix HTTP 服务器是围绕 Web 应用程序的概念构建的，并且需要一个服务器进行初始化。它为每个操作系统线程构造一个应用程序实例。
- App——app 或 Actix Web 应用程序，可以处理一组路由。
- 路由和处理程序——Actix 中的路由告诉 Actix Web 服务器如何处理传入请求。路由根据路由路径、HTTP 方法和处理器函数来定义。换句话说，请求处理程序是在特定 HTTP 方法路径上的应用程序路由中注册。Actix 路由的结构如图 3.2 所示。

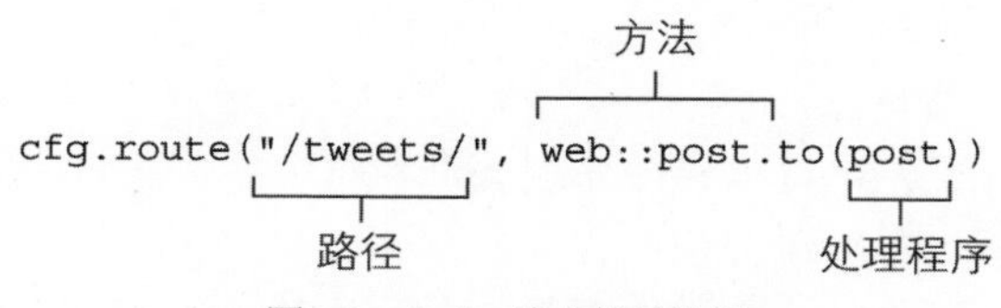

图 3.2　Actix 路由的结构图

Actix 并发

Actix 支持两个级别的并发。

它支持异步 I/O，其中给定的操作系统本机线程在等待 I/O 的同时执行其他任务(例如监听网络连接)。

它还支持多线程并行处理，默认情况下，它会启动数量等于系统中逻辑 CPU 数量的操作系统本机线程(称为工作线程)。

这是之前实现的运行状况检查的路由。

前面的路由指定，如果 HTTP GET 请求到达该/health 路径，请求应路由到请求处理程序方法 health_check_handler()上。

请求处理程序是一种异步方法，接受零个或多个参数并返回 HTTP 响应。以下是在上一个示例中实现的请求处理程序。

```
pub async fn health_check_handler()-> impl Responder {
    HttpResponse::Ok().json("Hello, EzyTutors is alive and kicking")
}
```

在这段代码中，health_check_handler()是一个实现 Responder trait 的函数。实现 Responder trait 的类型可获得发送 HTTP 响应的能力。注意，此处理程序不接受任何输入参数，但可以将数据与来自客户端的 HTTP 请求一起发送，并且该数据可供处理程序使用。相同示例还可参见 3.2 节。

有关 Actix Web 的更多信息

Actix Web(通常简称 Actix)是一个现代的，基于 Rust 的轻量级且便捷的 Web 框架。Actix Web 在 TechEmpower 性能基准测试中始终名列最佳 Web 框架之列(www.techempower.com/benchmarks/)。

Actix Web 是最成熟的 Rust Web 框架之一，支持如下列出的功能:

- 支持 HTTP/1.x 和 HTTP/2。
- 支持请求和响应预处理。
- 可以针对 CORS、会话管理、日志记录和身份验证等功能配置中间件。
- 支持异步 I/O。这使得 Actix 服务器能够在等待网络 I/O 的同时执行其他活动。
- 内容压缩。
- 可连接到多个数据库。
- (通过 Rust 测试框架)提供额外的测试实用程序来支持 HTTP 请求的测试。
- 支持静态网页托管和服务渲染模板。

有关 Actix Web 框架的更多技术细节可以访问：https//docs.rs/crate/actix-web/2.0.0。

使用像 Actix Web 这样的框架可以明显加快 Rust 中 Web API 的原型设计和开发，原因是它负责处理 HTTP 协议和消息的底层细节。此外，它还提供多种实用功能和特性，使 Web 应用程序开发变得更加容易。

虽然 Actix Web 具有很多功能，但本书只介绍部分功能，例如为资源提供 CRUD(创建、读取、更新、删除)功能的 HTTP 方法、数据库持久化、错误处理、状态管理、JWT 身份验证和配置中间件。

本节构建了一个基本的 Actix Web 服务，发布了运行状况检查 API，并回顾了 Actix 框架的关键功能。3.2 节将为 EzyTutors 社交网络构建 Web 服务。

3.2 使用 REST 构建 Web API

本部分将引导你完成使用 Actix 开发 RESTful Web 服务的典型步骤。

Web 服务是面向网络的服务，这意味着它通过网络上的消息进行通信。Web 服务使用 HTTP 作为交换消息的主要协议。可以使用多种架构风格来开发 Web 服务，例如 SOAP/XML、REST/HTTP 和 gRPC/HTTP。本章使用 REST 架构风格。

REST API

REST 代表具象状态转移。它是一个术语，用于将 Web 服务可视化为资源网络，每个资源都有自己的状态。用户通过对 URI 标识的资源触发操作，如 GET、PUT、POST、DELETE(例如，可使用 https://www.google.com/search?q= weather%20berlin 获取柏林当前的天气)。

资源是应用程序实体，例如用户、货物、课程等。对资源的操作(例如 POST 和 PUT)可能会导致资源的状态更改。最新状态将返回给发出请求的客户端。

REST 架构定义了 Web 服务必须采用的一组属性(称为约束)。

- 客户端-服务器架构——该架构允许关注点分离。客户端和服务器是解耦的，可以独立发展。
- 无状态——这意味着在来自同一客户端的连续请求之间，服务器上不存储任何客户端上下文。
- 分层系统——这种方法允许存在中介，例如客户端和服务器之间的负载均衡器和代理。
- 可缓存性——这支持客户端缓存服务器响应以提高性能。
- 统一接口——定义了寻址和操作资源以及标准化消息的统一方法。
- 明确定义的状态变化 —— 状态变化被明确定义。例如，GET 请求不会导致状态更改，但 POST、PUT 和 DELETE 消息会导致状态更改。

注意，REST 不是正式标准，而是一种架构风格。因此，RESTful 服务的实现方式可能会有所不同。

使用REST架构风格公开API的Web服务称为RESTful Web服务。本节将为EzyTutors数字店面构建 RESTful Web 服务。为 API 选择 RESTful 风格的原因是其直观、使用广泛并且适合面向外部的 API(与 gRPC 不同，gRPC 更适合内部服务之间的 API)。

本章 Web 服务的核心功能是允许发布新课程、检索导师的课程列表以及检索单个课程的详情。其初始数据模型将只包含一种资源：课程。

但在讨论数据模型之前，先应最终确定项目的结构和代码，并确定如何通过跨多个 Actix 工作线程安全访问的方式将这些数据存储在内存中。

3.2.1 定义项目范围和结构

本节将为导师 Web 服务构建三个 RESTful API。这些 API 将在 Actix Web 应用程序上注册，而该应用程序又将部署在 Actix HttpServer 上。

API 将设计为从 Web 前端或移动应用程序调用。此处会使用标准浏览器测试 GET API 请求，并使用命令行 HTTP 客户端 curl 测试 POST 请求(也可以使用 Postman 等工具)。

另外，还会使用内存而不是数据库来存储课程。一切皆为了简单。第 4 章将添加关系数据库。

图 3.3 展示了将构建的 Web 服务的各个组件以及 Web 服务如何处理来自 Web 和移动客户端的 HTTP 请求。图 3.1 所示的基本服务器与此类似。

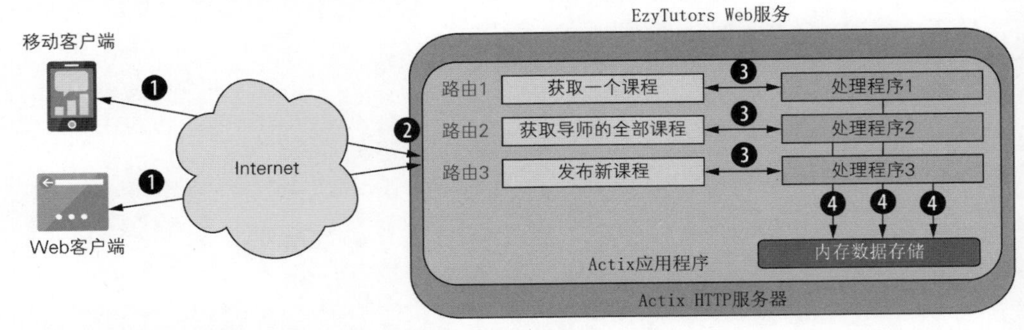
EzyTutors Web服务
移动客户端
Web客户端
Internet
路由1
获取一个课程
路由2
获取导师的全部课程
路由3
发布新课程
处理程序1
处理程序2
处理程序3
内存数据存储
Actix应用程序
Actix HTTP服务器
1 web或移动客户端发送Web服务 API请求到Actix HTTP服务器
2 Actix HTTP服务器将请求定向到Actix应用程序中的相应路由
3 每个路由将请求定向到相应的处理程序
4 每个处理程序从内存数据存储中存储和检索数据，并将 HTTP响应发送回 Web和移动客户端

图 3.3　Web 服务的组件

以下是请求和响应消息流的步骤。

(1) HTTP 请求由 Web 或移动客户端构建，并发送到 Actix Web 服务器正在监听的域名地址和端口号。

(2) Actix Web 服务器将请求路由到 Actix Web 应用程序。

(3) Actix Web 应用程序已配置了三个 API 的路由。它会检查路由配置，确定指定路由的正确处理程序，并将请求转发到处理器函数。

(4) 请求处理程序解析请求参数，读取或写入内存数据存储，并返回 HTTP 响应。处理过程中的任何错误也会作为带有适当状态码的 HTTP 响应返回。

简言之，这就是 Actix Web 中请求-响应流程的工作方式。以下是要构建的 API。

- POST /courses——创建新课程并将其保存在 Web 服务中。
- GET /courses/tutor_id——获取导师提供的课程列表。
- GET /courses/tutor_id/course_id——获取课程详细信息。

到此已经回顾了项目的范围，继续查看代码如何组织。

- bin/tutor-service.rs——包含 main()函数。
- models.rs——包含 Web 服务的数据模型。
- state.rs——此处定义应用程序状态。
- routes.rs——包含路由定义。
- handlers.rs——包含响应 HTTP 请求的处理器函数。
- Cargo.toml——项目的配置文件和依赖项。

代码结构如图 3.4 所示。

图 3.4　EzyTutors Web 服务的项目结构

本节将组织项目仓库，以便可以构建两个不同的二进制文件，每个二进制文件都有不同的代码。Rust 的 Cargo 工具可以轻松做到这一点。

首先，更新 Cargo.toml，如代码清单 3.2 所示。

代码清单 3.2　基本 Actix Web 服务器的配置

```
[package]
name = "tutor-nodb"
version = "0.1.0"
authors = ["peshwar9"]
edition = "2018"
default-run="tutor-service"

[[bin]]
name = "basic-server"

[[bin]]
name = "tutor-service"

[dependencies]
#Actix web framework and run-time
actix-web = "3.0.0"
actix-rt = "1.1.1"
```

此处为项目定义了两个二进制文件。第一个是 basic-server，已在 3.1 节中构建。第二个是接下来要构建的 tutor-service。

此外还需要包含两个依赖项：actix-web 框架和 actix-rt 运行时。

另外要注意，在[package]标签下添加了一个 default-run 参数，其值为 tutor_service。这告诉 Cargo 除非另有说明，否则应该构建 tutor_service 二进制文件。这使得通过 cargo run -p tutor-nodb 而非 cargo run -p tutor-nodb --bin tutor-service 即能够构建并运行导师服务。

最后，创建一个新文件：tutor-nodb/src/bin/tutor-service.rs。这将包含本节中的 Web 服务的代码。

到此已经介绍完了项目范围和结构。暂时先把注意力转向另一个主题——如何在 Web 服务中存储数据。前文说过本章不会使用数据库；因此会把数据存储在内存中。这对于单线程服务器来说很好，就像第 2 章中构建的服务器一样，但 Actix 是一个多线程服务器。每个线程(Actix 工作线程)运行应用程序的一个单独实例。那如何确保两个线程不会同时尝试改变内存中的相同数据？

Rust 具有 Arc 和 Mutex 等特性，因此可以使用它们解决这个问题。但是，应该在 Web 服务中的哪个位置定义共享数据，以及如何将其提供给处理程序(处理程序将在哪里进行)？Actix Web 框架提供了一种优雅的方法来解决这个问题。Actix 允许定义任何自定义类型的应用程序状态并使用内置提取器访问它。3.2.2 节将仔细研究这一点。

3.2.2 定义和管理应用程序状态

术语“应用程序状态”可以在不同的上下文中表示不同的事物。W3C 将应用程序状态定义为应用程序如何作用：配置、属性、条件或信息内容。当事件触发时，应用程序组件会发生状态改变。更具体地说，在提供 RESTful Web API 以管理资源 URI 的应用程序(例如本章讨论的应用程序)的上下文中，应用程序状态与资源状态密切相关。本章专门将课程(course)作为唯一的资源来处理。因此，可以说，随着导师课程的添加或删除，应用程序状态也会发生变化。在大多数实际应用程序中，资源状态都保存在数据库中。然而，我们的例子将把应用程序状态存储在内存中。

默认情况下，Actix Web 服务器在启动时会创建多个线程(这是可配置的)。每个线程运行 Web 应用程序的一个实例，并且可以独立处理传入请求。然而，根据设计，Actix 线程之间没有内置的数据共享机制。你可能想知道为什么要跨线程共享数据。以数据库连接池为例，多个线程使用公共连接池来处理数据库连接是有意义的。此类数据可以在 Actix 中建模为应用程序状态。Actix 框架将此状态注入请求处理程序中，以便处理程序可以将状态作为其方法签名中的参数来访问。Actix 应用程序内的所有路由都可以共享应用程序状态。

在导师 Web 服务中，希望将课程列表存储在内存中作为应用程序状态，并希望所有处理程序都可以使用此状态，且在不同线程之间安全共享。

在开始学习课程之前，将通过一个更简单的示例来了解如何通过 Actix 定义和使用应用程序状态。先来定义一个包含两个元素的简单应用程序状态类型。

- string 数据类型(表示对运行状况检查请求的静态字符串响应)——该字符串值将是共享的不可变状态，可在所有线程访问——这些值在最初定义后就无法修改。

- integer 数据类型(表示用户访问特定路由的次数) ——该数值将共享可变状态——该值可以在每个线程中更改。然而，在修改值之前，线程必须获得对数据的控制。这是通过定义具有 Mutex 保护的数值来实现的，Mutex 是 Rust 标准库中提供的一种用于安全跨线程通信的机制。

以下是第一次迭代导师服务时需要做的事情。

(1) 在 src/state.rs 中定义运行状况检查 API 的应用程序状态。

(2) 在 src/bin/ tutorial -service.rs 中更新(Actix 服务器的)初始化和注册应用状态的 main 函数。

(3) 在 src/routes.rs 中定义状况检查路由。

(4) 使用此应用程序状态在 src/handlers.rs 中构造 HTTP 响应。

1. 定义应用程序状态

在 tutor-nodb/src/state.rs 中添加以下代码来定义应用程序状态。

```
use std::sync::Mutex;

pub struct AppState {
     pub health_check_response: String,    ← 共享不可变状态
     pub visit_count: Mutex<u32>,    ← 共享可变状态
}
```

2. 初始化并注册应用程序状态

在 tutor-nodb/src/bin/tutor-service.rs 中添加如代码清单 3.3 所示的代码。

代码清单 3.3　构建具有应用程序状态的 Actix Web 服务器

```
use actix_web::{web, App, HttpServer};
use std::io;
use std::sync::Mutex;

#[path = "../handlers.rs"]
mod handlers;
#[path = "../routes.rs"]
mod routes;
#[path = "../state.rs"]
mod state;
use routes::*;
use state::AppState;

#[actix_rt::main]
async fn main()-> io::Result<()> {
  let shared_data = web::Data::new(AppState {    ← 初始化应用程序状态
    health_check_response: "I'm good. You've already asked me ".to_string(),
    visit_count: Mutex::new(0),
  });
  let app = move || {    ← 定义 Web 应用

    App::new()
          .app_data(shared_data.clone())    ← 用 Web 应用注册应用状态
```

```
            .configure(general_routes)
    };

    HttpServer::new(app).bind("127.0.0.1:3000")?.run().await
}
```

配置 Web 应用的路由

使用 Web 应用程序初始化 Actix Web 服务器，监听端口 3000，然后运行服务器

3. 定义路由

在 tutor-nodb/src/routes.rs 中定义状况检查路由。

```
use super::handlers::*;
use actix_web::web;

pub fn general_routes(cfg: &mut web::ServiceConfig){
    cfg.route("/health", web::get().to(health_check_handler));
}
```

4. 更新状况检查处理程序以使用应用程序状态

在 tutor-nodb/src/handlers.rs 中为状况检查处理程序添加如代码清单 3.4 所示的代码。

代码清单 3.4 使用程序状态的状况检查处理程序

应用程序状态结构体(AppState)的数据成员可以使用标准点表示法直接访问

向 Actix Web 应用程序注册的应用程序状态可作为 web::Data<T>类型的提取器对象供所有处理器函数使用，其中 T 是开发人员定义的自定义应用程序状态的类型

```
use super::state::AppState;
use actix_web::{web, HttpResponse};

pub async fn health_check_handler(app_state: web::Data<AppState>) ->
➥ HttpResponse {
    let health_check_response = &app_state.health_check_response;
    let mut visit_count = app_state.visit_count.lock().unwrap();
    let response = format!("{} {} times", health_check_response, visit_count);
    *visit_count += 1;
    HttpResponse::Ok().json(&response)
}
```

表示共享可变状态(visit_count)的字段在访问之前必须首先加锁，防止多线程同时更新字段的值

更新表示共享可变状态的字段的值。由于已经获得了对该数据的锁定，因此可以安全地更新该字段的值。当处理器函数完成执行时，数据上的锁会自动释放

构造要发回给浏览器端的响应字符串

回顾一下，已做完以下工作。

- 在 src/state.rs 中定义了应用程序状态。
- 在 src/bin/tutor-service.rs 中向 Web 应用程序注册了应用程序状态。
- 在 src/routes.rs 中定义了路由。
- 编写了一个状况检查处理器函数来读取和更新 src/handlers.rs 中的应用程序状态。

从导师 Web 服务的根目录(ezytutors/tutor-nodb)运行以下命令：

```
cargo run
```

注意，之前在 Cargo.toml 中指定了默认二进制文件，如下所示。

```
default-run="tutor-service"
```

否则，就必须指定以下命令来运行 tutor-service 二进制文件，因为该项目中定义了两个二进制文件。

```
cargo run --bin tutor-service
```

转到浏览器，然后输入以下内容：

```
localhost:3000/health
```

每次刷新浏览器窗口，都会发现访问次数增加了。并看到类似以下内容的消息：

```
I'm good. You've already asked me 2 times
```

现在已经了解了如何定义和使用应用程序状态。对于以安全的方式在应用程序中共享数据和注入依赖项来说，这是一个非常有用的功能。接下来的章节中会更多地使用此功能。

3.2.3　定义数据模型

在为导师 Web 服务开发单独的 API 之前，首先要处理两件事：

- 定义 Web 服务的数据模型。
- 定义内存数据存储。

这些是构建 API 的先决条件。

1. 定义课程的数据模型

下面定义一个 Rust 数据结构来表示课程(course)。Web 应用程序中的课程将具有以下属性：

- 导师 ID(tutor_id)——表示提供课程的导师。
- 课程 ID(course_id)——这是课程的唯一标识符。在系统中，课程 ID 对于导师来说是唯一的。
- 课程名称(course_name)——这是导师提供的课程的名称。
- 发布时间(posted_time)——指示 Web 服务记录课程的时间的时间戳。

要创建新课程，API 的用户必须指定 tutor_id 和 course_name。而 course_id 和 posted_time 将由 Web 服务生成。

这里会保持数据模型的简单性，以便能专注于本章的目标。为了记录 posted_time，将使用一个名为 chrono 的第三方 crate。

为了将 Rust 数据结构序列化和反序列化为在线格式，以及从 HTTP 消息中传输，可使用另一个第三方 crate：serde。

首先更新 ezytutors/tutor-nodb 目录中的 Cargo.toml 文件以添加两个外部 crate：chrono 和 serde。

```
[dependencies]
// 这里不展示 actix 依赖

# Data serialization library
serde = { version = "1.0.110", features = ["derive"] }
# Other utilities
chrono = {version = "0.4.11", features = ["serde"]}
```

将代码清单 3.5 中的代码添加到 tutor-nodb/src/models.rs。

代码清单 3.5　课程的数据模型

```
use actix_web::web;
use chrono::NaiveDateTime;
use serde::{Deserialize, Serialize};

#[derive(Deserialize, Serialize, Debug, Clone)]
pub struct Course {
     pub tutor_id: i32,
     pub course_id: Option<i32>,
     pub course_name: String,
     pub posted_time: Option<NaiveDateTime>,
}
impl From<web::Json<Course>> for Course {
    fn from(course: web::Json<Course>)-> Self {
         Course {
             tutor_id: course.tutor_id,
             course_id: course.course_id,
             course_name: course.course_name.clone(),
             posted_time: course.posted_time,
         }
    }
}
```

#derive 注解派生四个 trait(Deserialize、Serialize、Debug、Clone)的实现。前两个是 serde crate 的一部分，有助于将 Rust 数据结构与在线格式相互转换。实现 Debug trait 有助于调试时打印 Course 结构体的值，Clone trait 有助于解决处理过程中 Rust 的所有权规则

NaiveDateTime 是一种用于存储时间戳信息的 chrono 数据类型

该函数会将来自 HTTP 请求的数据转换为 Rust 结构体

在代码清单 3.5 中，你会注意到 course_id 和 posted_time 已分别声明为 Option<i32> 和 Option<NaiveDateTime>类型。这意味着这两个字段可以保存 i32 类型和 chrono::NaiveDateTime 类型的有效值。或者如果没有为这些字段分配值，则它们都可以保留 None 值。

此外，在代码清单 3.5 的末尾，你会注意到 From trait 实现。这是一个 trait 实现，它包含一个转换 web::Json<Course>到 Course 数据类型的函数，这到底是什么意思？

之前曾使用 web::Data<T>提取器向处理程序提供在 Actix Web 服务器上注册的应用程序状态。同样，来自传入请求正文的数据可通过 web::Json<T>提取器提供给处理器函数。当从 Web 客户端发送一个包含 tutor_id 和 course_name 作为数据负载的 POST 请求时，

这些字段会自动从 Actix 的 web::Json<T>对象中提取出来，并通过此方法转换为 Rust 的 Course 类型。这就是代码清单 3.5 中 From trait 实现的目的。

可派生的 trait

Rust 中的 trait 就像其他语言中的接口，用于定义共享行为。例如，可以定义一个名为 RemoveCourse 的 trait，如下所示。

```
trait RemoveCourse {
      fn remove(self, course_id) -> Self;
}
struct TrainingInstitute;
struct IndividualTutor;

impl RemoveCourse for IndividualTutor {
     // 个人导师的请求,足以取消一门课程
}
impl RemoveCourse for TrainingInstitute {
     // 对于企业客户来说，取消课程可能还需要额外的批准
     ➥ offering for business customers
}
```

假设有两种类型的导师——培训机构(企业客户)和个人导师——这两种类型都可以实现 RemoveCourse trait。这意味着他们将分享共同的行为，即可以从 Web 服务中删除这两种类型提供的课程。但是，删除课程所需的处理细节可能会有所不同，因为企业客户在做出删除课程的决定之前可能需要多个级别的批准。这是自定义 trait 的示例。

Rust 标准库定义了几个 trait，这些 trait 由 Rust 中的类型实现。有趣的是，这些 trait 可以通过在应用程序级别定义的自定义结构体来实现。例如，Debug 是 Rust 标准库中定义的一个 trait，用于打印 Rust 数据类型的值以进行调试。(由应用程序定义的)自定义结构体也可以选择实现此 trait 以打印出自定义类型的值以进行调试。

当在类型定义上方指定#[derive()]注解时，Rust 编译器可以自动派生此类 trait 实现，这些实现称为可派生的 trait。Rust 中可派生 trait 的示例包括 Eq、PartialEq、Clone、Copy 和 Debug。

注意，如果需要复杂的行为，也可以手动实现此类 trait。

2. 将课程集合添加到应用程序状态

前文已经定义了课程的数据模型，但是添加课程后如何存储课程呢？暂时还不想使用关系数据库或类似的持久数据存储。先从一个更简单的选项开始。

之前看到 Actix 提供了跨多个执行线程共享应用程序状态的功能。为什么不将此功能用于内存数据存储？

之前在 tutor-nodb/src/state.rs 中定义了一个 AppState 结构体来跟踪访问计数。接下来可以强化该结构以存储课程集合。

```
use super::models::Course;
use std::sync::Mutex;
```

```
pub struct AppState {
    pub health_check_response: String,
    pub visit_count: Mutex<u32>,
    pub courses: Mutex<Vec<Course>>,
}
```

课程作为受互斥锁保护的 Vec 集合存储在应用程序状态中

由于我们已经更改了应用程序状态的定义，我们应该在 main()函数中反映这一更改。在 tutor-nodb/src/bin/ tutor-service.rs 中，确保所有模块导入均已正确声明，如代码清单 3.6 所示。

代码清单 3.6　main()函数的模块导入

```
use actix_web::{web, App, HttpServer};
use std::io;
use std::sync::Mutex;

#[path = "../handlers.rs"]
mod handlers;
#[path = "../models.rs"]
mod models;
#[path = "../routes.rs"]
mod routes;
#[path = "../state.rs"]
mod state;
use routes::*;
use state::AppState;
```

然后，在 main()函数中，使用 AppState 中的空 vector 集合初始化 courses 集合。

```
async fn main()-> io::Result<()> {
    let shared_data = web::Data::new(AppState {
    health_check_response: "I'm good. You've already asked me ".to_string(),
    visit_count: Mutex::new(0),
    courses: Mutex::new(vec![]),
    });
// 其他代码
}
```

课程字段使用互斥锁保护的空 vector 进行初始化

到此还没有编写任何新的 API，但已经做了以下工作。

- 添加了数据模型模块
- 更新了 main()函数
- 更改了应用程序状态结构以包含课程(course)集合
- 更新了路由和处理程序
- 更新了 Cargo.toml

要确保没有任何东西被破坏。使用 tutor-nodb 目录中的以下命令构建并运行代码。

```
cargo run
```

应该能够通过 Web 浏览器使用以下 URL 对其进行测试。

```
curl localhost:3000/health
```

事情应该像以前一样发展。如果能够查看包含访问者计数消息的运行状况页，则可以继续。如果没有，则应检查每个文件中的代码是否有疏忽或拼写错误。如果仍然无法使其工作，则应参阅代码仓库中已完成的代码。

现在准备在接下来的部分中为三个与课程相关的 API 编写代码。为了编写 API，应先定义一组可以遵循的统一步骤(如模板)。可执行这些步骤来编写每个 API。到本章结束时，这些步骤应该已在你心中根深蒂固。

(1) 定义路由配置。

(2) 编写处理器函数。

(3) 编写自动化测试脚本。

(4) 构建服务并测试 API。

所有新路由的路由配置将添加到 tutor-nodb/src/routes.rs 中，并且处理器函数将添加到 tutor-nodb/src/handlers.rs 中。自动化测试脚本也将添加到项目的 tutor-nodb/src/handlers.rs 中。

3.2.4　发布课程

接下来实现一个 REST API 来发布新课程。同样遵循 3.2.3 节末尾定义的那组步骤。

第 1 步：定义路由配置

在 general_routes 之后添加以下路由到 tutor-nodb/src/routes.rs。

```
pub fn course_routes(cfg: &mut web::ServiceConfig){
     cfg
     .service(web::scope("/courses")
     .route("/", web::post().to(new_course)));
}
```

service(web::scope("/courses"))表达式创建一个名为 courses 的新资源作用域(scope)，在该范围下可以添加与课程相关的所有 API。

scope 是一组具有公共根路径的资源。可以在某个作用域下注册一组路由，并且应用程序状态可以在同一作用域内的路由之间共享。例如，可以创建两个单独的 scope 声明，一个用于 courses，一个用于 tutors，以及在其下注册的访问路由如下。

```
localhost:3000/courses/1   // 检索 id 为 1 的课程的详情
localhost:3000/tutors/1    // 检索 id 为 1 的导师的详情
```

这些只是用于说明的示例——现在先不要测试它们，因为尚未定义这些路由。到目前为止，定义的是 courses 下的一条路由，它将传入的 POST 请求与路径/courses/相匹配，并将其路由到名为 new_course 的处理程序。

来看看实现 API 后如何调用路由。以下命令可用于发布新课程：

```
curl -X POST localhost:3000/courses/ -H "Content-Type: application/json"
➥ -d '{"tutor_id":1, "course_name":"Hello , my first course !"}'
```

注意，该命令还无法运行——在它运行之前必须做两件事。首先，必须向在 main()

函数中初始化的 Web 应用程序注册这个新的路由组。其次，必须定义 new_course 处理器方法。

修改 tutor-nodb/src/bin/tutor-service.rs 中的 main()函数，如下所示。

```
let app = move || {
        App::new().app_data(shared_data.clone())
            .configure(general_routes)
            .configure(course_routes)
};
```

使用应用程序注册新的 course_routes

现在已经完成了路由配置，但是代码还无法编译。下面继续编写处理器函数来发布新课程。

第 2 步：编写处理器函数

Actix 处理器函数使用随请求发送的数据负载和 URL 参数来处理传入的 HTTP 请求，并返回 HTTP 响应。因此，可以编写处理程序来处理新课程的 POST 请求。一旦处理程序创建了新课程，它就会作为 AppState 结构体的一部分存储，然后自动可供应用程序中的其他处理程序使用。

将代码清单 3.7 中的代码添加到 tutor-nodb/src/handlers.rs。

代码清单 3.7　用于发布新课程的处理器函数

```
// 此处不展示之前的导入部分
use super::models::Course;
use chrono::Utc;


pub async fn new_course(
     new_course: web::Json<Course>,
     app_state: web::Data<AppState>,
)-> HttpResponse {
     println!("Received new course");
     let course_count_for_user = app_state
          .courses
          .lock()
          .unwrap()
          .clone()
          .into_iter()
          .filter(|course| course.tutor_id == new_course.tutor_id)
          .count();
    let new_course = Course {
          tutor_id: new_course.tutor_id,
          course_id: Some(course_count_for_user + 1),
          course_name: new_course.course_name.clone(),
          posted_time: Some(Utc::now().naive_utc()),
    };
   app_state.courses.lock().unwrap().push(new_course);
   HttpResponse::Ok().json("Added course")
}
```

处理器函数需要两个参数：来自 HTTP 请求和应用程序状态的数据负载

由于课程集合受锁保护，我们需要先加锁再访问数据

将(存储在 AppState 中的)课程集合转换为迭代器，以便可以迭代集合中的每个元素进行处理

查看集合中的每个元素，并仅筛选对应于 tutor_id 的课程(作为 HTTP 请求的一部分进行处理)

检查过滤列表中的元素数量，用于生成下一个课程的 ID

创建一个新的课程实例

将新课程实例添加到 AppState 的集合中

向 Web 客户端回复 HTTP 响应

该处理器函数执行以下操作：

- 获取对存储在应用程序状态(AppState)中的课程集合的写访问权限
- 从传入请求中提取数据负载
- 通过计算导师现有课程的数量并加 1 来生成新的课程 ID
- 创建一个新的课程实例
- 将新课程实例添加到 AppState 中的课程集合中

接下来为这个函数编写测试脚本，并用它进行自动化测试。

第 3 步：编写自动化测试脚本

Actix Web 提供的自动化测试实用程序超出了 Rust 提供的功能。要为 Actix 服务编写测试，首先必须从基本的 Rust 测试实用程序开始 —— 将测试放在 tests 模块中并为编译器进行注解。此外，Actix 为异步测试函数提供了#[actix_rt::test] 注解，以指示 Actix 运行时执行这些测试。

先来创建一个用于发布新课程的测试脚本。为此，需要构建要发布的课程详细信息，并且需要初始化应用程序状态。将代码清单 3.8 中的代码添加到 tutor-nodb/src/handlers.rs 中的源文件末尾。

代码清单 3.8　用于发布新课程的测试脚本

```
#[cfg(test)]
mod tests {
    use super::*;
    use actix_web::http::StatusCode;
    use std::sync::Mutex;

    #[actix_rt::test]
    async fn post_course_test(){
        let course = web::Json(Course {
            tutor_id: 1,
            course_name: "Hello, this is test course".into(),
            course_id: None, posted_time: None,
        });
        let app_state: web::Data<AppState> = web::Data::new(AppState {
            health_check_response: "".to_string(),
            visit_count: Mutex::new(0),
            courses: Mutex::new(vec![]),
        });
        let resp = new_course(course, app_state).await;
        assert_eq!(resp.status(), StatusCode::OK);
    }
}
```

注释：

- 测试模块的#[cfg(test)]注解表示仅当 Cargo test 命令运行时才会编译和运行测试。执行其他 cargo build 和 cargo run 命令时不会生效
- Rust 中的测试写在测试模块内
- 从(存放测试模块的)父模块导入所有处理器声明
- 正常的 Rust 测试都用#[test]注解，但由于这是一个异步测试函数，因此必须提醒它是 Actix 的异步运行时，以执行异步测试函数
- 构造一个 web::Json<T>对象表示请求数据的负载(新课程数据来自导师)
- 构造一个表示应用程序状态的 web::Data<T>对象
- 使用应用程序状态和一个模拟的请求数据负载来触发处理器函数
- 验证 HTTP 状态返回码是否成功

使用以下命令在 tutor-nodb 目录运行此测试。

```
cargo test
```

应该可以看到测试已成功执行，并显示一条类似于以下内容的消息。

```
running 1 test
test handlers::tests::post_course_test ... ok
test result: ok. 1 passed; 0 failed; 0 ignored; 0 measured; 0 filtered out
```

第 4 步：构建服务并测试 API

使用以下命令从 tutor-nodb 目录构建并运行服务器：

```
cargo run
```

从命令行运行以下 curl 命令(或使用 Postman 等 GUI 工具)。

```
curl -X POST localhost:3000/courses/ -H "Content-Type: application/json"
➥ -d '{"tutor_id":1, "course_name":"Hello , my first course !"}'
```

应该可以看到从服务器返回的消息"Added course"。现在已经构建了一个用于发布新课程的 API。接下来，检索导师的所有现有课程。

3.2.5 获取导师的所有课程

接下来将实现处理器函数来检索导师的所有课程。仍旧是遵循四个步骤。

第 1 步：定义路由配置

由于已经建立了代码的基础，因此从现在开始事情进展应该会更快。

在 src/routes.rs 中添加一条新路由：

```
pub fn course_routes(cfg: &mut web::ServiceConfig){
      cfg.service(
       Web::scope("/courses")
           .route("/", web::post().to(new_course)
           .route("/{tutor_id}", web::get().to(get_courses_for_tutor)),
       );
}
```

添加获取导师课程的新路由(由 tutor_id 变量表示)

第 2 步：编写处理器函数

处理器函数执行以下操作：

(1) 从 AppState 检索课程

(2) 筛选请求的 tutor_id 对应的课程

(3) 返回列表

在 src/handlers.rs 中输入代码清单 3.9 中的代码。

代码清单 3.9 获取导师所有课程的处理器函数

```
pub async fn get_courses_for_tutor(
     app_state: web::Data<AppState>,
     params: web::Path<(i32)>,
)-> HttpResponse {
     let tutor_id: i32 = params.0;
```

```
    let filtered_courses = app_state
        .courses
        .lock()
        .unwrap()
        .clone()
        .into_iter()
        .filter(|course| course.tutor_id == tutor_id)
        .collect::<Vec<Course>>();

    if filtered_courses.len()> 0 {
        HttpResponse::Ok().json(filtered_courses)
    } else {
        HttpResponse::Ok().json("No courses found for tutor".to_string())
    }
}
```

筛选与 Web 客户端请求的导师相对应的课程

如果找到导师的课程，则返回成功响应以及课程列表

如果找不到导师课程，则发送错误信息

第 3 步：编写自动化测试脚本

此测试脚本将调用 get_courses_for_tutor 处理器函数。该函数有两个参数：应用程序状态和 URL 路径参数(表示导师 ID)。例如，如果用户在浏览器中输入以下内容，则意味着想要查看 tutor_id 为 1 的所有课程的列表。

```
localhost:3000/courses/1
```

这可以映射到 src/routes.rs 中的路由定义，如下所示。

```
.route("/{tutor_id}", web::get().to(get_courses_for_tutor))
```

Actix 框架在正常执行过程中会自动将应用程序状态和 URL 路径参数传递给处理器函数 get_courses_for_tutor。然而，出于测试目的，必须通过构造应用程序状态对象和 URL 路径参数来手动模拟函数参数。步骤详见代码清单 3.10。

在 src/handlers.rs 的 tests 模块中输入代码清单 3.10 中的测试脚本。

代码清单 3.10　用于检索导师课程的测试脚本

```
#[actix_rt::test]
async fn get_all_courses_success(){
    let app_state: web::Data<AppState> = web::Data::new(AppState {
            health_check_response: "".to_string(),
            visit_count: Mutex::new(0),
            courses: Mutex::new(vec![]),
    });
    let tutor_id: web::Path<(i32)> = web::Path::from((1));
    let resp = get_courses_for_tutor(app_state, tutor_id).await;
    assert_eq!(resp.status(), StatusCode::OK);
}
```

构造应用程序状态

模拟请求参数

调用处理程序

检查响应体

第 4 步：构建服务并测试 API

使用以下命令从 tutor-nodb 目录构建并运行服务器。

```
cargo run
```

从命令行发布一些课程，如下所示(或使用 Postman 等 GUI 工具)。

```
curl -X POST localhost:3000/courses/ -H "Content-Type: application/json"
➥ -d '{"tutor_id":1, "course_name":"Hello , my first course !"}'
curl -X POST localhost:3000/courses/ -H "Content-Type: application/json"
➥ -d '{"tutor_id":1, "course_name":"Hello , my second course !"}'
curl -X POST localhost:3000/courses/ -H "Content-Type: application/json"
➥ -d '{"tutor_id":1, "course_name":"Hello , my third course !"}'
```

从 Web 浏览器访问以下 URL：

```
localhost:3000/courses/1
```

可看到如下所示的课程。

```
[{"tutor_id":1,"course_id":1,"course_name":"Hello , my first course !",
➥ "posted_time":"2020-09-05T06:26:51.866230"},{"tutor_id":1,"course_id":2,
➥ "course_name":"Hello , my second course !","posted_time":
➥ "2020-09-05T06:27:22.284195"},{"tutor_id":1,"course_id":3,
➥ "course_name":"Hello , my third course !",
➥ "posted_time":"2020-09-05T06:57:03.850014"}]
```

尝试发布更多课程并验证结果。目前，Web 服务已能够检索导师的课程列表。

3.2.6　获取单个课程的详细信息

接下来将实现一个处理器函数来搜索和获取特定课程的详细信息。再次回顾一下四步过程。

第 1 步：定义路由配置

在 src/routes.rs 中添加以下新路由：

```
pub fn course_routes(cfg: &mut web::ServiceConfig){
    cfg.service(
      web::scope("/courses")
           .route("/", web::post().to(new_course))
           .route("/{tutor_id}", web::get().to(get_courses_for_tutor))
           .route("/{tutor_id}/{course_id}", web::get().to(get_course_detail)),
     );
}
```

添加新路由以获取课程详细信息

第 2 步：编写处理器函数

该处理器函数与之前的 API(检索导师的所有课程)类似，但多了一个筛选课程 ID 的步骤，如代码清单 3.11 所示。

代码清单 3.11　用于检索单个课程详细信息的处理器函数

```
pub async fn get_course_detail(
```

```
    app_state: web::Data<AppState>,
    params: web::Path<(i32, i32)>,
)-> HttpResponse {
    let(tutor_id, course_id)= params.0;
    let selected_course = app_state
        .courses
        .lock()
        .unwrap()
        .clone()
        .into_iter()
        .find(|x| x.tutor_id == tutor_id && x.course_id == Some(
        ➥ course_id))
        .ok_or("Course not found");

    if let Ok(course)= selected_course {
        HttpResponse::Ok().json(course)
    } else {
        HttpResponse::Ok().json("Course not found".to_string())
    }
}
```

检索 tutor_id 和 course_id 对应的课程，作为请求参数发送

将 Option<T>转换为 Result<T,E>。如果 Option<T>的计算结果为 Some(val)，则返回 Ok(val)。如果没有找到，则返回 Err(err)

第 3 步：编写自动化测试脚本

在此测试脚本中，将调用 get_course_detail 处理器函数。该函数采用两个参数：应用程序状态和 URL 路径参数。例如，假设用户在浏览器中键入以下内容。

```
localhost:3000/courses/1/1
```

这意味着用户想查看用户 ID 为 1(URL 路径中的第一个参数)和课程 ID 为 1(URL 路径中的第二个参数)的课程的详细信息。

而 URL 的/1/1 部分映射到 src/routes.rs 中的路由定义，如下所示以供参考。

```
.route("/{tutor_id}/{course_id}", web::get().to(get_course_detail)),
```

Actix 框架在正常执行过程中自动将应用程序状态和 URL 路径参数传递给 get_course_detail 处理器函数。但出于测试目的，必须通过构造应用程序状态对象和 URL 路径参数来手动模拟函数参数。所有步骤参见代码清单 3.12。

将代码清单 3.12 的测试函数添加到 src/handlers.rs 中的测试模块中。

代码清单 3.12　检索课程详细信息的测试用例

```
#[actix_rt::test]
async fn get_one_course_success(){
    let app_state: web::Data<AppState> = web::Data::new(AppState {
        health_check_response: "".to_string(),
        visit_count: Mutex::new(0),
        courses: Mutex::new(vec![]),
    });
    let params: web::Path<(i32, i32)> = web::Path::from((1, 1));
    let resp = get_course_detail(app_state, params).await;
    assert_eq!(resp.status(), StatusCode::OK);
}
```

构造应用程序状态

调用处理程序

使用两个参数构造一个 web::Path 类型的对象。这是为了模拟用户在 Web 浏览器中输入 localhost:3000/courses/1/1

检查响应体

第 4 步：构建服务器并测试 API

使用以下命令从 tutor-nodb 文件夹构建并运行服务器。

```
cargo run
```

从命令行发布两门新课程。

```
curl -X POST localhost:3000/courses/ -H "Content-Type: application/json"
➥ -d '{"tutor_id":1, "course_name":"Hello , my first course !"}'
curl -X POST localhost:3000/courses/ -H "Content-Type: application/json"
➥ -d '{"tutor_id":1, "course_name":"Hello , my second course !"}'
```

从 Web 浏览器访问以下 URL：

```
localhost:3000/courses/1/1
```

即可看到显示的 tutor_id = 1 和 course_id = 1 的课程详细信息，如下所示。

```
{"tutor_id":1,"course_id":1,"course_name":"Hello , my first course !",
➥ "posted_time":"2020-09-05T06:26:51.866230"}
```

还可以添加更多课程并检查是否显示其他课程 ID 的正确详细信息。目前，Web 服务已能够检索单个课程的详细信息。注意，本章中所示的测试仅用于演示，如何为具有不同类型的数据负载和从 Web 客户端发送的 URL 参数的各种类型的 API 编写测试脚本。现实世界的测试将更加详尽，涵盖各种成功和失败的场景。

本章已从头开始为导师 Web 应用程序构建了一组 RESTful API，涉及数据模型、路由、应用程序状态和请求处理程序。此外还使用 Actix Web 对 Web 应用程序的内置测试执行支持编写了自动化测试用例。

恭喜 —— 你已经用 Rust 构建了第一个 Web 服务！本章所学到的内容(即实现 RESTful Web 服务)可以在多种应用程序中重用。这就是 REST 的美妙之处：它的原理简单、稳定，并且可以在很多情况下重用。

第 4 章将继续开发此处构建的代码，使用关系数据库为 Web 服务添加持久层。

3.3 本章小结

- Actix 是一个用 Rust 编写的现代轻量级 Web 框架。它提供了一个异步 HTTP 服务器，可提供并发安全性和高性能。
- 本章使用的 Actix Web 的关键组件是 HttpServer、App、路由、处理程序、请求提取器、HttpResponse 和应用程序状态。这些是使用 Actix 在 Rust 中构建 RESTful API 所需的核心组件。
- Web 服务是一个或多个 API 的组合，可通过 HTTP 在特定域名地址和端口进行访问。API 可以使用不同的架构风格来构建。REST 是一种流行且直观的架构风格，用于构建 API，它与 HTTP 协议标准很好地保持一致。

- 每个 RESTful API 都在 Actix 中配置为路由。路由是标识资源的路径、HTTP 方法和处理器函数的组合。
- 从 Web 或移动客户端发送的 RESTful API 调用，由监听特定端口的 Actix HttpServer 通过 HTTP 接收。该请求被传递到在其上注册的 Actix Web 应用程序。Actix Web 应用程序注册了一个或多个路由，可(基于请求路径和 HTTP 方法)将传入请求路由到处理器函数。
- Actix 提供两种类型的并发：多线程和异步 I/O。这使得高性能 Web 服务的开发成为可能。
- Actix HTTP 服务器采用多线程并发方式，在启动时启动多个工作线程，工作线程的个数等于系统逻辑 CPU 的个数。每个线程运行 Actix Web 应用程序的一个单独实例。
- 除了多线程之外，Actix 还使用异步 I/O，这是另一种并发机制。这使得 Actix Web 应用程序能够在单个线程上等待 I/O 的同时执行其他任务。Actix 有自己的基于 Tokio 的异步运行时，Tokio 是 Rust 中流行的生产就绪异步库。
- Actix 允许 Web 应用程序定义自定义应用程序状态，并且提供了一种从每个处理器函数安全访问此状态的机制。由于 Actix 的每个应用程序实例都在单独的线程中运行，因此 Actix 提供了一种安全的机制来访问和改变此共享状态，而不会发生冲突或数据竞争。
- Actix 中的 RESTful API 实现至少需要添加路由配置和处理器函数。
- Actix 还提供了用于编写自动化测试用例的实用程序。

第 4 章

执行数据库操作

本章内容

- 编写第一个数据库异步连接
- 设置 Web 服务并编写单元测试
- 在数据库中创建和查询记录

之前的章节构建了一个使用内存数据存储的 Web 服务。本章将增强该 Web 服务，用关系数据库替换内存数据存储。

增强的 Web 服务将公开与以前相同的 API 集合，但当下应拥有一个适当的数据库来将数据保存到磁盘，而不希望每次重新启动 Web 服务时数据都会丢失。由于涉及很多部分，本章将通过三轮代码迭代来逐步开发这个数据库支持的 Web 服务。

- 在第一次迭代中，将学习如何使用数据库连接池从普通 Rust 程序异步连接到 Postgres 数据库。
- 在第二次迭代中，将为基于 Actix 的 Web 服务设置项目结构并编写单元测试。
- 在第三次迭代中，将编写实际的处理器函数来创建数据库记录并查询结果。
- 在每次迭代结束时，都将拥有可以独立检查、运行和测试的代码的工作版本。

4.1 设置项目结构

本章最终的代码结构如图 4.1 所示。

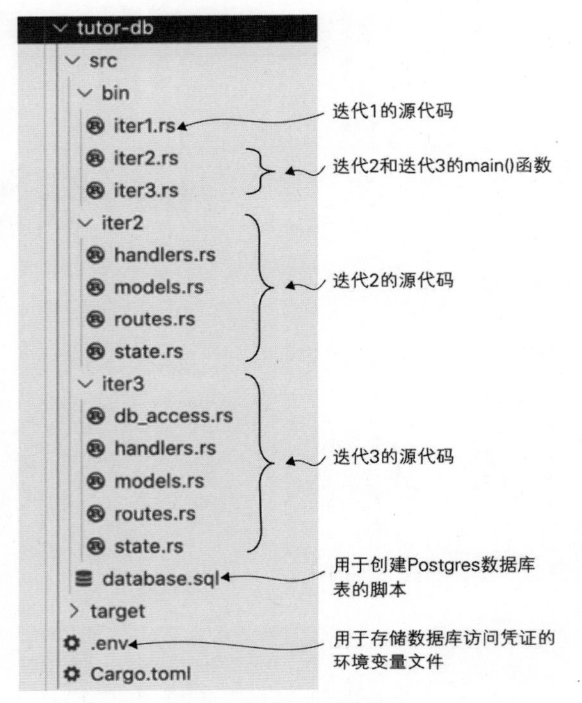

图 4.1 第 4 章的项目结构

记住这些目标，然后就开始吧。转到 ezytutors 工作区根目录(前面章节创建的)，然后执行以下两个步骤。

(1) 将以下代码添加到 Cargo.toml。注意，tutor-nodb 是第 3 章中创建的项目。

```
[workspace]
members = ["tutor-nodb", "tutor-db"]
```

(2) 创建一个新的 Cargo 项目—— tutor-db。

```
cargo new tutor-db
cd tutor-db
```

注意，本章中的所有后续命令行语句都需要从此项目根目录(ezytutors/tutor-db)运行。方便起见，可为项目根目录设置一个环境变量。

```
export PROJECT_ROOT=.
```

注意：导出语句末尾的点代表当前目录。也可以将其替换为合适的完整限定路径名。

环境变量

本章将使用以下环境变量。

- PROJECT_ROOT——表示项目的主目录。对于本章来说，它是 tutor-db 根目录，其中还包含该项目的 Cargo.toml 文件。
- DATABASE_USER——表示具有数据库读/写访问权限的数据库用户名(将在本章

后面创建)。

请确保已在shell会话中手动设置这些变量或将它们添加到 shell 配置文件脚本中(例如 .bash_profile)。

本章的完整代码可访问以下网址获取：https://github.com/peshwar9/rust-servers-services- apps/tree/master/chapter4/。

软件版本

本章已在 Ubuntu 22.04 (LTS) x64 上使用以下软件版本进行了测试:

- rustc 1.59.0
- Actix-web 4.2.1
- actix-rt 2.7.0
- sqlx 0.6.2

如果在编译或构建程序时遇到任何困难，可以调整开发环境以使用这些版本进行开发和测试。

4.2 编写与数据库的第一个异步连接(迭代 1)

本节将编写一个简单的 Rust 程序来连接 Postgres 数据库并查询数据库。本节的所有代码都放在一个文件中：tutor-db/src/bin/iter1.rs。

4.2.1 选择数据库和连接库

本章将使用 PostgreSQL(此后简称为 Postgres)作为关系数据库。Postgres 是一个流行的开源关系数据库，它以其可扩展性、可靠性、功能全以及处理大型、复杂数据工作负载的能力而闻名。

要连接到 Postgres，可使用 Rust sqlx crate。这个 crate 要求将查询编写为原始 SQL 语句，它对查询执行编译时检查，提供内置连接池，并向 Postgres 返回异步连接。编译时检查对于检测和防止运行时错误非常有用。

从 Web 服务到数据库的异步连接意味着导师 Web 服务在等待数据库响应的同时可以自由执行其他任务。如果要使用与数据库的同步(阻塞)连接(例如使用 Diesel ORM)，则 Web 服务必须等到数据库操作完成。

为什么使用 sqlx?

在其他条件相同的情况下，使用异步数据库连接可以改善重负载下 Web 服务的事务吞吐量和性能响应时间。因此使用 sqlx。

sqlx 的主要替代方案是使用 Diesel，这是一种纯 Rust 对象关系映射(ORM)解决方案。对于那些习惯使用其他编程语言和 Web 框架的 ORM 的人来说，Diesel 可能是首选。但在撰写本文时，Diesel 尚不支持与数据库的异步连接。鉴于 Actix 框架是异步的，如果也使用 sqlx 等库来与数据库建立异步连接，则编程模型会更简单。

先从设置数据库开始。

4.2.2 设置数据库并与异步池连接

本节将完成使用数据库所需的先决条件。步骤如下所示。

(1) 将 sqlx 依赖项添加到 Cargo.toml。

(2) 安装 Postgres，并验证安装。

(3) 创建新数据库并设置访问凭证。

(4) 在 Rust 中定义数据库模型，并在数据库中创建表。

(5) 编写 Rust 代码以连接到数据库并执行查询。

第(5)步不打算使用 Actix Web 服务器，而是编写一个普通的 Rust 程序。本节的主要目标是消除数据库设置和配置问题，学习使用 sqlx 连接到数据库，并对数据库连接进行健全性测试。相信在本节结束时，读者一定可以学会使用 sqlx 查询 Postgres 数据库并在终端上显示查询结果。

接下来，详细查看每个步骤。

第 1 步：将 SQLX 依赖项添加到 Cargo.toml

如前所述，使用 sqlx 异步客户端与 Postgres 数据库进行通信。在 tutor-db 的 Cargo.toml 文件中添加以下依赖项(位于$PROJECT_ROOT 中)。

```
[dependencies]
#Actix web framework and run-time          ◄── Actix 的异步运行时
actix-web = "4.1.0"
actix-rt = "2.7.0"
#Environment variable access libraries     ◄── 用于将环境变量加载到内存中
dotenv = "0.15.0"

#Postgres access library
sqlx = {version = "0.6.2", default_features = false, features =
➥ ["postgres","runtime-tokio-native-tls", "macros","chrono"]}   ◄── sqlx crate 将用于与Postgres数据库的异步连接

# Data serialization library
serde = { version = "1.0.144", features = ["derive"] }   ◄── serde 用于序列化/反序列化

# Other utils
chrono = {version = "0.4.22", features = ["serde"]}   ◄── chrono 用于日期时间相关的函数

# Openssl for build(if openssl is not already installed on the dev server)
openssl = { version = "0.10.41", features = ["vendored"] }   ◄── 构建二进制所需
```

第 2 步：安装 Postgres 并验证安装

如果已经安装 Postgres，则可以继续下一步。

第 3 步：创建新数据库并访问凭证

切换到开发机或服务器上的 Postgres 账户。如果使用的是 Linux，则可以使用以下命令：

```
sudo -i -u postgres
```

接着便可使用以下命令访问 Postgres 提示符(shell)。

```
psql
```

这将登录到 PostgreSQL 提示符，开启与 Postgres 数据库的交互，并显示以下提示(称为 psql shell 提示)。

```
postgres=#
```

现在即处于 psql shell 提示符下，可以创建一个新数据库和一个新用户并将用户与数据库关联起来。

首先，使用以下命令创建一个名为 ezytutors 的数据库。

```
postgres=# create database ezytutors;
```

接下来，创建一个新用户 truuser，密码为 mypassword(可自行设置用户名和密码)。

```
postgres=# create user truuser with password 'mypassword';
```

授予新创建的用户对 ezytutors 数据库的访问权限。

```
postgres=# grant all privileges on database ezytutors to truuser;
```

使用以下命令退出 Postgres shell 提示符。

```
postgres=# \q
```

退出 Postgres 用户账户。

```
exit
```

现在，你应该处于用于登录 Linux 服务器(或开发机)的原始用户的提示中。

为了确保能够使用新用户和密码登录 postgres 数据库，首先可为数据库用户设置一个环境变量，如下所示(将 DATABASE_USER 的值替换为上一步中创建的用户名)。

```
export DATABASE_USER=truuser
```

在命令行中，使用以下命令用自行设置的用户名登录 ezytutors 数据库。--password 标志提示输入密码。

```
psql -U $DATABASE_USER -d ezytutors --password
```

在提示符处输入密码，当出现以下提示符便可登录到 psql shell。

```
ezytutors=>
```

出现以上提示时，键入以下命令以列出数据库。

```
\list
```

列出的 ezytutors 数据库类似于：

```
List of databases
  Name      | Owner     | Encoding  | Collate | Ctype    | Access privileges
-----------+----------+----------+---------+---------+----------------------
ezytutors  | postgres | UTF8      | C.UTF-8 | C.UTF-8 | =Tc/postgres         +
           |          |           |         |         | postgres=CTc/postgres+
           |          |           |         |         | truuser=CTc/postgres
```

如果到达这一步，那就成功了！如果没有，则请查阅适用于你的开发环境的 Postgres 安装和设置说明，网址为 www.postgresql.org/docs/12/app-psql.html。

注意：若选择安装 GUI 工具，例如 cPanel(来自云提供商)或 pgAdmin(可免费下载)，还可以从 GUI 管理界面执行上述步骤。

第 4 步：定义 Rust 数据库模型并创建表

接下来，准备在 Rust 程序中定义数据库模型并创建数据库表。有以下两种方法可以做到这一点。

- 使用普通数据库 SQL 脚本，这些脚本独立于数据库访问库(例如 sqlx)。
- 使用 sqlx CLI。

本章使用第一种方法，因为在撰写本文时，sqlx CLI 还处于早期测试阶段。本书出版时，想必稳定版本 sqlx CLI 已投入使用。

在项目根目录的 src 文件夹下创建 database.sql 文件，并输入以下脚本。

```
/* 如果表已存在，则删除之
drop table if exists ezy_course_c4;
/* 创建表
/* 注意，不要在最后一个字段后面加逗号
create table ezy_course_c4
(
     course_id serial primary key,
     tutor_id INT not null,
     course_name varchar(140)not null,
     posted_time TIMESTAMP default now()
);

/* 加载种子数据进行测试
insert into ezy_course_c4
   (course_id,tutor_id, course_name,posted_time)
values(1, 1, 'First course', '2020-12-17 05:40:00');
insert into ezy_course_c4
   (course_id, tutor_id, course_name,posted_time)
values(2, 1, 'Second course', '2020-12-18 05:45:00');
```

这里创建一个名为 ezy_course_c4 的表。c4 后缀表示该表定义来自第 4 章，如此一来，在后续章节还可改进该表定义。

从终端命令提示符处使用以下命令运行脚本。如果出现提示，则输入密码。

```
psql -U $DATABASE_USER -d ezytutors < $PROJECT_ROOT/src/database.sql
```

此脚本会在 ezytutors 数据库中创建一个名为 ezy_course_c4 的表，并加载种子数据以进行测试。

从 SQL shell 或 admin GUI 中，运行以下 SQL 语句，并验证是否显示 ezytutors 数据库中的 ezy_course_c4 表中的记录。

```
psql -U $DATABASE_USER -d ezytutors --password
select * from ezy_course_c4;
```

之后会显示类似于以下的结果：

```
course_id  | tutor_id | course_name    | posted_time
-----------+----------+----------------+--------------------
         1 |    1     | First course   | 2020-12-17 05:40:00
         2 |    1     | Second course  | 2020-12-18 05:45:00
(2 rows)
```

第 5 步：编写代码以连接数据库并查询表

接下来准备编写 Rust 代码来连接数据库！在项目根目录下的 src/bin/iter1.rs 中，添加以下代码。

```
use dotenv::dotenv;
use std::env;
use std::io;
use sqlx::postgres::PgPool;
use chrono::NaiveDateTime;
#[derive(Debug)]                    ← 定义表示课程的数据结构
pub struct Course {
  pub course_id: i32,
  pub tutor_id: i32,
  pub course_name: String,
  pub posted_time: Option<NativeDateTime>,
}
#[actix_rt::main]                   ← 用于运行一个异步的 Actix Web server，并使用 sqlx 连接数据库
async fn main()-> io::Result<()> {
  dotenv().ok();                    ← 将环境变量加载进内存中
  let database_url = env::var("DATABASE_URL").expect(
  ➥ "DATABASE_URL is not set in .env file");   ← 获取 DATABASE_URL 环境变量的值，这个值可以使用 shell 脚本或者.env 文件设置
  let db_pool = PgPool::connect(&database_url).await.unwrap();   ← 使用 sqlx 创建数据库连接池，这有助于在 Actix Web 框架生成的多个线程之间有效地管理数据库连接的数量
  let course_rows = sqlx::query!(   ← 定义要运行的查询条件
      r#"select course_id, tutor_id, course_name, posted_time from
      ➥ ezy_course_c4 where course_id = $1"#,
      1
  )
```

```
    .fetch_all(&db_pool)        ◄── 从表中获取所有行，并将引用
    .await                          传递给数据库连接池
    .unwrap();
    let mut courses_list = vec![];
    for course_row in course_rows {
        courses_list.push(Course {
            course_id: course_row.course_id,
            tutor_id: course_row.tutor_id,
            course_name: course_row.course_name,
            posted_time:Some(chrono::NaiveDateTime::from(
            ➥ course_row.posted_time.unwrap())),
        })
    }
    println!("Courses = {:?}", courses_list);
    Ok(())
}
```

在项目根目录中创建一个.env 文件，并输入以下内容。

```
DATABASE_URL=postgres://<my-user>:<mypassword>@127.0.0.1:5432/ezytutors
```

将<my-user>和<mypassword>替换为之前在设置数据库时使用的用户名和密码。5432 指的是 Postgres 服务器运行的默认端口，ezytutors 是希望连接的数据库的名称。

使用以下命令运行代码：

```
cargo run --bin iter1
```

注意，通过使用--bin 标志，告诉 Cargo 运行位于$PROJECT_ROOT/src/bin 目录中的 iter1.rs 中的 main()函数。

之后，终端上会显示查询结果，如下所示。

```
Courses = [Course { course_id: 1, tutor_id: 1, course_name: "First course",
➥ posted_time: 2020-12-17T05:40:00 }]
```

OK！现在可以在 Rust 程序中使用 sqlx crate 连接到数据库了。

从工作区根目录而非项目根目录运行程序

还可以选择从工作区根目录(ezytutors 目录)而非项目根目录(tutordb 目录)运行程序。为此，需要向 cargo run 命令添加一个附加标志，如下所示：

```
cargo run --bin iter1 -p tutordb
```

由于 ezytutors 工作区包含许多项目，因此需要告诉 Cargo 要执行哪个项目。此举通过使用-p 标志和项目名称(tutordb)来完成。

另外要注意的是，如果选择执行此操作，则包含数据库访问凭证的.env 文件应位于工作区根目录中，而非项目根目录中。

本章遵循从项目根目录执行程序的惯例。

4.3　设置 Web 服务并编写单元测试(迭代 2)

现在已知晓如何使用 sqlx 连接到 Postgres 数据库，接下来继续编写数据库支持的 Web 服务。本节结束时，将完成 Web 服务的代码结构，其中包括路由、数据库模型、应用程序状态、main()函数、三个 API 的单元测试脚本以及处理器函数的框架代码。

本节亦是一个临时检查点，可帮助编译 Web 服务并确保在继续之前没有编译错误。在编写 4.4 节的处理器函数之前，Web 服务不会执行任何有用的操作。

本节要执行的步骤如下所示。

(1) 设置依赖和路由。

(2) 设置应用程序状态和数据模型。

(3) 使用依赖注入设置连接池。

(4) 编写单元测试。

4.3.1　设置依赖和路由

在$PROJECT_ROOT/src 下创建一个名为 iter2 的目录。本节的代码结构如下：

- src/bin/iter2.rs——包含 main()函数
- src/iter2/routes.rs——包含路由
- src/iter2/handlers.rs——包含处理器函数
- src/iter2/models.rs——包含表示课程和实用方法的数据结构
- src/iter2/state.rs——应用程序状态，包含注入应用程序执行的每个线程中的依赖项

通常，main()函数位于项目根目录的 src/bin 文件夹下的 iter.rs 文件中，其余文件将放置在 src/iter2 文件夹中。

此处将重用之前章节中定义的同一组路由。代码清单 4.1 便是要放置在$PROJECT_ROOT/src/iter2/routes.rs 文件中的代码。

代码清单 4.1　导师 Web 服务的路由

```
use super::handlers::*;
use actix_web::web;

pub fn general_routes(cfg: &mut web::ServiceConfig){
   cfg.route("/health", web::get().to(health_check_handler));
}

pub fn course_routes(cfg: &mut web::ServiceConfig){
 cfg.service(
     web::scope("/courses")
                                          向/courses 发送 POST 请求
                                          以创建新课程
        .route("/", web::post().to(post_new_course))  ◄
```

```
        .route("/{tutor_id}", web::get().to(get_courses_for_tutor))
        .route("/{tutor_id}/{course_id}", web::get().to(
        ➥ get_course_details)),
    );
}
```

向/courses/{tutor_id}/{course_id}发送 GET 请求以检索特定 course_id 的详情

向 /courses/{tutor_id} 发送 GET 请求以检索导师的所有课程

4.3.2　设置应用程序状态和数据模型

在项目根目录下的 src/iter2/models.rs 中定义数据模型。这里将定义一个数据结构来表示课程。还将编写一个实用方法，用于接受随 HTTP POST 请求发送的 JSON 数据负载，并将其转换为 Rust Course 数据结构。

将代码清单 4.2 中的代码放入$PROJECT_ROOT/src/iter2/models.rs 文件中。

代码清单 4.2　导师 Web 服务的数据模型

```
use actix_web::web;
use chrono::NaiveDateTime;
use serde::{Deserialize, Serialize};

#[derive(Deserialize, Serialize, Debug, Clone)]
pub struct Course {
     pub course_id: i32,
     pub tutor_id: i32,
     pub course_name: String,
     pub posted_time: Option<NaiveDateTime>,
}
impl From<web::Json<Course>> for Course {
    fn from(course: web::Json<Course>) -> Self {
        Course {
           course_id: course.course_id,
           tutor_id: course.tutor_id,
           course_name: course.course_name.clone(),
           posted_time: course.posted_time,
        }
    }
}
```

Course 数据结构包含 course_id、tutor_id、course_name 和 posted_time 作为字段。其中，字段 posted_time 的类型为 Optional<T>，原因是新的课程发布时，服务会自动填充该字段，用户不需要提供此信息

From trait 会提取(新课程的)POST HTTP 请求发送的数据负载，并将其转换为 Rust Course 的数据结构

要连接到 Postgres，必须定义一个数据库连接池并使其跨工作线程可用。可以通过将连接池定义为应用程序状态的一部分来实现这一点。将以下代码添加到$PROJECT_ROOT/src/iter2/state.rs：

```
use sqlx::postgres::PgPool;
use std::sync::Mutex;
pub struct AppState {
  pub health_check_response: String,
  pub visit_count: Mutex<u32>,
  pub db: PgPool,
}
```

AppState 结构体中保留了第 3 章中状况检查响应所需的两个字段，并且添加了一个附加字段 db，它表示 sqlx Postgres 连接池。

应用程序状态定义完成后，就可以为 Web 服务编写 main()函数了。

4.3.3　使用依赖注入设置连接池

在 Web 服务的 main()函数中，执行以下操作：

- 检索 DATABASE_URL 环境变量以获取连接到数据库的凭证。
- 创建 sqlx 连接池。
- 创建应用程序状态，并向其中添加连接池。
- 创建一个新的 Actix Web 应用程序，并使用路由对其进行配置。AppState 结构作为 Web 应用程序的依赖项，因此可用于跨线程的处理器函数。
- 使用 Web 应用程序初始化 Actix Web 服务器，并运行该服务器。

$PROJECT_ROOT/src/bin/iter2.rs 中 main()函数的代码如代码清单 4.3 所示。

代码清单 4.3　导师 Web 服务的 main()函数

```
use actix_web::{web, App, HttpServer};
use dotenv::dotenv;
use sqlx::postgres::PgPool;
use std::env;
use std::io;
use std::sync::Mutex;

#[path = "../iter2/handlers.rs"]
mod handlers;
#[path = "../iter2/models.rs"]
mod models;
#[path = "../iter2/routes.rs"]
mod routes;
#[path = "../iter2/state.rs"]
mod state;

use routes::*;
use state::AppState;

#[actix_rt::main]
async fn main()-> io::Result<()> {
  dotenv().ok();                                   ← 加载环境变量

  let database_url = env::var("DATABASE_URL").expect(
    ➥ "DATABASE_URL is not set in .env file");
  let db_pool = PgPool::connect(&database_url).await.unwrap();   ← 创建一个新的 sqlx 连接池
  // 构造应用程序状态
  let shared_data = web::Data::new(AppState {
    health_check_response: "I'm good. You've already
    ➥ asked me ".to_string(),
    visit_count: Mutex::new(0),
    db: db_pool,
```

```
    });
    // 构造应用程序并配置路由
    let app = move || {
      App::new()
          .app_data(shared_data.clone())
          .configure(general_routes)
          .configure(course_routes)
    };

    // 启动 HTTP 服务器

    HttpServer::new(app).bind("127.0.0.1:3000")?.run().await
}
```

将连接池注入 Actix Web 应用程序实例，作为跨应用程序的依赖项。Actix Web 框架将使其对于处理器函数可用

main()函数的其余部分与第 3 章中编写的类似。继续在$PROJECT_ROOT/src/iter2/handlers.rs 中编写处理器函数，如代码清单 4.4 所示。

代码清单 4.4 处理器函数框架

```
use super::models::Course;
use super::state::AppState;
use actix_web::{web, HttpResponse};

pub async fn health_check_handler(app_state: web::Data<AppState>) ->
➥ HttpResponse {
    let health_check_response = &app_state.health_check_response;
    let mut visit_count = app_state.visit_count.lock().unwrap();
    let response = format!("{} {} times", health_check_response,
    ➥ visit_count);
    *visit_count += 1;
    HttpResponse::Ok().json(&response)
}

pub async fn get_courses_for_tutor(
   _app_state: web::Data<AppState>,
   _params: web::Path<(i32,)>,
) -> HttpResponse {
    HttpResponse::Ok().json("success")
}

pub async fn get_course_details(
     _app_state: web::Data<AppState>,
     _params: web::Path<(i32, i32)>,
) -> HttpResponse {
    HttpResponse::Ok().json("success")
}

pub async fn post_new_course(
     _new_course: web::Json<Course>,
     _app_state: web::Data<AppState>,
) -> HttpResponse {
    HttpResponse::Ok().json("success")
}
```

health_check_handler 函数的代码跟踪处理程序被调用的次数，并记录应用程序状态(如$PROJECT_ROOT/src/iter2/state.rs 中定义)。其返回访问计数作为 HTTP 响应的一部分

现在已经为三个导师处理器函数编写了框架代码。除了返回成功响应之外，还没有做太多事情。我们的目标是在 4.3.4 节中实现数据库访问逻辑之前验证 Web 服务的代码编译时无错。

从项目根目录使用以下命令验证代码：

```
cargo check --bin iter2
```

代码应该编译正确，并且服务正常启动。可能会有一些与未使用的变量相关的警告，可暂时忽略这些警告，因为这只是一个临时检查点。接下来，将为三个处理器函数编写单元测试。

4.3.4　编写单元测试

4.3.3 节编写了仅返回成功响应的虚拟处理器函数。本节将编写调用这些处理器函数的单元测试。在此过程中，将学习如何模拟 HTTP 请求参数(否则将通过外部 API 调用来实现)、如何模拟从 Actix 框架传递到处理器函数的应用程序状态，以及如何检查测试函数中处理器函数的响应。

接下来将编写三个单元测试函数来测试 4.3.3 节编写的三个相应的处理器函数：获取导师的所有课程、获取单个课程的课程详细信息以及发布新课程。

先将代码清单 4.5 所示的单元测试代码添加到$PROJECT_ROOT/src/iter2/handlers.rs 文件中。

代码清单 4.5　处理器函数的单元测试

```
#[cfg(test)]
mod tests {
  use super::*;                                         ← 模块导入
  use actix_web::http::StatusCode;
  use chrono::NaiveDate;
  use dotenv::dotenv;
  use sqlx::postgres::PgPool;
  use std::env;
  use std::sync::Mutex;

  #[actix_rt::test]
  async fn get_all_courses_success() {
    dotenv().ok();
    let database_url = env::var("DATABASE_URL").expect(
    ➥ "DATABASE_URL is not set in .env file");          ← 从.env 文件读取数据库访问凭证
    let pool: PgPool = PgPool::connect(&database_url).await.unwrap();   ← 创建一个新的连接池，与 Postgres 数据库连接
    let app_state: web::Data<AppState> = web::Data::new(AppState {    ← 构造要作为参数传递给处理器函数的应用程序状态，在端到端测试中，应用程序状态将由 Actix Web 框架自动传递到处理器函数。在此处的单元测试代码中，必须手动执行这一步
        health_check_response: "".to_string(),
        visit_count: Mutex::new(0),
        db: pool,
    });
    let tutor_id: web::Path<(i32,)> = web::Path::from((1,));    ← 构造 HTTP 请求参数以传递给处理器函数。在端到端测试中，Actix 框架反序列化传入的 HTTP 请求参数并传递给处理器函数。在此处的单元测试代码中，必须手动执行此步骤
```

```
        let resp = get_courses_for_tutor(app_state, tutor_id).await;
        assert_eq!(resp.status(), StatusCode::OK);
    }

    #[actix_rt::test]
    async fn get_course_detail_test(){
         dotenv().ok();
         let database_url = env::var("DATABASE_URL").expect(
         ➥ "DATABASE_URL is not set in .env file");
         let pool: PgPool = PgPool::connect(&database_url).await.unwrap();
         let app_state: ...
         let params: web::Path<(i32, i32)> = web::Path::from((1, 2));
         let resp = get_course_details(app_state, params).await;
         assert_eq!(resp.status(), StatusCode::OK);
    }

    #[actix_rt::test]
    async fn post_course_success(){
        dotenv().ok();
        let database_url = env::var("DATABASE_URL").expect(
        ➥ "DATABASE_URL is not set in .env file");
        let pool: PgPool = PgPool::connect(&database_url).await.unwrap();
        let app_state: ...
        let new_course_msg = Course {
            course_id: 1,
            tutor_id: 1,
            course_name: "This is the next course".into(),
            posted_time: Some(NaiveDate::from_ymd(2020, 9, 17).and_hms(14, 01, 11)),
        };
        let course_param = web::Json(new_course_msg);
        let resp = post_new_course(course_param, app_state).await;
        assert_eq!(resp.status(), StatusCode::OK);
    }
}
```

验证返回的处理器函数的HTTP响应显示的是成功的状态码

使用前面步骤中构造的应用程序状态和 HTTP 请求参数，调用处理器函数

删减版代码——完整代码参阅本章的源代码

代码清单 4.5 中的代码针对第一个测试函数进行了注解。相同的概念也适用于其他两个测试函数，相信你应该能够毫无困难地阅读并完成测试函数代码。

使用以下命令运行单元测试：

```
cargo run --bin iter2
```

三个测试成功通过，并显示以下消息。

```
running 3 tests
test handlers::tests::get_all_courses_success ... ok
test handlers::tests::post_course_success ... ok
test handlers::tests::get_course_detail_test ... ok

test result: ok. 3 passed; 0 failed; 0 ignored; 0 measured; 0 filtered out
```

即使没有编写任何数据库访问逻辑，测试也会通过，原因是处理程序无条件返回成功的响应。4.4 节将修复该问题，到此已经构建了包含所有必需部分(路由、应用程序状态、main()函数、处理程序和单元测试)的基本项目结构，并且已知晓如何将所有内容联

系在一起。

4.4 从数据库创建和查询记录(迭代 3)

本节将为导师 API 编写数据库访问代码。在$PROJECT_ROOT/src 下创建一个名为 iter3 的文件夹。本节代码的结构如下。

- src/bin/iter3.rs——包含 main()函数。
- src/iter3/routes.rs——包含路由。
- src/iter3/handlers.rs——包含处理器函数。
- src/iter3/models.rs——包含表示课程的数据结构和一些实用方法。
- src/iter3/state.rs——应用程序状态，包含注入应用程序执行的每个线程中的依赖项。
- src/iter3/db_access.rs——为了遵守单一职责原则，不得让数据库访问逻辑成为处理器函数的一部分，因此要为数据库访问逻辑创建一个新的$PROJECT_ROOT/src/iter3/db_access.rs 文件。如果将来想切换数据库(例如从 Postgres 到 MySQL)，分离数据库访问动作也会很有帮助。因此可针对新数据库重写数据库访问函数，同时保留相同的处理器函数和数据库访问函数签名。

由于在本次迭代列出的文件中，可以重用第 2 次迭代中的 routes.rs、state.rs 和 models.rs 的代码。因此可以把主要精力集中在对 main()函数进行所需的调整和处理器代码，以及编写核心数据库访问逻辑上。

先分三部分查看数据库访问的代码，每一部分对应一个 API。

4.4.1 编写数据库访问函数

使用 sqlx 从 Postgres 表中查询记录的步骤如下。

(1) 使用 SQL query! 宏构造 SQL 查询操作。

(2) 利用连接池的连接，通过 fetch_all()方法执行查询动作。

(3) 提取结果，并将其转换为可以从函数返回的 Rust 结构体。

$PROJECT_ROOT/src/iter3/db_access.rs 中的代码如代码清单 4.6 所示。

代码清单 4.6　用于检索某个导师所有课程的数据库访问代码

```
use super::models::Course;
use sqlx::postgres::PgPool;

pub async fn get_courses_for_tutor_db(
➥ pool: &PgPool, tutor_id: i32)-> Vec<Course> {
  // 准备 SQL 语句
  let course_rows = sqlx::query!(
      "SELECT tutor_id, course_id, course_name, posted_timeFROM
      ➥ ezy_course_c4 where tutor_id = $1",
```

使用 sqlx crate 中的 query!宏检索查询结果的 SQL 语句

```
        tutor_id
    )
    .fetch_all(pool)          ← 执行查询
    .await
    .unwrap();
    // 提取结果                 ← 将查询结果转为 Rust vector，该 vector
    course_rows                   从函数中返回
        .iter()
        .map(|course_row| Course {
            course_id: course_row.course_id,
            tutor_id: course_row.tutor_id,
            course_name: course_row.course_name.clone(),
            posted_time: Some(chrono::NaiveDateTime::from(
            ➥ course_row.posted_time.unwrap())),
        })
        .collect()
}
```

使用 fetch_all()方法从数据库中检索与 SQL 查询匹配的所有记录。fetch_all()方法接受 Postgres 连接池作为参数。fetch_all()之后的 await 关键字表示正在使用 sqlx crate 对 Postgres 数据库进行异步调用。

注意，iter()方法用于将检索到的数据库记录转换为 Rust 迭代器。然后，map()函数将(由迭代器返回的)每个数据库行转换为 Course 类型的 Rust 数据结构。

最后，使用 collect()方法将 map()函数应用于所有数据库记录的结果累积成 Rust Vec 数据类型。再从函数返回课程结构的 vector。

另注意，chrono 模块用于将从数据库检索到的课程的 posted_time 值转换为 chrono crate 中的 NaiveDateTime 类型。

总的来说，由于 Rust 提供了优雅的函数式编程结构，因此代码非常简洁。

给定 course_id 或 tutor_id 后，用于检索课程详细信息的代码与前面的实现类似。主要区别在于使用 fetch_one()方法而非之前使用的 fetch_all()方法，因为这里是检索单个课程的详细信息。将代码清单 4.7 中的代码放置在同一文件($PROJECT_ROOT/src/iter3/db_access.rs)中。

代码清单 4.7 用于检索单个课程详细信息的数据库访问代码

```
pub async fn get_course_details_db(pool: &PgPool, tutor_id: i32,
➥ course_id: i32)-> Course {
    // 准备 SQL 语句
    let course_row = sqlx::query!(          ← 准备要执行的查询操作
      "SELECT tutor_id, course_id, course_name, posted_time FROM
      ➥ ezy_course_c4 where tutor_id = $1 and course_id = $2",
      tutor_id, course_id
    )
    .fetch_one(pool)          ← 执行查询动作，注意使用的是 fetch_one 方法而
    .await                       非 fetch_all 方法，原因是这里只需要一门课程
    .unwrap();                   的详细信息
    // 执行查询
    Course {                  ← 函数返回 Course 数据结构
        course_id: course_row.course_id,
```

```
            tutor_id: course_row.tutor_id, c
            ourse_name: course_row.course_name.clone(),
            posted_time: Some(chrono::NaiveDateTime::from(
            ➥ course_row.posted_time.unwrap())),
        }
    }
```

最后，查看用于发布新课程的数据库访问代码。构造查询操作然后执行。然后检索插入的课程，将其转换为 Rust 结构体，并从函数返回。将代码清单 4.8 中的代码放入 $PROJECT_ROOT/src/iter3/db_access.rs 中。

代码清单 4.8　用于发布新课程的数据库访问代码

```
pub async fn post_new_course_db(pool: &PgPool, new_course: Course)->
➥ Course {

    let course_row = sqlx::query!("insert into ezy_course_c4(
    ➥ course_id,tutor_id, course_name)values($1,$2,$3)returning
    ➥ tutor_id, course_id,course_name, posted_time", new_course.course_id,
    ➥ new_course.tutor_id, new_course.course_name)   ← 准备查询操作，将新课程插入数据库表中
    .fetch_one(pool)   ← 插入后，获取已插入的课程
    .await.unwrap();
    // 检索结果
    Course {
        course_id: course_row.course_id,   ← 函数返回 Course 数据结构
        tutor_id: course_row.tutor_id,
        course_name: course_row.course_name.clone(),
        posted_time: Some(chrono::NaiveDateTime::from(
        ➥ course_row.posted_time.unwrap())),
    }
}
```

注意，此处未将 posted_time 值传递给 insert 查询，是因为已将该字段的默认值设置为系统生成的当前时间。参阅$PROJECT_ROOT/src/database.sql 文件，其中默认定义如下。

```
posted_time TIMESTAMP default now()
```

使用 MySQL 代替 Postgres 数据库

除了 Postgres 之外，sql crate 也支持 MySQL 和 SQLite。如果你更愿意使用 MySQL 数据库代替 Postgres 来学习本章，可参阅 sqlx crate 仓库的说明，网址为 https://github.com/launchbadge/sqlx。

需要注意的是，MySQL 支持的 SQL 语法与 Postgres 不同，因此本章列出的查询语句需要进行一些修改才能在 MySQL 中使用。例如，如果使用 MySQL，则用于表示参数的$符号(例如$1)应替换为问号(?)。此外，Postgres 支持 SQL 语句中的 returning 子句，可用于返回由插入、更新或删除操作修改的列的值，但 MySQL 不直接支持 returning 子句。

这样就完成了数据库访问的代码。接下来，调用这些数据库访问函数的处理器函数。

4.4.2 编写处理器函数

前面已经完成了数据库访问的代码。现在需要从相应的处理器函数中调用这些数据库函数。Actix框架根据HTTP请求到达的在routes.rs中定义的API路由(POST新课程、GET导师课程等)来调用处理器函数。

处理器函数的代码放置在$PROJECT_ROOT/src/iter3/handlers.rs中，如代码清单4.9所示。

代码清单4.9 用于检索查询结果的处理器函数

```
use super::db_access::*;
use super::models::Course;
use super::state::AppState;
use std::convert::TryFrom;

use actix_web::{web, HttpResponse};

pub async fn health_check_handler(app_state: web::Data<AppState>) ->
➥ HttpResponse {
    let health_check_response = &app_state.health_check_response;
    let mut visit_count = app_state.visit_count.lock().unwrap();
    let response = format!("{} {} times", health_check_response, visit_count);
    *visit_count += 1;
    HttpResponse::Ok().json(&response)
}

pub async fn get_courses_for_tutor(
    app_state: web::Data<AppState>,
    params: web::Path<(i32,i32)>,
)-> HttpResponse {
    let tuple = params.0;
    let tutor_id: i32 = i32::try_from(tuple.0).unwrap();
    let courses = get_courses_for_tutor_db(&app_state.db, tutor_id).await;
    HttpResponse::Ok().json(courses)
}
```

web::Path是一个提取器，允许从HTTP请求的路径中提取键入的信息

get_courses_for_tutor()处理器函数的web::Path提取器返回的数据类型是<(i32,i32)>

调用对应的数据库访问方法，以检索导师的课程列表，传入应用程序状态和tutor_id

从数据库函数中获取返回值(包含课程列表的vector)，将其转换为JSON，并发送HTTP成功响应

```
pub async fn get_course_details(
    app_state: web::Data<AppState>,
    params: web::Path<(i32, i32)>,
)-> HttpResponse {
    let tuple = params;
    let tutor_id: i32 = i32::try_from(tuple.0).unwrap();
    let course_id: i32 = i32::try_from(tuple.1).unwrap();
    let course = get_course_details_db(
    ➥ &app_state.db, tutor_id, course_id).await;
    HttpResponse::Ok().json(course)
}

pub async fn post_new_course(
```

在get_course_details()处理器函数中，从HTTP请求中获取两个路径参数：tutor_id和course_id

```
    new_course: web::Json<Course>,
    app_state: web::Data<AppState>,
)-> HttpResponse {
    let course = post_new_course_db(&app_state.db, new_course.into()).await;

    HttpResponse::Ok().json(course)
}
```

在代码清单 4.9 中，每个处理器函数都相当简单，并且执行以下步骤。

(1) 从应用程序状态(appstate.db)中提取连接池。

(2) 提取作为 HTTP 请求部分发送的参数(params 变量)。

(3) 调用对应的数据库访问函数(函数名以 db 为后缀)

(4) 将数据库访问函数的结果作为 HTTP 响应返回。

接下来使用 get_course_details()处理器函数的示例来查看这些步骤，每当 HTTP 请求到达路由/{tutor_id}/{course_id}时就会调用该函数。一个例子是请求 http://localhost:3000/courses/1/2，其中 HTTP 客户端(互联网浏览器)请求查看 tutor_id 为 1 且 course_id 为 2 的课程详细信息。下面详细查阅该处理器函数的代码。

为了提取给定 tutor_id 和 course_id 的课程详细信息，需要与数据库通信。然而，处理器函数不知道(也不需要知道，这符合良好软件设计的单一职责原则)如何与数据库对话。因此，它必须依赖在$PROJECT_ROOT/src/iter3/db_access.rs 源文件中编写的 get_course_details_db()数据库访问函数。

以下是函数的签名：

```
pub async fn get_course_details_db(pool: &PgPool, tutor_id: i32,
➥ course_id: i32)-> Course
```

为了调用数据库访问函数，处理器函数需要传递三个参数：数据库连接池、tutor_id 和 course_id。

连接池作为应用程序状态对象的一部分提供。在迭代 2 的 main()函数中，已讲解了如何使用连接池构造应用程序状态，然后将其注入 Actix Web 应用程序实例中。之后，每个 Actix 处理器函数将自动访问应用程序状态作为参数(调用处理程序时，Actix 框架会自动填充该参数)。

因此，该处理程序中的第一个参数 app_state 表示类型 AppState 的值，在$PROJECT_ROOT/src/iter3/state.rs 中进行如下定义。

```
pub struct AppState {
  pub health_check_response: String,
  pub visit_count: Mutex<u32>,
  pub db: PgPool,
}
```

此处，app_state.db 引用 AppState 结构体的 db 成员，表示可以传递给数据库函数 get_course_details_db()的连接池。

接下来传递给数据库访问函数的两个参数是 tutor_id 和 course_id。这些可作为 HTTP 请求的一部分提供：http(s)://{domain}:{port}/{tutor_id}/{course_id}。为了从请求中提取参数，Actix Web 框架提供了称为提取器的实用程序。提取器可以作为处理器函数的参数进行访问(类似于应用程序状态)。在此处的示例中，因为期望来自 HTTP 请求的两个数字参数，所以处理器函数签名有一个类型为 web::Path<(i32, i32)>，它基本上生成一个包含两个整数类型的元组(i32, i32)。要从参数中提取 tutor_id 和 course_id 的值，必须执行两步过程。

以下行提供了形式为(i32, i32)的元组：

```
let tuple = params.0;
```

接下来的两行用于提取 tutor_id 和 course_id 并将它们转换为 i32 类型(这是数据库访问函数所期望的类型)。

```
let tutor_id: i32 = i32::try_from(tuple.0).unwrap();
let course_id: i32 = i32::try_from(tuple.1).unwrap();
```

接着使用应用程序状态 tutor_id 和 course_id 调用数据库访问函数，如下所示。

```
let course = get_course_details_db(&app_state.db, tutor_id,
    ➥ course_id).await;
```

最后，从数据库函数中取出 Course 类型的返回值，将其序列化为 Json 类型，并将其嵌入带有成功状态码的 HTTP 响应中，所有这些都在一个简洁的表达式中。(这就是 Rust 如此流行的原因。)

```
HttpResponse::Ok().json(course)
```

另外两个处理器函数的结构与以上的类似。

回想一下，在 handlers.rs 源文件中，还有一个用于运行状况检查和单元测试的处理器函数。这些与上一次迭代相比保持不变。这次迭代中忽略了错误处理，因此可以专注于数据库访问。

4.4.3 为数据库支持的 Web 服务编写 main()函数

到此已经编写了数据库访问和处理器函数。接下来要完成测试 Web 服务之前所需的最后一段代码。将代码清单 4.10 中的代码添加到$PROJECT_ROOT/src/bin/iter3.rs 中的 main()函数中。

代码清单 4.10 迭代 3 的 main()函数

```
use actix_web::{web, App, HttpServer};
use dotenv::dotenv;
use sqlx::postgres::PgPool;
use std::env;
use std::io;
use std::sync::Mutex;

#[path = "../iter3/db_access.rs"]
```

```
mod db_access;
#[path = "../iter3/handlers.rs"]
mod handlers;
#[path = "../iter3/models.rs"]
mod models;
#[path = "../iter3/routes.rs"]
mod routes;
#[path = "../iter3/state.rs"]
mod state;

use routes::*;
use state::AppState;

#[actix_rt::main]
async fn main()-> io::Result<()> {
  dotenv().ok();

  let database_url = env::var("DATABASE_URL").expect(
  ➥ "DATABASE_URL is not set in .env file");
  let db_pool = PgPool::connect(&database_url).await.unwrap();

  let shared_data = web::Data::new(AppState {
      health_check_response: "I'm good. You've already
      ➥ asked me ".to_string(),
      visit_count: Mutex::new(0),
      db: db_pool,
  });

  let app = move || {
    App::new()
        .app_data(shared_data.clone())
        .configure(general_routes)
        .configure(course_routes)
  };
  // 启动 HTTP 服务器

  HttpServer::new(app).bind("127.0.0.1:3000")?.run().await
}
```

构造 AppState。注意，要将连接池作为应用程序状态的一部分存储在 db 字段中

构造 app 实例

将 app 状态注入应用程序实例

配置路由

启动 Actix Web 服务器，加载构建的 Actix Web 应用程序实例，并将在本地主机上运行的服务绑定到端口 3000。await 关键字指示 Actix Web 服务的异步特性

现在已准备好测试和运行 Web 服务。首先，使用以下命令运行自动化测试。

```
cargo test --bin iter3
```

结果是三个测试用例成功执行，如下所示。

```
running 3 tests
test handlers::tests::post_course_success ... ok
test handlers::tests::get_all_courses_success ... ok
test handlers::tests::get_course_detail_test ... ok
```

注意，如果多次运行 cargo test 命令，程序将退出并出现错误。这是因为尝试插入具有相同 course_id 的记录两次。要解决此问题，可登录 psql shell 并运行以下命令。

```
delete from ezy_course_c4 where course_id=3;
```

此时正在测试函数中插入一条 course_id 值为 3 的记录，因此一旦删除该数据库记录，就可以重新运行测试。

为了使此删除步骤更容易，可以将删除 SQL 语句放置在脚本文件中。文件$PROJECT_ROOT/iter3-test-clean.sql 就包含此脚本。执行如下所示的脚本：

```
psql -U $DATABASE_USER -d ezytutors --password <
➥ $PROJECT_ROOT/iter3-test-clean.sql
```

重新运行测试：

```
cargo test --bin iter3
```

运行服务器：

```
cargo run --bin iter3
```

在浏览器中输入以下 URL 以检索 tutor id 1 的查询结果。

```
http://localhost:3000/courses/1
```

如果有防火墙，则可以使用 curl 运行它。

```
curl localhost:3000/courses/1
```

响应如下所示。

```
[{"course_id":1,"tutor_id":1,"course_name":"First course",
➥ "posted_time":"2020-12-17T05:40:00"},{"course_id":2,"tutor_id":1,
➥ "course_name":"Second course","posted_time":"2020-12-18T05:45:00"},
➥ {"course_id":3,"tutor_id":1,"course_name":"Third course",
➥ "posted_time":"2020-12-17T11:55:56.846276"}]
```

可在列表中找到三个查询结果。此处添加了两门课程作为 database.sql 脚本的一部分。又使用单元测试添加了一门新课程。

测试使用 curl 发布新课程。

```
curl -X POST localhost:3000/courses/ \
-H "Content-Type: application/json" \
-d '{"tutor_id":1, "course_id":4, "course_name":"Fourth course"}'
```

来自 Actix Web 服务器的响应如下：

```
{"course_id":4,"tutor_id":1,"course_name":"Fourth course",
➥ "posted_time":"2021-01-12T12:58:19.668877"}
```

接着可以尝试从浏览器检索新发布的课程的详细信息，如下所示。

```
http://localhost:3000/courses/1/4
```

注意：如果有防火墙，则参照前面的建议使用 curl 运行此命令。

浏览器中将显示以下结果：

```
{"course_id":4,"tutor_id":1,"course_name":"Fourth course",
➥ "posted_time":"2021-01-12T12:58:19.668877"}
```

第 3 次迭代到此结束。到此已为导师 Web 服务实现了三个 API，并采用数据库存储支持。构建了“发布新课程、保存到数据库并查询数据库以获取课程列表和各个课程详细信息”的功能。恭喜！

现在，有两个重要的工具可以用于实现各种服务：RESTful Web 服务(来自之前章节)和数据库持久化(来自本章)。也许你已经注意到，绝大多数企业应用程序都是 CRUD(创建、读取、更新、删除)类型。也就是说，它们主要为用户提供创建、更新以及删除信息的可能性。有了在前两章中学到的知识就足够了。

你可能还注意到，本章仅涵盖了 happy path 场景，并没有考虑或处理可能发生的任何错误。这是不现实的，因为分布式 Web 应用程序中很多事情都可能出错，所以还需要对进行 API 调用的用户进行身份验证。第 5 章将讨论这些主题。

4.5　本章小结

- sqlx 是一个 Rust crate，它提供对许多数据库(包括 Postgres 和 MySQL)的异步数据库访问，且具有内置的连接池。
- 使用 sqlx 从 Actix 连接到数据库涉及以下三个主要步骤：在 Web 服务的 main() 函数中，创建一个 sqlx 连接池并将其注入应用程序状态中；在处理器函数中，访问连接池并将其传递给数据库访问函数；在数据库访问函数中，构造查询并在连接池上执行。
- 具有三个 API 的 Web 服务分三次迭代构建：在第 1 次迭代中，配置数据库，配置到数据库的 sqlx 连接，并通过普通 Rust 程序(不使用 Actix Web 服务器)测试连接。在第 2 次迭代中，创建数据库模型、路由、状态和 Web 服务的 main()函数。在第 3 次迭代中，编写三个 API 的数据库访问代码以及单元测试。每次迭代的代码库都可以独立构建和测试。

第 5 章 处理错误

本章内容

- 设置项目结构
- 处理 Rust 和 Actix Web 中的错误
- 定义自定义错误处理程序
- 三个 API 的错误处理

第 4 章编写了通过 API 发布和检索课程的代码，但演示和测试的仅是 happy path 场景。然而，在现实世界中，可能会发生多种类型的故障：数据库服务可能不可用、请求中提供的导师 ID 可能无效、Web 服务器可能出现错误等。重要的是，Web 服务能检测错误、妥善处理错误并向发送 API 请求的用户或客户端发送有意义的错误消息。这可通过错误处理来完成，是本章的重点。错误处理不仅对 Web 服务的稳定性很重要，而且对提供良好的用户体验也很重要。

图 5.1 总结了本章采用的错误处理方法：向 Web 服务添加自定义错误处理，统一处

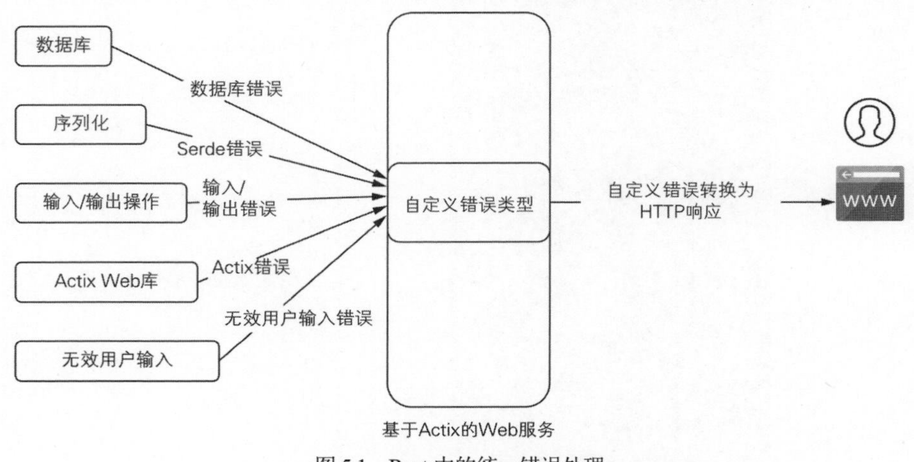

图 5.1 Rust 中的统一错误处理

理应用程序中可能遇到的不同类型的错误。每当有无效请求或服务器代码出现意外故障时，客户端都会收到有意义且恰当的 HTTP 状态码和错误消息。为了实现这一目标，可结合使用 Rust 的核心错误处理功能和 Actix 提供的功能，同时为应用程序自定义错误处理。

5.1　设置项目结构

此处将使用第 4 章构建的代码作为添加错误处理的起点。如果一直在跟着学习，则可以从第 4 章的个人代码开始，或者从 GitHub(https://github.com/peshwar9/rust-servers-services-apps)复制代码，并使用第 4 章中迭代 3 的代码作为起点。

本章将构建代码作为迭代 4，因此首先转到项目根目录(ezytutors/tutor-db)，并在 src 下创建一个名为 iter4 的新目录。

本节的代码结构如下(见图 5.2)：

- src/bin/iter4.rs—— main()函数
- src/iter4/routes.rs——包含路由

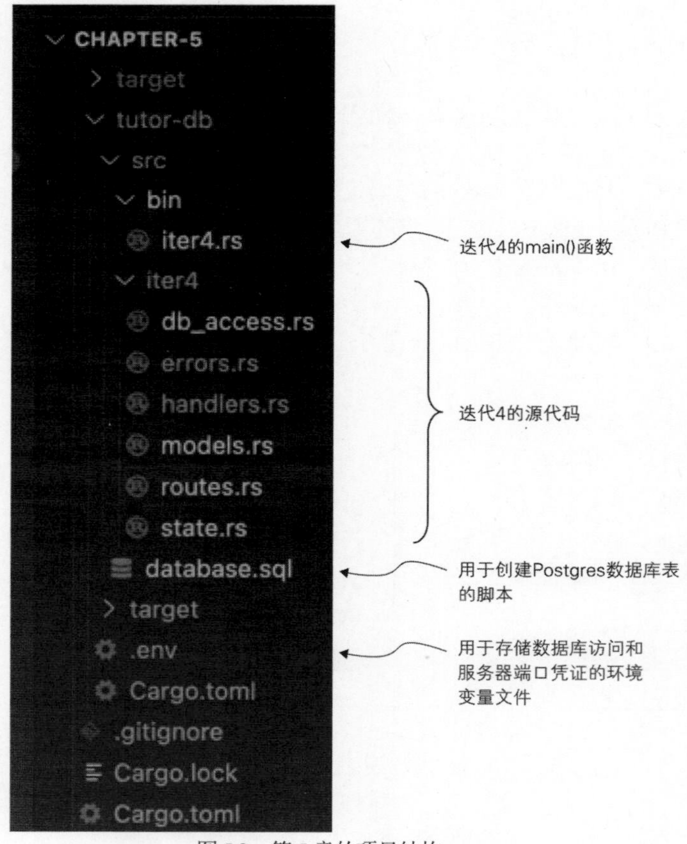

图 5.2　第 5 章的项目结构

- src/iter4/handlers.rs——处理器函数
- src/iter4/models.rs——表示课程的数据结构和实用方法
- src/iter4/state.rs——应用程序状态，包含注入应用程序执行的每个线程中的依赖项
- src/iter4/db_access.rs——从处理器函数中分离出数据库访问代码以实现模块化
- src/iter4/errors.rs——自定义错误数据结构和关联的错误处理器函数

与第 4 章相比，本章不会更改 routes.rs、models.rs 或 state.rs 的源代码。而 handlers.rs 和 db_access.rs 将以第 4 章的代码为基础进行修改以包含自定义错误处理。errors.rs 是要添加的新源文件。

仍按照以下步骤为本章创建一个新版本的数据库表。

(1) 将第 4 章中的 database.sql 脚本进行如下所示的修改。

```
/* 如果表已存在，则删除表
drop table if exists ezy_course_c5;
/* 创建表
/* 注意,不要在最后一个字段后面加逗号
create table ezy_course_c5
(
     course_id serial primary key,
     tutor_id INT not null,
     course_name varchar(140)not null,
     posted_time TIMESTAMP default now()
);

/* 加载种子数据进行测试
insert into ezy_course_c5
   (course_id,tutor_id, course_name,posted_time)
values(1, 1, 'First course', '2021-03-17 05:40:00');
insert into ezy_course_c5(
   (course_id, tutor_id, course_name,posted_time)
values(2, 1, 'Second course', '2021-03-18 05:45:00');
```

注意，与第 4 章相比，此脚本所做的主要改动是将表的名称从 ezy_course_c4 更改为 ezy_course_c5。

(2) 从命令行运行脚本，创建表并加载示例数据。

```
psql -U <user-name> -d ezytutors <database.sql
```

确保已提供到 database.sql 文件的正确路径，并在出现提示时输入密码。

(3) 创建表后，还需要授予数据库用户对该新表的权限。从终端命令行运行以下命令：

```
psql -U<user-name> -d ezytutors     // 登录psql shell
GRANT ALL PRIVILEGES ON TABLE __ezy_course_c5__ to <user-name>
\q                                 // 退出psql shell
```

将<user-name> 替换为你自己的用户名，然后执行命令。

(4) 编写 main()函数：将第 4 章中的 src/bin/iter3.rs 复制到本章项目目录中的 src/bin/iter4.rs 下，并将对 iter3 的引用替换为 iter4。iter4.rs 的最终代码如下所示。

```
use actix_web::{web, App, HttpServer};
```

```
use dotenv::dotenv;
use sqlx::postgres::PgPool;
use std::env;
use std::io;
use std::sync::Mutex;

#[path = "../iter4/db_access.rs"]
mod db_access;
#[path = "../iter4/errors.rs"]
mod errors;
#[path = "../iter4/handlers.rs"]
mod handlers;
#[path = "../iter4/models.rs"]
mod models;
#[path = "../iter4/routes.rs"]
mod routes;
#[path = "../iter4/state.rs"]
mod state;

use routes::*;
use state::AppState;

#[actix_rt::main]
async fn main()-> io::Result<()> {
    dotenv().ok();

    let database_url = env::var("DATABASE_URL").expect(
    ➥ "DATABASE_URL is not set in .env file");
    let db_pool = PgPool::connect(&database_url).await.unwrap();
    // 构造应用程序状态
    let shared_data = web::Data::new(AppState {
        health_check_response: "I'm good.
        ➥ You've already asked me ".to_string(),
        visit_count: Mutex::new(0),
        db: db_pool,
    });
    // 构造应用程序并配置路由
    let app = move || {
       App::new()
           .app_data(shared_data.clone())
           .configure(general_routes)
           .configure(course_routes)
    };

    // 启动HTTP 服务器
    let host_port = env::var("HOST_PORT").expect(
    ➥ "HOST:PORT address is not set in .env file");
    HttpServer::new(app).bind(&host_port)?.run().await
}
```

确保代码中引用的模块位于src/iter4目录下，并确保已在.env文件中添加数据库访问的环境变量和服务器端口号。

使用以下命令运行服务器来进行健全性检查。

```
cargo run --bin iter4
```

到此已经重新创建了第3章的结束状态，以作为第4章的起点。

现在快速浏览一下Rust中错误处理的基础知识，然后便可以用它为我们的Web服务设计自定义错误处理。

5.2 Rust和Actix Web中的基本错误处理

一般来说，编程语言使用以下两种方法之一进行错误处理：异常处理或返回值。Rust使用后一种方法。这与Java、Python和JavaScript等使用异常处理的语言不同。在Rust中，错误处理被视为语言提供的可靠性保证的推动者，因此Rust希望程序员显式地处理错误而非抛出异常。

为了实现这一目标，可能会失败的Rust函数会返回一个Result枚举类型，其定义如下所示。

```
enum Result<T, E> {
    Ok(T),
    Err(E),
}
```

Rust函数签名将包含Result<T,E>类型的返回值，其中T是成功时返回的值的类型，E是失败时返回的值的类型。Result类型基本上是一种表示计算或函数可以返回两种可能结果之一的方式：计算成功时返回一个值，计算失败时返回一个错误。

下面来看一个例子。以下这个简单函数将字符串解析为整数，对其进行平方，并返回i32类型的值。如果解析失败，则返回ParseIntError类型的错误。

```
fn square(val: &str)-> Result<i32, ParseIntError> {
     match val.parse::<i32>(){
            Ok(num)=> Ok(i32::pow(num, 2)),
            Err(e)=> Err(e),
     }
}
```

Rust标准库中的parse函数返回一个Result类型，在此使用match语句对其进行解包(即从中提取值)。该函数的返回值的模式为Result<T,E>，在本例中，T为i32，E为ParseIntError。

接着编写一个调用square()函数的main()函数。

```
use std::num::ParseIntError;

fn main(){
     println!("{:?}", square("2"));
     println!("{:?}", square("INVALID"));
}

fn square(val: &str)-> Result<i32, ParseIntError> {
    match val.parse::<i32>(){
```

```
        Ok(num)=> Ok(i32::pow(num, 2)),
        Err(e)=> Err(e),
    }
}
```

运行此代码，可看到以下输出打印到控制台。

```
Ok(4)
Err(ParseIntError { kind: InvalidDigit })
```

在第一种情况下，square()函数能够成功地从字符串中解析数字 2，并返回 Ok()枚举类型中包含的平方值。在第二种情况下，将返回 ParseIntError 类型的错误，原因是 parse()函数无法从字符串中提取数字。

接下来查看 Rust 提供的一个特殊运算符，它是可以使错误处理更加简洁的问号(?)运算符。前面的代码使用 match 子句解包 parse()方法返回的 Result 类型。下面来看问号(?)运算符如何用于减少样板代码。

```
use std::num::ParseIntError;

fn main(){
     println!("{:?}", square("2"));
     println!("{:?}", square("INVALID"));
}

fn square(val: &str)-> Result<i32, ParseIntError> {
     let num = val.parse::<i32>()?;
     Ok(i32::pow(num,2))
}
```

注意，带有关联子句的 match 语句已被替换为问号(?)运算符。该运算符尝试从 Result 值中解开整数并将其存储在 num 变量中。如果不成功，就会从 parse()方法收到错误，中止 square 函数，并将 ParseIntError 传播到调用函数(在此处的例子中是 main()函数)。

接着通过向 square()函数添加附加功能来进一步探索 Rust 的错误处理。以下代码添加了几行代码来打开文件，并将计算出的平方值写入其中。

```
use std::fs::File;
use std::io::Write;
use std::num::ParseIntError;

fn main(){
     println!("{:?}", square("2"));
     println!("{:?}", square("INVALID"));
}

fn square(val: &str)-> Result<i32, ParseIntError> {
     let num = val.parse::<i32>()?;
     let mut f = File::open("fictionalfile.txt")?;
     let string_to_write = format!("Square of {} is {}", num, i32::pow(num, 2));
     f.write_all(string_to_write.as_bytes())?;
```

```
    Ok(i32::pow(num, 2))
}
```

当编译此代码时，可收到如下错误消息。

```
the trait `std::convert::From<std::io::Error>` is not implemented
➥ for `std::num::ParseIntError`
```

此错误消息有点令人困惑，其试图说明 File::open 和 write_all 方法返回一个 Result 类型，其中包含 std::io::Error 类型的错误，应该被传播回 main()函数，因为使用了(?)运算符。然而，square()的函数签名明确指出它返回了一个 ParseIntError 类型的错误。这似乎有问题，因为函数可以返回两种可能的错误类型 std::num::ParseIntError 和 std::io::Error，但是函数签名只能指定一种错误类型。

这正是自定义错误类型的用武之地。下面定义一个自定义错误类型，可以是 ParseIntError 和 io::Error 类型的抽象。如下所示修改代码：

```
use std::fmt;
use std::fs::File;
use std::io::Write;

#[derive(Debug)]
pub enum MyError {          <-- 定义包含错误变体的自定义错误枚举类型
    ParseError,
    IOError,
}

impl std::error::Error for MyError {}          <-- 按照惯例，错误类型实现了 Rust 标准库中的 Error trait

impl fmt::Display for MyError {          <-- 需要实现 Debug 和 Display trait。Debug trait 自动派生，Display trait 在此实现
   fn fmt(&self, f: &mut fmt::Formatter)-> fmt::Result {
       match self {
            MyError::ParseError => write!(f, "Parse Error"),
            MyError::IOError => write!(f, "IO Error"),
       }
   }
}

fn main(){
    let result = square("INVALID");
    match result {          <-- square 函数被调用，并打印结果
         Ok(res)=> println!("Result is {:?}",res),
         Err(e)=> println!("Error in parsing: {:?}",e)
    };
}

fn square(val: &str)-> Result<i32, MyError> {
    let num = val.parse::<i32>().map_err(|_| MyError::ParseError)?;
    let mut f = File::open("fictionalfile.txt").map_err(
    ➥ |_| MyError::IOError)?;
    let string_to_write = format!("Square of {:?} is {:?}", num, i32::pow(
    ➥ num, 2));
    f.write_all(string_to_write.as_bytes())
        .map_err(|_| MyError::IOError)?;
```
（map_err 方法将解析、打开文件、和文件写错误转换为自定义 MyError 类型，该类型会通过问号(?)运算符传回调用函数）

```
    Ok(i32::pow(num, 2))
}
```

事情仍在朝着好的方面进展。到目前为止已经学习了 Rust 如何使用 Result 类型返回错误，如何使用(?)运算符减少传播错误的样板代码，以及如何定义和实现自定义错误类型以统一函数或应用程序级别的错误处理。

Rust 的错误处理使代码安全

Rust 函数可归属 Rust 标准库或外部 crate，也可以算作程序员编写的自定义函数。每当可能出现错误时，Rust 函数都会返回 Result 数据类型。然后，调用函数必须通过以下几种方式之一处理错误：

- 使用(?)运算符将错误进一步传播给调用者
- 在冒泡之前将收到的任何错误转换为另一种类型
- 使用 match 块处理 Result::Ok 和 Result::Error 变体
- 通过.unwrap()或.expect()对错误进行 panic 处理

这使得程序更安全，因为不可能访问从 Rust 函数返回的无效、空或未初始化的数据。

下面来看一下 Actix Web 如何构建在 Rust 错误处理理念之上，以返回 Web 服务和应用程序的错误。

图 5.3 是 Actix 中的错误处理原语。Actix Web 有一个通用错误结构体 actix_web::error::Error，与任何其他 Rust 错误类型一样，它实现了 Rust 标准库的 std::error::Error 错误 trait。任何实现此 Rust 标准库错误 trait 的错误类型都可以使用(?)运算符转换为 Actix Error 类型。然后，Actix Error 类型将自动转换为 HTTP 响应消息，返回到 HTTP 客户端。

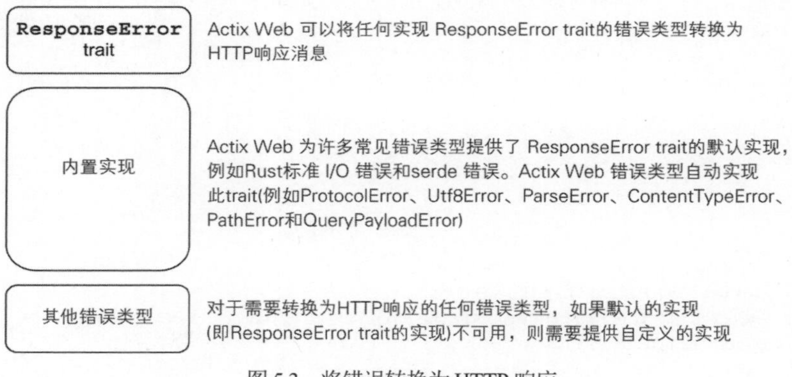

图 5.3　将错误转换为 HTTP 响应

下面查看返回 Result 类型的基本 Actix 处理器函数。使用 cargo new 创建一个新的 Cargo 项目，并将以下内容添加到 Cargo.toml 中的依赖中。

```
[dependencies]
actix-web = "3"
```

将以下代码添加到 src/main.rs 中：

```
use actix_web::{error::Error, web, App, HttpResponse, HttpServer};

async fn hello()-> Result<HttpResponse, Error> {
  Ok(HttpResponse::Ok().body("Hello there!"))
}

#[actix_web::main]
async fn main()-> std::io::Result<()> {
    HttpServer::new(|| App::new().route("/hello", web::get().to(hello)))
          .bind("127.0.0.1:3000")?
          .run()
          .await
}
```

hello 处理器函数可以返回两个值之一：计算成功时返回 HTTPResponse，计算失败时返回 Actix Error 类型

处理器函数返回封装在Ok()枚举变量中的 HTTPResponse

尽管处理器函数签名指定其可以返回 Error 类型，但毕竟由于其非常简单，因此这里出现问题的可能性很小。

使用以下命令运行程序：

```
cargo run
```

从浏览器连接到 hello 路由：

```
http://localhost:3000/hello
```

浏览器屏幕上将显示以下消息：

```
Hello there!
```

接着更改处理器函数以包含可能失败的操作：

```
use actix_web::{error::Error, web, App, HttpResponse, HttpServer};
use std::fs::File;
use std::io::Read;

async fn hello()-> Result<HttpResponse, Error> {
     let _ = File::open("fictionalfile.txt")?;
     Ok(HttpResponse::Ok().body("File read successfully"))
}

#[actix_web::main]
async fn main()-> std::io::Result<()> {
    HttpServer::new(|| App::new().route("/hello", web::get().to(hello)))
        .bind("127.0.0.1:3000")?
        .run()
        .await
}
```

如果文件成功打开，则返回包含成功状态代码和文本消息的 HTTP 响应消息

尝试在处理器函数中打开一个不存在的文件。问号(?)运算符将错误传播到调用函数(本例为 Actix Web 服务器本身)

再次运行该程序，并从浏览器连接到 hello 路由。将显示以下消息：

```
No such file or directory(os error 2)
```

敏锐的读者可能会有以下疑问。

(1) 文件操作返回 std::io::Error 类型的错误，如前面的示例所示。当函数签名中指定的返回类型是 actix_web::error::Error 时，如何从处理器函数中发送类型为 std::io::Error 的错误？

(2) 当处理器函数返回 Error 类型时，浏览器如何显示文本错误消息?

先回答第一个问题，任何实现了 std::error::Error trait 的类型，都可以被转换为 actix_web::error::Error 类型，因为 Actix 框架为其自己的 actix_web::error::error 类型实现了 std::error::Error trait。这允许使用问号(?)运算符将 std::io::Error 类型转换为 actix_web::error::Error 类型。更多详情参阅 actix_web::error::Error 类型的 Actix Web 文档：http://mng.bz/lWXy。

再回答第二个问题，任何实现了 Actix Web 的 ResponseError trait 的类型都可以被转换为 HTTP 响应。有趣的是，Actix Web 框架包含针对许多常见错误类型的此 trait 的内置实现，并且 std::io::Error 就是其中之一。可用默认实现的更多详情参阅 Actix Web 文档中的 actix_web::error::ResponseError triat:http://mng.bz/D4zE。Actix 错误类型和 ResponseError trait 的组合为 Actix 的 Web 服务和应用程序提供了大部分错误处理支持。

当 hello()处理器函数中引发 std::io::Error 类型的错误时，其会转换为 HTTP 响应消息。本章将利用 Actix Web 的这些功能将自定义错误类型转换为 HTTP 响应消息。

有了这个背景，就可以开始在导师 Web 服务中实现错误处理了。

5.3 定义自定义错误处理程序

本节将为 Web 服务定义自定义错误类型。首先，定义总体方法。按照以下步骤操作。

(1) 定义一个自定义错误枚举类型，封装期望在 Web 服务中遇到的各种类型的错误。

(2) 实现(来自 Rust 标准库的)From trait，将其他不同的错误类型转换为自定义错误类型。

(3) 为自定义错误类型实现 Actix ResponseError trait。这可以帮助 Actix 将自定义错误转换为 HTTP 响应。

(4) 在应用程序代码(处理器函数)中，返回自定义错误类型，而非标准 Rust 错误类型或 Actix 错误类型。

(5) 没有步骤(5)。坐下来观看 Actix 自动将从处理器函数返回的任何自定义错误转换为发送回客户端的有效 HTTP 响应即可。

图 5.4 说明了这些步骤。

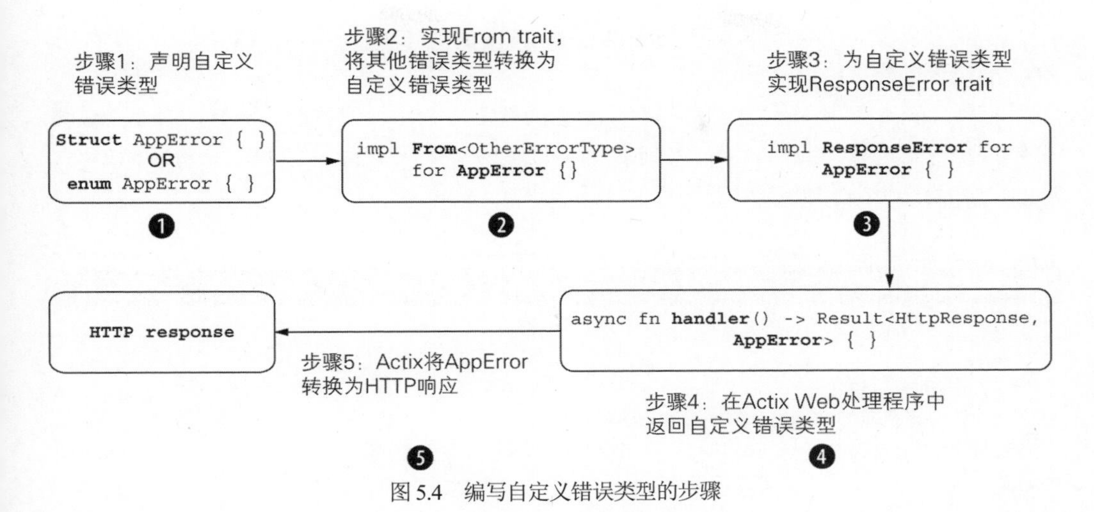

图 5.4 编写自定义错误类型的步骤

先来创建一个新文件 src/iter4/errors.rs，之后分三部分添加该文件的代码。代码清单 5.1 是第 1 部分的代码。

代码清单 5.1 错误处理：第 1 部分

```
use actix_web::{error, http::StatusCode, HttpResponse, Result};
use serde::Serialize;
use sqlx::error::Error as SQLxError;
use std::fmt;

#[derive(Debug, Serialize)]
pub enum EzyTutorError {
     DBError(String),
     ActixError(String),
     NotFound(String),
}
#[derive(Debug, Serialize)]
pub struct MyErrorResponse {
   error_message: String,
}
```

在 Web 服务中发生的错误可以用包含三种类型的数据结构表示：数据库相关错误、Actix 服务器错误和无效客户端请求导致的错误

向用户和发送 API 请求的客户端显示适合的错误消息

此处定义了两种用于错误处理的数据结构：EzyTutorError(Web 服务中的主要错误处理机制)和 MyErrorResponse(面向用户的消息)。为了在发生错误时将前者转换为后者，需要在 EzyTutorError 的 impl 块中编写一个方法。该代码如代码清单 5.2 所示。

impl 块

impl 块是 Rust 允许开发人员指定与数据类型关联的函数的方式。这是 Rust 中定义可以在方法调用语法中的类型实例上调用的函数的唯一方法。例如，如果 Foo 是数据类型，foo 是 Foo 的实例，bar()是 Foo 的 impl 块中定义的函数，则可以在实例 foo 上调用函数 bar()，如下所示。

```
foo.bar ()
```

impl 块还用于将与用户定义的数据类型相关的功能组合在一起，使得它们更易于发现和维护。

此外，impl 块允许创建关联函数，这些函数是与数据类型关联的函数，而非与数据类型的实例关联的函数。例如，要创建 Foo 的新实例，可以定义关联函数 new()，以便 Foo:new()创建 Foo 的新实例。

代码清单 5.2 错误处理：第 2 部分

```
impl EzyTutorError {
  fn error_response(&self)-> String {
    match self {
      EzyTutorError::DBError(msg)=> {
           println!("Database error occurred: {:?}", msg);
           "Database error".into()
      }
      EzyTutorError::ActixError(msg)=> {
           println!("Server error occurred: {:?}", msg);
           "Internal server error".into()
      }
      EzyTutorError::NotFound(msg)=> {
           println!("Not found error occurred: {:?}", msg);
           msg.into()
      }
    }
  }
}
```

现在，已在自定义 EzyTutorError 错误结构体上定义了一个名为 error_response()的方法。当想要发送一条用户友好的消息来通知用户发生了错误时，就会调用此方法。此代码可处理所有三种类型的错误，目的是向用户发送回更简单、友好的错误消息。

到目前为止，已经定义了错误数据结构，甚至编写了一种将自定义错误结构转换为用户友好的文本消息的方法。现在出现的问题是如何将错误从 Web 服务传递到 HTTP 客户端。HTTP Web 服务与客户端通信的唯一方式是通过 HTTP 响应消息，对吗？

缺少的是一种将服务器生成的自定义错误转换为相应的 HTTP 响应消息的方法。5.2 节演示了如何使用 actix_web::error::ResponseError trait 实现它。如果处理程序返回的错误也实现了 ResponseError trait，那么 Actix Web 就会将该错误转换为 HTTP 响应，并带有相应的状态码。

在此处的例子中，这归结为在 EzyTutorError 结构体上实现 ResponseError trait。实现此 trait 意味着实现该 trait 上定义的两个方法：error_response()和 status_code，如代码清单 5.3 所示。

代码清单 5.3 错误处理：第 3 部分

```
impl error::ResponseError for EzyTutorError {
  fn status_code(&self)-> StatusCode {
    match self {
```

使用这个方法，可以指定 HTTP 状态码，它作为 HTTP 响应消息的一部分发送

```
            EzyTutorError::DBError(msg) | EzyTutorError::ActixError(msg)=> {
                StatusCode::INTERNAL_SERVER_ERROR
            }
            EzyTutorError::NotFound(msg)=> StatusCode::NOT_FOUND,
        }
    }
    fn error_response(&self)-> HttpResponse {
        HttpResponse::build(self.status_code()).json(MyErrorResponse {
            error_message: self.error_response(),
            })
    }
}
```

此方法用于用户在出现错误情况下确定 HTML 响应的正文

注意： Actix Web 文档中定义了支持的 HTTP 错误代码：http://mng.bz/V185。

现在已经定义了自定义错误类型，接下来将其合并到 Web 服务的三个 API 的处理程序和数据库访问代码中。

5.4　检索所有课程的错误处理

本节将合并检索导师课程列表的 API 的错误处理。先来关注 db_access.rs 文件，它包含数据库访问的函数。

将以下代码添加到 db_access.rs：

```
use super::errors::EzyTutorError;
```

super 关键字指的是 db_access 模块的父作用域，这是错误模块所在的位置。查看 get_courses_for_tutor_db 函数中的一部分现有代码。

```
let course_rows = sqlx::query!(
        "SELECT tutor_id, course_id, course_name,
        ➥ posted_time FROM ezy_course_c5 where tutor_id = $1",
        tutor_id
    )
    .fetch_all(pool)
    .await?
    .unwrap();
```

要特别注意 unwrap()方法。这是 Rust 中处理错误的快捷方式。每当数据库操作出现错误时，程序线程就会 panic 并退出。Rust 中的 unwrap()关键字的意思是“如果操作成功，则返回结果，在本例中是课程列表。如果出现错误，只需要 panic 并中止程序。”

这在第 4 章中还可以，毕竟刚刚学习如何构建 Web 服务。但这不是生产服务所期望的行为。绝不能让程序执行因数据库访问中的每个错误而 panic 并退出，而是以某种方式处理错误。如果知道如何处理错误，直接处理就好。否则，可以将错误从数据库访问代码传播到调用处理器函数，然后由该函数找出如何处理错误。

为了实现这种传播，可以使用问号运算符(?)而非 unwrap()关键字，如下所示。

```
let course_rows = sqlx::query!(
```

```
        "SELECT tutor_id, course_id, course_name,
        ➥ posted_time FROM ezy_course_c5 where tutor_id = $1",
        tutor_id
    )
    .fetch_all(pool)
    .await?;
```

注意，对数据库获取操作的结果进行操作的.unwrap()方法现已替换为问号(?)运算符。虽然较早的 unwrap()操作告诉 Rust 编译器在出现错误时 panic，但是问号(?)运算符会告诉 Rust 编译器，“如果出现错误，将 sqlx 数据库错误转换为另一种错误类型并从函数返回，将错误传播到调用处理器函数。”现在的问题是问号(?)运算符应该将数据库错误转换为什么类型，必须明确这一点。

要使用(?)运算符传播错误，需要更改数据库方法签名以返回 Result 类型。如之前所见，Result 类型表示出错的可能性。它提供了一种方法来表示任何计算或函数调用中两个可能结果中的一个：Ok(val)表示成功，其中 val 是成功计算的结果；Err(err)表示错误，其中 err 是计算返回的错误。

在数据库获取函数中，定义了以下两种可能的结果。

- 如果数据库访问成功，则返回课程的 vector：Vec<Course>。
- 如果数据库获取失败，则返回 EzyTutorError 类型的错误。

如果重新审视数据库获取操作末尾的 await?表达式，可以将其解释为如果数据库访问失败，则将 sqlx 数据库 error 转换为 EzyTutorError 类型的错误并从函数返回。在这种失败情况下，调用处理器函数将从数据库访问函数接收回 EzyTutorError 类型的错误。

代码清单 5.4 是 db_access.rs 中修改后的代码。注释中解释了这些更改。

代码清单 5.4 检索导师课程的方法中的错误处理

```
pub async fn get_courses_for_tutor_db(
  pool: &PgPool,
  tutor_id: i32,
)-> Result<Vec<Course>, EzyTutorError> {     ◄── 该函数返回 Result<T> 类型，表示两种可能的结果：成功时为 Vec<Course>，失败时为 EzyTutorError 错误类型
   // 准备 SQL 语句
  let course_rows = sqlx::query!(
      "SELECT tutor_id, course_id, course_name,
      ➥ posted_time FROM ezy_course_c5 where tutor_id = $1",
      tutor_id
  )
  .fetch_all(pool)
  .await?;     ◄── 将 await.unwrap()替换为.await?。将 sqlx 错误转换为 EzyTutorError，并将其传播到调用 Web 处理器函数
   // 提取结果

  let courses: Vec<Course> = course_rows
    .iter()
    .map(|course_row| Course {
        course_id: course_row.course_id,
        tutor_id: course_row.tutor_id,
        course_name: course_row.course_name.clone(),
        posted_time: Some(chrono::NaiveDateTime::from(
        ➥ course_row.posted_time.unwrap())),
```

```
        })
        .collect();
    match courses.len(){
        0 => Err(EzyTutorError::NotFound(
            "Courses not found for tutor".into(),
        )),
        _ => Ok(courses),
    }
}
```

如果没有针对 tutor_id 的查询结果，则返回 EzyTutorError 类型的错误，为用户生成一条消息

找不到有效导师 ID 的课程是否真的是一个错误还可商榷。不过，暂时不做讨论，而是将其作为练习 Rust 错误处理的另一个机会。

还可以更改 iter4/handler.rs 中的调用处理器函数以合并错误处理。首先，添加以下代码：

```
use super::errors::EzyTutorError;
```

修改 get_courses_for_tutor()函数以返回 Result 类型：

```
pub async fn get_courses_for_tutor(
    app_state: web::Data<AppState>,
    path: web::Path<i32>,
)-> Result<HttpResponse, EzyTutorError> {
    let tutor_id = path.into_inner();
    get_courses_for_tutor_db(&app_state.db, tutor_id)
        .await
        .map(|courses| HttpResponse::Ok().json(courses))
}
```

更改 Web 处理器方法签名以返回 Result 类型

如果数据库调用成功，则处理 map 逻辑并返回查询结果列表

该调用被用于数据库访问函数。返回的任何错误都会由处理器函数传播到 Actix Web 框架，将其转换为 HTML 响应消息

显然已经完成了检索课程列表的错误处理实现。使用以下命令编译并运行代码：

```
cargo run --bin iter4
```

此处存在编译器错误。这是因为(?)运算符的作用，程序中引发的每个错误都应先转换为 EzyTutorError 类型。例如，如果使用 sqlx 访问数据库出现错误，则 sqlx 会返回 sqlx::error::DatabaseError 类型的错误，而 Actix 不知道如何处理它。必须告诉 Actix 如何将 sqlx 错误转换为自定义的 EzyTutorError 错误类型。

将代码清单 5.5 中的代码添加到 iter4/errors.rs 中。

代码清单 5.5 实现 EzyTutorError 的 From 和 Display trait

```
impl fmt::Display for EzyTutorError {
    fn fmt(&self, f: &mut fmt::Formatter)-> Result<(), fmt::Error> {
        write!(f, "{}", self)
    }
}

impl From<actix_web::error::Error> for EzyTutorError {
    fn from(err: actix_web::error::Error)-> Self {
        EzyTutorError::ActixError(err.to_string())
    }
```

这支持将 EzyTutorError 输出为可以发送给用户的字符串

这使得 Actix Web 错误可以使用问号(?)运算符转换为 EzyTutorError

```
}

impl From<SQLxError> for EzyTutorError {
    fn from(err: SQLxError)-> Self {
        EzyTutorError::DBError(err.to_string())
    }
}
```

这支持使用问号(?)运算符将来自 sqlx 的数据库错误转换为 EzyTutorError

现在已经对数据库访问代码和程序处理代码进行了必要的更改，合并了用于检索课程列表的错误处理。构建并运行代码：

```
cargo run --bin iter4
```

从浏览器访问以下 URL：

```
http://localhost:3000/courses/1
```

之后将显示课程列表。现在测试一下错误情况。使用无效的导师 ID 访问 API，如下所示。

```
http://localhost:3000/courses/10
```

应该会在浏览器中看到以下输出：

```
{"error_message":"Courses not found for tutor"}
```

这正如预期的那样。接下来尝试模拟另一种类型的错误：模拟 sqlx 数据库访问中的错误。在.env 文件中，将数据库 URL 更改为无效的用户 ID，如下所示。

```
DATABASE_URL=postgres://invaliduser:trupwd@127.0.0.1:5432/truwitter
```

重新启动 Web 服务：

```
cargo run --bin iter4
```

访问有效的 URL，如下所示。

```
http://localhost:3000/courses/1
```

即可在浏览器中看到以下错误消息：

```
{"error_message":"Database error"}
```

接下来花几分钟了解这里发生了什么。当提供无效的数据库 URL 时，Web 服务数据库访问功能会尝试从连接池创建连接并运行查询。此操作失败，并且 sqlx 客户端引发了 sqlx::error::DatabaseError 类型的错误。由于在 error.rs 中实现了 From trait，此错误已转换为自定义错误类型 EzyTutorError。

```
impl From<SQLxError> for EzyTutorError { }
```

然后，EzyTutorError 类型的错误从 db_access.rs 中的数据库访问函数传播到 handlers.rs 中的处理器函数。收到此错误后，处理器函数将其进一步传播到 Actix Web 框架，然后该框架将此错误转换为带有适当错误消息的 HTML 响应消息。

如何检查这个错误状态码？可以通过使用命令行 HTTP 客户端访问 URL 来验证。使用带有详细选项的 curl，如下所示。

```
curl -v http://localhost:3000/courses/1
```

终端将显示以下消息：

```
GET /courses/1 HTTP/1.1
> Host
: localhost:3000
> User-Agent: curl/7.64.1
> Accept: */*
>
< HTTP/1.1 500 Internal Server Error
```

回到 iter4/errors.rs 中的 status_code()函数。可注意到，数据库和 Actix 错误会返回 StatusCode::INTERNAL_SERVER_ERROR 状态码，并转换为 HTML 响应状态代码 500。这与 curl 生成的输出相匹配。

在继续之前，应确保已将.env 文件中的数据库 URL 用户名更正为正确的值，否则将来的测试会失败。

到此，已为第一个 API 实现了自定义错误处理。接下来还要确保测试脚本未被破坏。按如下方式运行测试。

```
cargo test --bin iter4
```

结果是编译器抛出错误。原因是测试脚本也必须被修改才能从处理程序接收错误响应。对 handlers.rs 中的测试脚本进行改动，如代码清单 5.6 所示。

代码清单 5.6 获取导师所有课程的测试脚本

```
#[actix_rt::test]
  async fn get_all_courses_success() {
      dotenv().ok();
      let database_url = env::var("DATABASE_URL").expect(
      ➥ "DATABASE_URL is not set in .env file");
      let pool: PgPool = PgPool::connect(&database_url).await.unwrap();
      let app_state: web::Data<AppState> = web::Data::new(AppState {
          health_check_response: "".to_string(),
          visit_count: Mutex::new(0),
          db: pool,
      });
      let tutor_id: web::Path<i32> = web::Path::from(1);
      let resp = get_courses_for_tutor(
      ➥ app_state, tutor_id).await.unwrap();
      assert_eq!(resp.status(), StatusCode::OK);
  }
```

注意，此处添加了.unwrap()。处理器方法返回 Result 类型，但还需要 HTTP 响应，因此使用了 unwrap

注意：Actix Web 不支持使用问号(?)运算符传播错误，因此必须使用 unwrap()或 expect()从 Result 类型中提取 HTTP 响应。

从命令行重新运行以下命令：

```
carto test get_all_courses_success --bin iter4
```

可以看到测试成功运行。

注意，前面的命令中仅运行了 get_all_courses_ success 测试用例。如果使用 cargo test --bin iter4 运行整个测试套件，就可能收到类似于以下内容的错误：

```
DBError("duplicate key value violates unique constraint")
```

这是因为每次运行测试套件时，都会将 course_id 为 3 的新记录插入表中。如果第二次运行测试，则该记录插入失败，因为 course_id 是表中的主键，并且不能有两条记录具有相同的 course_id。在这种情况下，只需要登录到 psql shell 并从 ezy_course_c5 表中删除 course_id 为 3 的条目。

不过，还有一个更简单的选择。使用#[ignore]注释告诉 Cargo 测试执行器忽略测试套件中的任何特定测试用例。按如下方式指定此注释：

```
#[ignore]
  #[actix_rt::test]
  async fn post_course_success(){
  }
```

现在便可以使用 cargo test --bin iter4 运行整个测试套件，在控制台上看到以下的内容。

```
running 3 tests
test handlers::tests::post_course_success ... ignored
test handlers::tests::get_all_courses_success ... ok
test handlers::tests::get_course_detail_test ... ok

test result: ok. 2 passed; 0 failed; 1 ignored; 0 measured; 0 filtered out
```

此时，post_course_success 测试用例已被忽略，并且其他两个测试运行完毕。

接下来，必须对其他两个 API 执行相同的步骤，更改数据库访问函数、处理器方法和测试脚本。

5.5 检索课程详情的错误处理

继续查看为第二个 API 合并错误处理以获取课程详情所需的改动。代码清单 5.7 为 db_access.rs 中更新的数据库访问代码。

代码清单 5.7 获取课程详情的函数中的错误处理

```
pub async fn get_course_details_db(pool: &PgPool, tutor_id: i32,
➥ course_id: i32)-> Result<Course, EzyTutorError> {
   // 准备 SQL 语句
   let course_row = sqlx::query!(
        "SELECT tutor_id, course_id, course_name, posted_time
        ➥ FROM ezy_course_c5 where tutor_id = $1 and course_id = $2",
        tutor_id, course_id
   )
```

函数返回 Result 类型，以便成功时从函数返回课程，失败时返回 EzyTutorError 类型的错误

```
    .fetch_one(pool)
    .await;
    if let Ok(course_row)= course_row {
     // 执行查询
    Ok(Course {
         course_id: course_row.course_id,
         tutor_id: course_row.tutor_id,
         course_name: course_row.course_name.clone(),
         posted_time: Some(chrono::NaiveDateTime::from(
         ➥ course_row.posted_time.unwrap())),
    })
  } else {
     Err(EzyTutorError::NotFound("Course id not found".into()))
  }
  }
```

如果指定的 course_id 在数据库中不可用，则返回自定义错误消息

更新以下处理器函数：

```
pub async fn get_course_details(
     app_state: web::Data<AppState>,
     path: web::Path<(i32, i32)>,
)-> Result<HttpResponse, EzyTutorError> {
     let(tutor_id, course_id)= path.into_inner();
     get_course_details_db(&app_state.db, tutor_id, course_id)
          .await
          .map(|course| HttpResponse::Ok().json(course))
}
```

更改处理器函数签名以返回 Result 类型

调用数据库访问函数以检索课程详情。如果成功，则在 HTTP 响应正文中返回课程详情

重启 Web 服务：

```
cargo run --bin iter4
```

访问有效的 URL，如下所示。

```
http://localhost:3000/courses/1/2
```

即可显示课程详情。接下来尝试访问无效课程 ID 的详情：

```
http://localhost:3000/courses/1/10
```

可在浏览器中看到以下错误消息。

```
{"error_message":"Course id not found"}
```

还可以更改 handlers.rs 中的测试脚本 async fn get_course_detail_test()以适应从处理器函数返回的错误。

```
let resp = get_course_details(app_state, parameters).await.unwrap();
```

注意，在对数据库访问函数的调用中添加了.unwrap()，以从 Result 类型中提取 HTTP 响应

使用以下命令运行测试。

```
cargo test get_course_detail_test --bin iter4
```

测试通过。接下来，合并发布新课程的错误处理。

5.6 发布新课程时的错误处理

遵循与其他两个 API 相同的步骤：修改数据库访问函数、处理器函数和测试脚本。先从 db_access.rs 中的数据库访问函数开始，如代码清单 5.8 所示。

代码清单 5.8 发布新课程的数据库访问函数中的错误处理

```
pub async fn post_new_course_db(
    pool: &PgPool,
    new_course: Course,
)-> Result<Course, EzyTutorError> {
    let course_row = sqlx::query!("insert into ezy_course_c5(
    ➥ course_id,tutor_id, course_name)values($1,$2,$3)
    ➥ returning tutor_id, course_id,course_name, posted_time",
    ➥ new_course.course_id, new_course.tutor_id, new_course.course_name)
    .fetch_one(pool)
    .await?;
    // 检索结果
    Ok(Course {
        course_id: course_row.course_id,
        tutor_id: course_row.tutor_id,
        course_name: course_row.course_name.clone(),
        posted_time: Some(chrono::NaiveDateTime::from(
        ➥ course_row.posted_time.unwrap())),
    })
}
```

该函数返回 Result 类型，其中成功插入数据库会返回新的课程详情，否则会返回错误

注意使用问号(?)运算符将 sqlx 错误转换为 EzyTutorError 类型，并将其传播回调用处理器函数

使用 Ok(<Course>)返回 Result 类型

接下来，更新处理器函数。

```
pub async fn post_new_course(
   new_course: web::Json<Course>,
   app_state: web::Data<AppState>,
)-> Result<HttpResponse, EzyTutorError> {
   post_new_course_db(&app_state.db, new_course.into())
       .await
       .map(|course| HttpResponse::Ok().json(course))
}
```

将处理器函数的返回值更改为 Result 类型

如果调用数据库访问函数成功，则返回新课程详细信息。失败会将错误传播到 Actix Web 框架

最后，更新 handlers.rs 中的测试脚本 async fn post_course_success()，以添加 unwrap() 对数据库访问函数的返回值进行处理。

```
#[actix_rt::test]
    async fn post_course_success(){
        // 这里不展示全部代码
        let resp = post_new_course(course_param, app_state).await.unwrap();
      assert_eq!(resp.status(), StatusCode::OK);
}
```

在处理程序返回的结果值上添加 unwrap()，用于从 post_new_course()数据库访问函数返回的 Result 类型中提取 HTTP 响应

使用以下命令重新构建并重新启动Web服务：

```
cargo run --bin iter4
```

从命令行发布新课程，如下所示。

```
curl -X POST localhost:3000/courses/ -H "Content-Type: application/json"
➥ -d '{"course_id":4, "tutor_id": 1,
➥ "course_name":"This is the fourth course!"}'
```

在浏览器上使用以下URL验证是否已添加新课程。

```
http://localhost:3000/courses/1/4
```

运行测试：

```
cargo test --bin iter4
```

所有三个测试都成功通过。

本章学习了如何将Web服务中遇到的不同类型的错误转换为自定义错误类型，以及如何将其转换为HTTP响应消息，从而在服务器发生错误时向客户端提供有意义的消息。在此过程中，不但能掌握Rust中错误处理的一些更精细的概念——这些概念可以应用于任何Rust应用程序，更重要的是，还可以了解如何优雅地处理故障、向用户提供有意义的反馈以及构建可靠且稳定的Web服务。同时，还为导师Web服务中的三个API实现了错误处理。Web服务不仅可处理数据库和Actix错误，还可以处理用户的无效输入。恭喜！

导师Web服务已能使用成熟的数据库来保存数据，并且具有强大的错误处理框架，可以随着功能的发展进一步定制。第6章将处理另一个现实情况：管理团队对产品需求的变化，以及用户的附加功能请求。Rust能经受住大规模代码重构的考验吗？拭目以待吧。

5.7 本章小结

- Rust 提供了一种健壮的错误处理方法，不但具有 Result 类型等功能、对 Result 类型进行操作的组合函数(例如 map 和 map_err)、使用 unwrap()以及 expect()、问号(?)运算符来减少样板代码，还能够使用 From trait 将错误从一种错误类型转换为另一种错误类型。
- Actix Web 构建在 Rust 的错误处理功能之上，包含自己的错误类型和 ResponseError trait。其支持 Rust 程序员定义自定义错误类型，并让 Actix Web 框架在运行时自动将它们转换为有意义的 HTTP 响应消息，以便发送回 Web 客户端或用户。此外，Actix Web 提供了内置的 From 实现来将 Rust 标准库错误类型转换为 Actix Error 类型，并且还提供了默认的 ResponseError trait 实现来将 Rust 标准库错误类型转换为 HTTP 响应消息。
- 在 Actix 中实现自定义错误处理涉及以下步骤。
  - 定义一个数据结构来表示自定义错误类型。

  - ◆ 定义自定义错误类型可采用的可能值(如，database 错误、not-found 错误等)。
  - ◆ 在自定义错误类型上实现 ResponseError trait。
  - ◆ 实现 From trait，将各种类型的错误(如 sqlx 错误或 Actix Web 错误)转换为自定义错误类型。
  - ◆ 更改数据库访问和路由处理器函数的返回值，以在出现错误时返回自定义错误类型。然后，Actix Web 框架会将自定义错误类型转换为适当的 HTTP 响应，并将错误消息嵌入 HTTP 响应的正文中。
- 为导师 Web 服务中的三个 API 中的每一个都添加了自定义错误处理。

第 6 章

增强 API 无畏重构

本章内容

- 改造项目结构
- 增强课程创建和管理的数据模型
- 启用导师注册和管理

在之前的章节中，我们介绍了 Rust 错误处理的基础知识以及如何为 Web 服务设计自定义错误处理。学完前面几章后，如何使用 Actix Web 框架构建 Web 服务、如何对关系数据库进行 CRUD 活动以及如何处理传入的数据和请求过程中发生的任何错误，你现在应该对这些内容已经有基本的了解。在本章中，我们将加快步伐，处理现实世界中无法避免的事情：变化。

每个活跃的 Web 服务或应用程序都会根据用户反馈或业务需求在其生命周期中显著发展。其中许多新要求可能意味着对 Web 服务或应用程序进行重大更改。在本章中，你将了解 Rust 如何帮助你应对涉及重大设计改动和重写现有代码重要部分的情况。你将利用 Rust 编译器的强大功能和该语言的特性，面带微笑地克服这一挑战。

在本章中，你将无所畏惧地对 Web 服务进行一些改动。你将重新设计课程的数据模型、添加课程路由、修改处理程序和数据库访问函数以及更新测试用例。你还将在应用程序中设计和构建一个新模块来管理导师信息并定义导师和课程之间的关系。你将增强 Web 服务的错误处理功能以覆盖边缘情况。如果这还不够，你还可以全面修改项目代码和目录结构，以将代码整齐地在 Rust 模块间隔离。

没有时间可以浪费了；我们行动吧。

6.1 改造项目结构

在上一章中，我们重点介绍了基础课程数据的创建和维护。在本章中，我们将增强课程模块并添加创建和维护导师信息的功能。随着代码库规模的增长，这是重新考虑项目结构的好时机。因此，我们首先将项目重新组织结构，当应用程序变得更大、更复杂时，该结构将有助于代码的开发和维护。

图 6.1 展示了两个视图。左边是我们开始的项目结构(第 5 章的结构)。右边是我们的最终结构。

第5章的项目结构

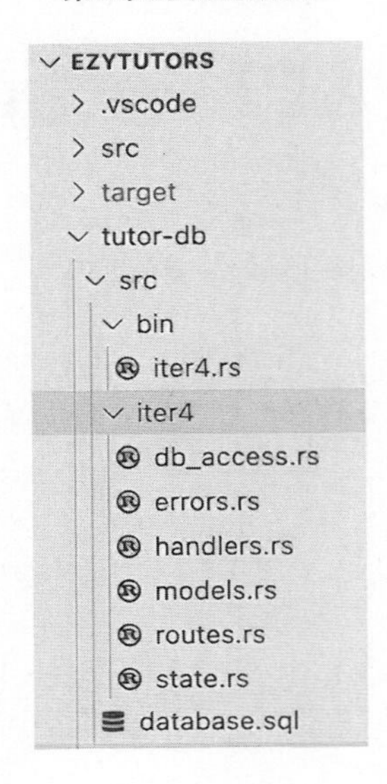

第6章的项目结构

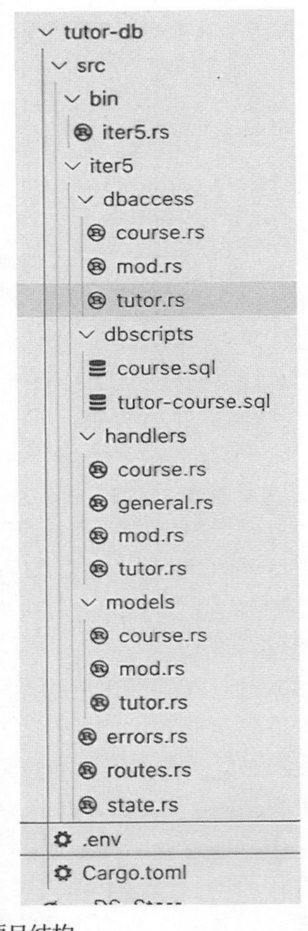

图 6.1 第 5 章和第 6 章的项目结构

你会注意到的主要变化是，在建议的项目结构中，数据库访问、处理程序和模型不是单个文件，而是目录。课程和导师的数据库访问代码将组织在 dbaccess 目录下。对于模型和处理程序也是如此。这种方法将减少单个文件的长度，同时使我们能够更快地导航到我们正在寻找的内容，尽管它增加了项目结构的一些复杂性。

在开始之前，让我们设置 PROJECT_ROOT 环境变量以指向项目根目录的完整路径(ezytutors/tutor_db)。

```
export PROJECT_ROOT=<full-path-to ezytutors/tutor-db folder>
```

验证其设置是否正确，如下所示。

```
echo $PROJECT_ROOT
```

此后，术语 project root 将指存储在$PROJECT_ROOT 环境变量中的目录路径。本章中对其他文件的引用将针对项目根目录进行。

代码结构描述如下。

- $PROJECT_ROOT/src/bin/iter5.rs—— main()函数。
- $PROJECT_ROOT/src/iter5/routes.rs——包含路由。这将继续是包含所有路由的单个文件。
- $PROJECT_ROOT/src/iter5/state.rs——应用程序状态，包含注入应用程序执行的每个线程中的依赖项。
- $PROJECT_ROOT/src/iter5/errors.rs——自定义错误数据结构和关联的错误处理函数。
- $PROJECT_ROOT/.env——包含数据库访问凭证的环境变量。不应将此文件签入代码仓库。
- $PROJECT_ROOT/src/iter5/dbscripts——创建 Postgres 脚本的数据库表。
- $PROJECT_ROOT/src/iter5/handlers：
  - $PROJECT_ROOT/src/iter5/handlers/course.rs——与课程相关的处理器函数。
  - $PROJECT_ROOT/src/iter5/handlers/tutor.rs——与导师相关的处理器函数。
  - $PROJECT_ROOT/src/iter5/handlers/general.rs——运行状况检查处理器函数。
  - $PROJECT_ROOT/src/iter5/handlers/mod.rs——将目录 handlers 转换为 Rust 模块，以便 Rust 编译器知道如何查找依赖文件。
- $PROJECT_ROOT/src/iter5/models:
  - $PROJECT_ROOT/src/iter5/models/course.rs——与课程相关的数据结构和实用方法。
  - $PROJECT_ROOT/src/iter5/models/tutor.rs——与导师相关的数据结构和实用方法。
  - $PROJECT_ROOT/src/iter5/models/mod.rs——将目录models转换为Rust模块，以便 Rust 编译器知道如何查找依赖文件。
- $PROJECT_ROOT/src/iter5/dbaccess:
  - $PROJECT_ROOT/src/iter5/dbaccess/course.rs——与课程相关的数据库访问方法。
  - $PROJECT_ROOT/src/iter5/dbaccess/tutor.rs——与导师相关的数据库访问方法。
  - $PROJECT_ROOT/src/iter5/dbaccess/mod.rs——将 dbaccess 目录转换为 Rust 模块，以便 Rust 编译器知道如何查找依赖文件。

从第 5 章的 iter4 目录中复制代码作为本章的起点。然后，在不添加任何新功能的情况下，我们将把第 5 章的现有代码重新组织到这个新的项目结构中。

按着这些次序。

(1) 将$PROJECT_ROOT/src/bin/iter4.rs 重命名为$PROJECT_ROOT/src/bin/iter5.rs。

(2) 将$PROJECT_ROOT/src/iter4 目录重命名为$PROJECT_ROOT/src/iter5。

(3) 在$PROJECT_ROOT/src/iter5 下，创建三个子目录：dbaccess、models 和 handlers。

(4) 将$PROJECT_ROOT/src/iter5/models.rs 移动并重命名为$PROJECT_ROOT/src/iter5/models/course.rs。

(5) 在$PROJECT_ROOT/src/iter5/models 目录下再创建两个文件：tutor.rs 和 mod.rs。暂时将这两个文件留空。

(6) 将$PROJECT_ROOT/src/iter5/dbaccess.rs 移动并重命名为$PROJECT_ROOT/src/iter5/dbaccess/course.rs。

(7) 在$PROJECT_ROOT/src/iter5/dbaccess 目录下再创建两个文件：tutor.rs 和 mod.rs。暂时将这两个文件留空。

(8) 将$PROJECT_ROOT/src/iter5/handlers.rs 移动并重命名为$PROJECT_ROOT/src/iter5/handlers/course.rs。

(9) 在$PROJECT_ROOT/src/iter5/handlers 目录下再创建三个文件：tutor.rs、general.rs 和 mod.rs。暂时将这三个文件留空。

(10) 创建一个名为$PROJECT_ROOT/src/iter5/dbscripts 的目录。将项目目录中现有的 database.sql 文件移动并重命名到该目录，并将其重命名为 course.sql。我们稍后会修改这个文件。

在此阶段，确保你的项目结构类似于图 6.1 所示。接下来，我们将修改现有代码以适应这个新结构。

(1) 在$PROJECT_ROOT/src/iter5/dbaccess 和$PROJECT_ROOT/src/iter5/models 目录下的 mod.rs 文件中，添加以下代码。

```
pub mod course;
pub mod tutor;
```

这告诉 Rust 编译器，将目录$PROJECT_ROOT/src/iter5/models 和$PROJECT_ROOT/src/iter5/dbaccess 的内容视为 Rust 模块。例如，这允许我们在另一个源文件中引用和使用 Course 数据结构，如下所示。

```
use crate::models::course::Course;
```

注意目录结构和模块组织之间的相似性。

(2) 同样，在$PROJECT_ROOT/src/iter5/handlers 下的 mod.rs 文件中添加以下代码。

```
pub mod course;
pub mod tutor;
pub mod general;
```

(3) 将以下代码添加到$PROJECT_ROOT/src/iter5/handlers/general.rs。

```
use super::errors::EzyTutorError;
use super::state::AppState;
use actix_web::{web, HttpResponse};
```

此外，将函数 pub async fn health_check_handler(){..}从$PROJECT_ROOT/src/iter5/handlers/course.rs 移动到$PROJECT_ROOT/src/iter5/handlers/general.rs。

(4) 现在让我们转到 main()函数。在$PROJECT_ROOT/src/bin/iter5 中，调整模块声明

路径，如下所示。

```
#[path = "../iter5/dbaccess/mod.rs"]
mod dbaccess;
#[path = "../iter5/errors.rs"]
mod errors;
#[path = "../iter5/handlers/mod.rs"]
mod handlers;
#[path = "../iter5/models/mod.rs"]
mod models;
#[path = "../iter5/routes.rs"]
mod routes;
#[path = "../iter5/state.rs"]
mod state;
```

(5) 调整$PROJECT_ROOT/src/iter5/dbaccess/course.rs 中的模块导入路径，如下所示。

```
use crate::errors::EzyTutorError;
use crate::models::course::Course;
```

(6) 调整$PROJECT_ROOT/src/iter5/handlers/course.rs 中的模块导入路径，如下所示。

```
use crate::dbaccess::course::*;
use crate::errors::EzyTutorError;
use crate::models::course::Course;
```

(7) 最后，调整$PROJECT_ROOT/src/iter5/routes.rs 中的模块路径，如下所示。

```
use crate::handlers::{course::*, general::*};
```

在此代码重构练习中，确保你不删除任何其他现有导入语句，例如与 Actix Web 相关的导入语句。我没有提到这些是因为它们的模块路径没有改变。

现在，从项目根目录，使用以下命令检查编译错误。

```
cargo check
```

你还可以运行测试脚本，它应该成功执行。

```
cargo test
```

如果有任何错误，请重新检查每个步骤。

恭喜，你已成功完成将项目代码重构为新结构。

回顾一下，我们将代码拆分为多个较小的文件，每个文件执行特定的功能(符合软件工程中的单一职责原则)。此外，我们将相关文件分组到公共目录下。例如，导师和课程的数据库访问代码现在位于单独的源文件中，而这两个源文件都放在一个 dbaccess 目录下。我们(通过使用 Rust 模块)明确分离了处理器函数、数据库访问、数据模型、路由、错误、数据库脚本、应用程序状态和错误处理的命名空间。这种直观的项目结构和文件命名使可能参与审查和修改代码仓库的多个开发人员之间能够进行协作，它缩短了新团队成员的准备时间，并减少了缺陷修复和代码迭代的发布时间。

请注意，这种类型的结构对于小型项目来说可能有些过大。你重构代码的决定应基于代码和功能复杂性随时间的演变情况。

我们现在可以从下一节开始专注于功能强化。

6.2 强化课程创建和管理的数据模型

在本节中，我们将强化与课程相关的 API。这将涉及 Rust 数据模型、数据库表结构、路由、处理程序和数据库访问函数的更改。

图 6.2 显示了课程相关 API 的最终代码结构。图中列出了与课程相关的 API 路由，以及相应处理程序和数据库访问函数的名称。

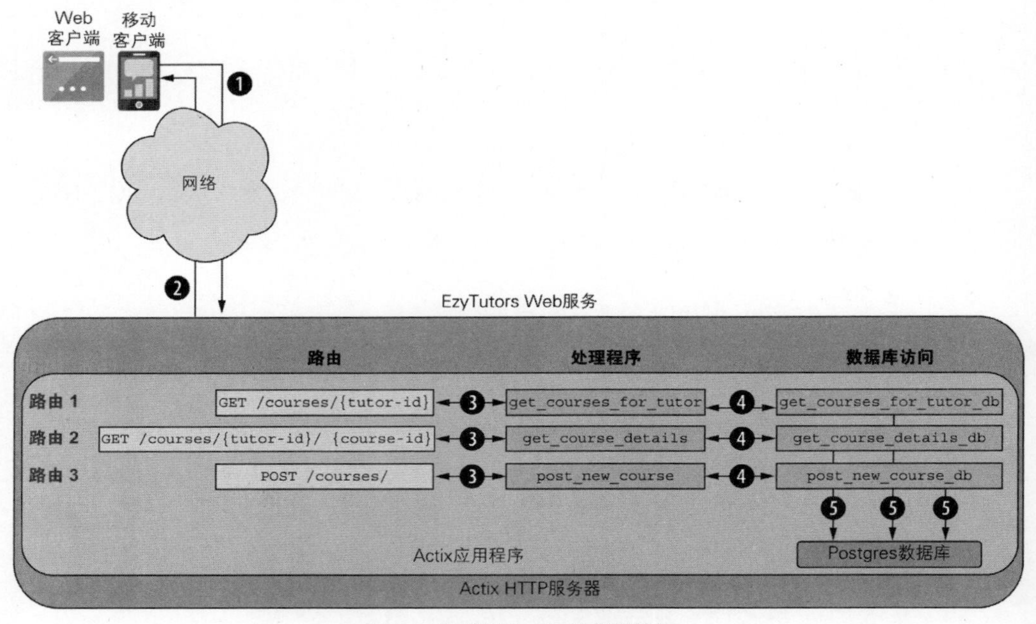

图 6.2 课程相关 API 的代码结构

请注意数据库访问函数的一般命名约定：它们通过使用相应的处理器函数名称并以 db 为后缀来命名。

让我们首先查看$PROJECT_ROOT/src/iter5/models/course.rs 中当前的课程数据模型：

```
pub struct Course {
    pub course_id: i32,
    pub tutor_id: i32,
    pub course_name: String,
    pub posted_time: Option<NaiveDateTime>,
}
```

这个数据结构已经达到了它的目的，但它比较基本。是时候添加更多现实世界的属性来描述课程了。让我们强化 Course 结构以添加以下详细信息。

- 描述(description) ——描述课程的文本信息，以便未来的学生可以决定该课程是否适合他们。
- 格式(format) ——课程可以多种格式提供，例如自定进度的视频课程、电子书格式或讲师指导的现场培训。
- 课程结构(structure of course) ——目前，我们将允许导师上传描述课程的文档(例如 PDF 格式的小册子)。
- 课程持续时间(duration of course) ——课程的长度。这通常是根据视频课程的视频录制时长、现场培训时长或电子书的建议学习时长来描述的。
- 价格(price) ——我们将以美元指定课程价格。
- 语言(language) ——我们希望 Web 应用程序拥有国际受众，因此我们允许使用多种语言的课程。
- 级别(level) ——表示课程针对的学生的级别。可能的值包括初学者(Beginner)、中级(Intermediate)和专家(Expert)。

在下一节中，我们将更改 Rust 数据模型。

6.2.1 更改数据模型

让我们开始进行更改，从文件导入开始。这是原始的导入集：

```
use actix_web::web;
use chrono::NaiveDateTime;
use serde::{Deserialize, Serialize};
```

让我们更改课程数据结构以合并我们希望捕获的其他数据元素。以下是$PROJECT_ROOT/src/iter5/models/course.rs 中更新的 Course 数据结构。

```
#[derive(Serialize, Debug, Clone, sqlx::FromRow)]
pub struct Course {
    pub course_id: i32,
    pub tutor_id: i32,
    pub course_name: String,
    pub course_description: Option<String>,
    pub course_format: Option<String>,
    pub course_structure: Option<String>,
    pub course_duration: Option<String>,
    pub course_price: Option<i32>,
    pub course_language: Option<String>,
    pub course_level: Option<String>,
    pub posted_time: Option<String>,
}
```

请注意，我们声明了一个结构体，它具有三个必填字段：course_id、tutor_id 和 course_name。其余字段是可选的(由 Option<T>类型表示)。这反映了数据库中的课程记录可能没有这些可选字段的值。

我们还自动派生了一些 trait。Serialize 使我们能够将 Course 结构体的字段发送回 API 客户端。Debug 允许在开发周期中打印结构体的值。Clone 将帮助我们复制字符串值，同时遵守 Rust 所有权模型。sqlx::FromRow 允许在从数据库读取值时将数据库记录自动转换为 Course 结构。当我们编写数据库访问函数时，将看看如何实现此功能。

如果我们查看 Course 数据结构，有两个字段，posted_time 和 course_id，我们计划在数据库层自动生成。虽然我们需要这些字段来完全表示课程记录，但不需要 API 客户端发送这些值。那么如何处理课程的这些不同表示呢？

下面我们创建一个单独的数据结构，其中仅包含与创建新课程的前端相关的字段。这是新的 CreateCourse 结构体：

```
#[derive(Deserialize, Debug, Clone)]
pub struct CreateCourse {
    pub tutor_id: i32,
    pub course_name: String,
    pub course_description: Option<String>,
    pub course_format: Option<String>,
    pub course_structure: Option<String>,
    pub course_duration: Option<String>,
    pub course_price: Option<i32>,
    pub course_language: Option<String>,
    pub course_level: Option<String>,
}
```

在此结构体中，当我们指定创建新课程时，tutor_id 和 course_id 是必填字段；就 API 客户端而言，其余的都是可选的。但是，对于导师 Web 服务，course_id 和 posted_time 也是创建新课程的必填字段——这些将在内部自动生成。

你还会注意到，我们为 CreateCourse 派生了 Deserialize trait，还为 Course 派生了 Serialize trait。你认为我们为什么要这样做？

这是因为 CreateCourse 结构体的作用是将用户的输入作为 HTTP 请求正文的一部分传送到 Web 服务。因此，Actix Web 框架需要一种方法将通过网络传入的数据反序列化到 CreateCourse Rust 结构体中。

请注意，对于 HTTP 请求，API 客户端会序列化数据负载以进行传输，而接收端的 Actix 框架会将数据反序列化回合适的形式以供应用程序处理。更准确地说，Actix Web 框架将传入的数据负载序列化为 Actix web::Json<CreateCourse>数据类型，但我们的应用程序不理解这种类型。我们必须将此 Actix 类型转换为常规 Rust 结构。

我们将实现 Rust From trait 来编写转换函数，然后每当收到 HTTP 请求来创建新课程时，我们就可以在运行时调用该函数。

```
impl From<web::Json<CreateCourse>> for CreateCourse {

    fn from(new_course: web::Json<CreateCourse>)-> Self {
        CreateCourse {
            tutor_id: new_course.tutor_id,
            course_name: new_course.course_name.clone(),
            course_description: new_course.course_description.clone(),
            course_format: new_course.course_format.clone(),
            course_structure: new_course.course_structure.clone(),
            course_level: new_course.course_level.clone(),
```

```
                course_duration: new_course.course_duration.clone(),
                course_language: new_course.course_language.clone(),
                course_price: new_course.course_price,
            }
        }
}
```

这种转换相对简单，但如果转换过程中出现错误，我们将使用 TryFrom trait 而不是 From trait。例如，如果我们调用返回 Result 的 Rust 标准库函数，可能会发生错误，例如将字符串值转换为整数。

你可以从 Rust 标准库导入 TryFrom trait：

```
use std::convert::TryFrom;
```

然后你需要实现 try_from 函数并声明 Error 的类型，如果处理出现问题，Error 将被返回。

```
impl TryFrom<web::Json<CreateCourse>> for CreateCourse {
    type Error = EzyTutorError;

    fn try_from(new_course: web::Json<CreateCourse>)->
    ➥ Result<Self, Self::Error> {
      Ok(CreateCourse {
            tutor_id: new_course.tutor_id,
            course_name: new_course.course_name.clone(),
            course_description: new_course.course_description.clone(),
            course_format: new_course.course_format.clone(),
            course_structure: new_course.course_structure.clone(),
            course_level: new_course.course_level.clone(),
            course_duration: new_course.course_duration.clone(),
            course_language: new_course.course_language.clone(),
            course_price: new_course.course_price,
      })
    }
}
```

请注意，Error 是与 TryFrom trait 关联的类型占位符。我们将其声明为 EzyTutorError 类型，因为我们希望将所有错误处理与 EzyTutorError 类型统一。在函数内出现故障时，可以引发 EzyTutorError 类型的错误。

然而，就我们此处的目的而言，使用 From trait 就足够了，因为我们预计在此转换期间不会出现任何失败情况。此处显示 TryFrom trait 的使用仅是为了演示在需要时如何使用它。

现在有一种方法可以从 API 客户端接收数据来创建新课程。那课程怎样更新呢？可以使用相同的 CreateCourse 结构体吗？不可以。在更新课程时，我们不希望允许修改 tutor_id，我们不希望由一位导师创建的课程切换到另一位导师。另外，CreateCourse 结构体中的 course_name 字段是必需的。当我们更新课程时，不想强迫用户每次都更新名字。

让我们创建另一个更适合更新课程详细信息的结构体：

```
#[derive(Deserialize, Debug, Clone)]
pub struct UpdateCourse {
```

```
    pub course_name: Option<String>,
    pub course_description: Option<String>,
    pub course_format: Option<String>,
    pub course_structure: Option<String>,
    pub course_duration: Option<String>,
    pub course_price: Option<i32>,
    pub course_language: Option<String>,
    pub course_level: Option<String>,
}
```

请注意，此处的所有字段都是可选的，为了获得良好的用户体验，应该这样做。

我们还必须为 UpdateCourse 编写一个 From trait 实现，类似于 CreateCourse 的实现。如以下代码所示：

```
impl From<web::Json<UpdateCourse>> for UpdateCourse {
    fn from(update_course: web::Json<UpdateCourse>)-> Self {
        UpdateCourse {
            course_name: update_course.course_name.clone(),
            course_description: update_course.course_description.clone(),
            course_format: update_course.course_format.clone(),
            course_structure: update_course.course_structure.clone(),
            course_level: update_course.course_level.clone(),
            course_duration: update_course.course_duration.clone(),
            course_language: update_course.course_language.clone(),
            course_price: update_course.course_price,
        }
    }
}
```

在我们忘记之前，在$PROJECT_ROOT/src/iter5/models/course.rs 文件中，删除从 web::Json<Course>转换为 Course 结构体的 From trait 实现。现在有单独的结构体用于从用户接收数据(CreateCourse 和 UpdateCourse)和发送回数据(Course)。

课程数据结构的数据模型更改到此结束，但我们还没有完成。我们必须更改物理数据库表的模型才能添加新字段。

在$PROJECT_ROOT/src/iter5/dbscripts 目录的 course.sql 文件下，添加以下数据库脚本。

```
/* 如果已存在，则删除表*/

drop table if exists ezy_course_c6;

/* 创建表， */
/* 注意，最后一个字段后不要放逗号 */

create table ezy_course_c6
(
    course_id serial primary key,
    tutor_id INT not null,
    course_name varchar(140)not null,
    course_description varchar(2000),
    course_format varchar(30),
```

```
    course_structure varchar(200),
    course_duration varchar(30),
    course_price INT,
    course_language varchar(30),
    course_level varchar(30),
    posted_time TIMESTAMP default now()
);
```

请注意与我们在上一章中编写的脚本相比的主要变化。

- 数据库表名称现在带有 c6 后缀。这使我们能够独立测试每一章的代码。
- 我们在 Course 数据结构中设计的附加数据元素反映在表创建脚本中。
- 为 tutor_id 和 course_name 指定 NOT NULL 约束。这将由数据库强制执行，如果没有这些列，我们将无法添加记录。另外，course_id 被标记为主键，posted_time 默认情况下自动设置为当前时间，也在数据库级别强制执行。没有 NOT NULL 约束的字段是可选列。如果你回顾 Course 结构体，你会注意到这些列也是在 Course 中标记为 Option<T>类型的那些列。这样，我们就将数据库列约束与 Rust 结构体对齐了。

要测试数据库脚本，请从命令行运行以下命令。确保指定了脚本文件的正确路径：

```
psql -U <user-name> -d ezytutors <<path.to.file>/course.sql
```

将<user-name>和<path.to.file> 替换为适当的值，并在出现提示时输入密码。你应该看到脚本成功执行。

要验证表确实已根据脚本规范创建，请使用以下命令登录 psql shell。

```
psql -U <user-name> -d ezytutors
\d                      ← 显示关系列表(表)
\d+ ezy_course_c6       ← 显示表中的列名
\q                      ← 退出 psql shell
```

创建新表后，需要给数据库用户授予权限。从终端命令行运行以下命令：

```
psql -U <user-name> -d ezytutors         // 登录psql shell
GRANT ALL PRIVILEGES ON TABLE __ezy_course_c6__ to <user-name>
\q                                 // 退出psql shell
```

将<user-name> 替换为你的用户名，该用户名应与你在.env 文件中配置的用户名相同。请注意，你还可以选择在创建表后直接执行此步骤作为数据库脚本的一部分。

至此，我们结束了数据模型的更改。在下一小节中，我们将对 API 处理逻辑进行更改以适应数据模型的改动。

6.2.2 更改课程 API

在上一节中，我们强化了 Course 的数据模型并创建了新的数据库脚本来为设计的 Course 创建新的结构。

现在必须修改应用程序逻辑以合并数据模型更改。要验证这一点，只需要从项目根目录运行以下命令。

```
cargo check
```

你将看到数据库访问和处理器函数中存在需要修复的错误。我们现在就这样做吧。

我们将从$PROJECT_ROOT/src/iter5/routes.rs 中的路由开始。将代码修改为如下所示：

```
use crate::handlers::{course::*, general::*};
use actix_web::web;

pub fn general_routes(cfg: &mut web::ServiceConfig) {
     cfg.route("/health", web::get().to(health_check_handler));
}

pub fn course_routes(cfg: &mut web::ServiceConfig) {
   cfg.service(
        web::scope("/courses")
           .route("", web::post().to(post_new_course))
           .route("/{tutor_id}", web::get().to(get_courses_for_tutor))
           .route("/{tutor_id}/{course_id}", web::get().to(get_course_details))
           .route(
                  "/{tutor_id}/{course_id}",
                  web::put().to(update_course_details),
           )
           .route("/{tutor_id}/{course_id}", web::delete().to(delete_course)),
   );
}
```

显示关系列表(表)
HTTP GET 请求来检索给定导师的所有课程
HTTP GET 请求来获取给定课程的详情
HTTP PUT 请求来更新课程详情
HTTP DELETE 请求来删除课程条目

在以上代码中，你应该注意以下几点。

- 我们从两个模块导入处理器函数—— crate::handlers::course 和 crate::handlers::general。
- 我们为各种路由使用适当的 HTTP 方法——post()方法用于创建新课程，get()方法用于检索单个课程或课程列表，put()方法用于更新课程，delete()方法用于删除课程。
- 我们使用 URL 路径参数，{tutor_id}和{course_id}，来标识要操作的特定资源。

你可能想知道，作为数据模型的一部分而设计的 CreateCourse 和 UpdateCourse 结构体，用于创建和更新课程记录，为什么它们在路由定义中不可见？这是因为这些结构体作为 HTTP 请求负载的一部分发送，Actix 自动提取该负载并将其提供给相应的处理器函数。Actix Web 中仅将 URL 路径参数、HTTP 方法和路由处理器函数名称指定为路由声明的一部分。

接下来让我们关注$PROJECT_ROOT/src/iter5/handlers/course.rs 中的处理器函数。以下是模块导入：

```
use crate::dbaccess::course::*;
use crate::errors::EzyTutorError;
use crate::models::course::{CreateCourse, UpdateCourse};
use crate::state::AppState;
use actix_web::{web, HttpResponse};
```

首先，回想一下，只要 HTTP 请求到达 routes.rs 中定义的路由之一，就会调用处理器函数。例如，就 courses 而言，它可以是用于检索导师课程列表的 GET 请求或用于创建新课程的 POST 请求。与每个有效课程路由相对应的处理器函数将被存储在该文件中。

处理器函数反过来利用 Course 数据模型和数据库访问函数，这些都反映在模块导入中。

在这里，我们导入数据库访问函数(因为处理程序将调用它们)、自定义错误类型、Course 模型中的数据结构、AppState(用于数据库连接池)以及与客户端前端 HTTP 通信所需的 Actix 实用程序。

我们来一一写下路由对应的各种处理器函数。以下是检索导师所有课程的处理程序方法：

```
pub async fn get_courses_for_tutor(
     app_state: web::Data<AppState>,
     path: web::Path<i32>,
)-> Result<HttpResponse, EzyTutorError> {
     let tutor_id = path.into_inner();
     get_courses_for_tutor_db(&app_state.db, tutor_id)
          .await
          .map(|courses| HttpResponse::Ok().json(courses))
}
```

该函数接受一个引用 tutor_id 的 URL 路径参数，该参数封装在 Actix 数据结构 web::Path<i32>中。该函数返回一个 HTTP 响应，其中包含请求的数据或错误消息。

处理器函数依次调用 get_courses_for_tutor_db 数据库访问函数来访问数据库并检索课程列表。数据库访问函数的返回值通过 Rust 中的 map 进行处理，该结构使用成功代码构建有效的 HTTP 响应消息，并将课程列表作为 HTTP 响应正文的一部分发送回来。

如果访问数据库时出现错误，数据库访问函数会引发 EzyTutorError 类型的错误，然后该错误会传播回处理器函数，此错误会转换为 Actix 错误类型并通过有效的 HTTP 发送回客户端响应消息。此错误的转换由 Actix 框架处理，前提是应用程序在 EzyTutorError 类型上实现了 Actix ResponseError trait，正如我们在上一章中所做的那样。

接下来看一下检索单个课程记录的代码，如下所示。

```
pub async fn get_course_details(
     app_state: web::Data<AppState>,
     path: web::Path<(i32, i32)>,
)-> Result<HttpResponse, EzyTutorError> {
     let(tutor_id, course_id)= path.into_inner();
     get_course_details_db(&app_state.db, tutor_id, course_id)
          .await
          .map(|course| HttpResponse::Ok().json(course))
}
```

与前面的函数类似，调用此函数以响应 HTTP::GET 请求。不同之处在于，这里我们将收到 tutor_id 和 course_id 作为 URL 路径参数的一部分，这将帮助我们唯一地标识数据库中的单个课程记录。

请注意，在调用相应的数据库访问函数时，请注意在这些处理器函数中使用了.await 关键字。由于我们使用的数据库访问库 sqlx 使用异步方式连接数据库，因此使用.await 关键字表示与数据库通信的异步调用。

继续，下面是发布新课程的处理器函数的代码。

```
pub async fn post_new_course(
```

```
    new_course: web::Json<CreateCourse>,
    app_state: web::Data<AppState>,
)-> Result<HttpResponse, EzyTutorError> {
    post_new_course_db(&app_state.db, new_course.into()?)
        .await
        .map(|course| HttpResponse::Ok().json(course))
}
```

对于在 routes.rs 文件中指定的路由上接收到的 HTTP::POST 请求，将调用此处理器函数。Actix 框架反序列化此 POST 请求的 HTTP 请求正文，并使数据可供 web::Json<CreateCourse>数据结构中的 post_new_course()处理器函数使用。

回想一下，我们编写了一个方法，从 web::Json<CreateCourse>转换为 CreateCourse 结构体，作为 models/course.rs 文件中 From trait 实现的一部分，我们使用表达式 new_course.into()? 在处理器函数中调用它。如果我们使用 TryFrom trait 实现转换函数而不是 From trait，那么将使用 new_course.try_info()?触发转换，这里的?表示转换函数可能返回一个错误。

在此处理器函数中，创建新课程后，数据库访问函数返回新创建的课程记录，然后这个数据会从 Web 服务中发送回来，包含在一个 HTTP 响应消息的正文中。

接下来，我们看一下删除课程的处理器函数。

```
pub async fn delete_course(
    app_state: web::Data<AppState>,
    path: web::Path<(i32, i32)>,
)-> Result<HttpResponse, EzyTutorError> {
    let(tutor_id, course_id)= path.into_inner();
    delete_course_db(&app_state.db, tutor_id, course_id)
        .await
        .map(|resp| HttpResponse::Ok().json(resp))
}
```

该处理器函数是为了响应 HTTP::DELETE 请求而调用的。处理器函数调用 delete_course_db 数据库访问函数来执行数据库中课程记录的实际删除。收到确认成功删除的消息后，处理器函数将其作为 HTTP 响应的一部分发送回来。

以下是用于更新课程详细信息的处理器函数：

```
pub async fn update_course_details(
    app_state: web::Data<AppState>,
    update_course: web::Json<UpdateCourse>,
    path: web::Path<(i32, i32)>,
)-> Result<HttpResponse, EzyTutorError> {
    let(tutor_id, course_id)= path.into_inner();
    update_course_details_db(&app_state.db, tutor_id,
    ➥ course_id, update_course.into())
        .await
        .map(|course| HttpResponse::Ok().json(course))
}
```

调用此处理器函数以响应在 routes.rs 文件中指定路由上的 HTTP::PUT 请求。它接收两个 URL 路径参数，tutor_id 和 course_id，用于唯一标识数据库中的课程。要修改的课程的输入参数作为 HTTP 请求正文的一部分从 Web 前端发送到 Actix Web 服务器路由，Actix 将其作为 web::Json::UpdateCourse 提供给处理器函数。

请注意 update_course.into()表达式的使用。这是用来将 web::json::UpdateCourse 转换到 UpdateCourse 结构体。为了实现这一目标，我们之前在 models/course.rs 文件中实现了 From trait。

然后，更新后的课程详细信息将作为 HTTP 响应消息的一部分发回。

我们还为处理器函数编写单元测试用例。在 handlers/course.rs 文件中，我们将在测试模块中添加测试用例和模块导入(在处理器函数的代码之后)，如下所示。

```
#[cfg(test)]
mod tests {
    // 这里编写测试用例
}
```

让我们首先添加模块导入：

```
use super::*;
use actix_web::http::StatusCode;
use actix_web::ResponseError;
use dotenv::dotenv;
use sqlx::postgres::PgPool;
use std::env;
use std::sync::Mutex;
```

现在让我们从获取导师所有课程的测试用例开始。

```
#[actix_rt::test]
async fn get_all_courses_success(){
    dotenv().ok();
    let database_url = env::var("DATABASE_URL").expect(
    ➥ "DATABASE_URL is not set in .env file");
    let pool: PgPool = PgPool::connect(&database_url).await.unwrap();
    let app_state: web::Data<AppState> = web::Data::new(AppState {
        health_check_response: "".to_string(),
        visit_count: Mutex::new(0),
        db: pool,
    });
    let tutor_id: web::Path<i32> = web::Path::from(1);
    let resp = get_courses_for_tutor(
    ➥ app_state, tutor_id).await.unwrap();
    assert_eq!(resp.status(), StatusCode::OK);
}
```

从.env 文件中加载环境变量

从环境变量中获取 DATABASE_URL，如果变量没有设置，代码会 panic(崩溃)并显示错误消息

构造 Postgres 数据库连接池

构造应用程序状态，Actix Web 将其作为依赖项注入每个处理器函数中。数据库连接池是应用程序状态的一部分，数据库访问函数需要它

通过使用 from()方法构造值为 1 的 web::Path 提取器，来模拟 URL 路径参数 tutor_id

调用处理器函数

使用预期的状态码检查处理器函数的返回值

以下是检索单个课程的测试用例。

```
#[actix_rt::test]
async fn get_course_detail_success_test(){
```

```
    dotenv().ok();
    let database_url = env::var("DATABASE_URL").expect(
    ➥ "DATABASE_URL is not set in .env file");
    let pool: PgPool = PgPool::connect(&database_url).await.unwrap();
    let app_state: web::Data<AppState> = web::Data::new(AppState {
        health_check_response: "".to_string(),
        visit_count: Mutex::new(0),
        db: pool,
    });
    let parameters: web::Path<(i32, i32)> = web::Path::from((1, 2));
    let resp = get_course_details(app_state, parameters).await.unwrap();
    assert_eq!(resp.status(), StatusCode::OK);
}
```

构造表示 tutor_id 和 course_id 的路径参数

测试函数与之前的测试函数基本相似，只是这里我们从数据库中检索单个课程。

如果我们提供无效的course_id或tutor_id，会怎样？在处理程序和数据库访问函数中，通过返回错误来处理这种情况。让我们看看是否可以验证这个场景。

```
#[actix_rt::test]
async fn get_course_detail_failure_test(){
    dotenv().ok();
    let database_url = env::var("DATABASE_URL").expect(
    ➥ "DATABASE_URL is not set in .env file");
    let pool: PgPool = PgPool::connect(&database_url).await.unwrap();
    let app_state: web::Data<AppState> = web::Data::new(AppState {
        health_check_response: "".to_string(),
        visit_count: Mutex::new(0),
        db: pool,
    });
    let parameters: web::Path<(i32, i32)> = web::Path::from((1, 21));
    let resp = get_course_details(app_state, parameters).await;
    match resp {
        Ok(_)=> println!("Something wrong"),
        Err(err)=> assert_eq!(err.status_code(),
        ➥ StatusCode::NOT_FOUND),
    }
}
```

注意处理器函数的调用，它返回 Result<T,E>类型

使用match语句检查处理器函数返回成功还是返回错误。我们尝试检索不存在的课程的详细信息，这种情况下，预计返回错误

我们断言处理器函数返回的错误状态码类型为 StatusCode::NOT_FOUND

接下来，我们将编写发布新课程的测试用例。

```
#[ignore]
#[actix_rt::test]
async fn post_course_success(){
    dotenv().ok();
    let database_url = env::var("DATABASE_URL").expect(
    ➥ "DATABASE_URL is not set in .env file");
    let pool: PgPool = PgPool::new(&database_url).await.unwrap();
    let app_state: web::Data<AppState> = web::Data::new(AppState {
        health_check_response: "".to_string(),
        visit_count: Mutex::new(0),
        db: pool,
    });
    let new_course_msg = CreateCourse {
        tutor_id: 1,
        course_name: "Third course".into(),
```

构造要表示创建课程属性的数据结构

```
        course_description: Some("This is a test course".into()),
        course_format: None,
        course_level: Some("Beginner".into()),
        course_price: None,
        course_duration: None,
        course_language: Some("English".into()),
        course_structure: None,
    };
    let course_param = web::Json(new_course_msg);
    let resp = post_new_course(course_param, app_state).await.unwrap();
    assert_eq!(resp.status(), StatusCode::OK);
}
```

将构造好的 CreateCourse 结构体封装在 web::Json 对象中，来模拟客户端 API 调用中会发生什么

其余代码与前面的测试用例类似。请注意前面测试用例顶部的[ignore]的使用。这确保了 cargo test 命令无论何时被调用都会忽略这个测试用例。这是因为我们可能不想每次运行测试用例进行健全性检查时都创建一个新的测试用例。在这种情况下，可以使用[ignore]注释。

接下来显示的是更新课程的测试用例：

```
#[actix_rt::test]
async fn update_course_success(){
    dotenv().ok();
    let database_url = env::var("DATABASE_URL").expect(
    ➥ "DATABASE_URL is not set in .env file");
    let pool: PgPool = PgPool::connect(&database_url).await.unwrap();
    let app_state: web::Data<AppState> = web::Data::new(AppState {
        health_check_response: "".to_string(),
        visit_count: Mutex::new(0),
        db: pool,
    });
    let update_course_msg = UpdateCourse {
        course_name: Some("Course name changed".into()),
        course_description: Some(
        ➥ "This is yet another test course".into()),
        course_format: None,
        course_level: Some("Intermediate".into()),
        course_price: None,
        course_duration: None,
        course_language: Some("German".into()),
        course_structure: None,
    };
    let parameters: web::Path<(i32, i32)> = web::Path::from((1, 2));
    let update_param = web::Json(update_course_msg);
    let resp = update_course_details(app_state,
        ➥ update_param, parameters)
        .await
        .unwrap();
    assert_eq!(resp.status(), StatusCode::OK);
}
```

与前面测试用例中的 CreateCourse 结构体类似，我们使用 UpdateCourse 结构体提供数据元素以修改数据库中的课程记录

模拟 URL 路径参数，使用 tutor_id 和 course_id 唯一标识数据库中的课程记录

以下是删除课程的测试用例：

```
#[ignore]
#[actix_rt::test]
```

```
async fn delete_test_success(){
    dotenv().ok();
    let database_url = env::var("DATABASE_URL").expect(
    ➥ "DATABASE_URL is not set in .env file");
    let pool: PgPool = PgPool::connect(&database_url).await.unwrap();
    let app_state: web::Data<AppState> = web::Data::new(AppState {
        health_check_response: "".to_string(),
        visit_count: Mutex::new(0),
        db: pool,
    });
    let parameters: web::Path<(i32, i32)> = web::Path::from((1, 5));
    let resp = delete_course(app_state, parameters).await.unwrap();
    assert_eq!(resp.status(), StatusCode::OK);
}
```

调用测试用例前，确保 URL 路径中提供了有效的 tutor_id 和 course_id

如果我们提供无效的 tutor_id 或 course_id，怎么办？让我们为此编写一个测试用例：

```
#[actix_rt::test]
async fn delete_test_failure(){
    dotenv().ok();
    let database_url = env::var("DATABASE_URL").expect(
    ➥ "DATABASE_URL is not set in .env file");
    let pool: PgPool = PgPool::connect(&database_url).await.unwrap();
    let app_state: web::Data<AppState> = web::Data::new(AppState {
        health_check_response: "".to_string(),
        visit_count: Mutex::new(0),
        db: pool,
    });
    let parameters: web::Path<(i32, i32)> = web::Path::from((1, 21));
    let resp = delete_course(app_state, parameters).await;
    match resp {
        Ok(_)=> println!("Something wrong"),
        Err(err)=> assert_eq!(err.status_code(),
        ➥ StatusCode::NOT_FOUND),
    }
}
```

在路径参数中提供无效的 course_id 或 tutor_id

期望处理器函数返回 error，并将处理器函数返回的错误状态码与期望值比较

各种处理器函数的单元测试用例到此结束。然而，我们还没有准备好运行测试，因为还没有实现数据库访问函数。现在在$PROJECT_ROOT/src/iter5/ dbaccess/course.rs 中查看它们。

让我们从数据库访问函数开始，检索导师的所有课程，以及文件的所有模块导入。

```
use crate::errors::EzyTutorError;
use crate::models::course::*;
use sqlx::postgres::PgPool;


pub async fn get_courses_for_tutor_db(
    pool: &PgPool,
    tutor_id: i32,
)-> Result<Vec, EzyTutorError> {
    // Prepare SQL statement

    let course_rows: Vec<Course> = sqlx::query_as!(
```

使用 sqlx query_as! 构造查询

```
        Course,
        "SELECT * FROM ezy_course_c6 where tutor_id = $1",
        tutor_id
    )
    .fetch_all(pool)
    .await?;

    Ok(course_rows)
}
```

执行 SELECT 查询语句，检索与 SQL 查询条件匹配的所有行

表示内部使用 Rust future 的异步函数。在 Rust 中，future 会延迟计算，在调用.await 关键字之前，查询操作不会进行

sqlx 库自动将数据库行转换为 Rust Course 数据结构，并从此函数返回这些课程的 vector

query_as!宏可以方便地将数据库记录中的列映射到 Course 数据结构。如果为 Course 结构实现了 sqlx::FromRow trait，则此映射由 sqlx 自动完成。我们在 models 模块中通过自动派生此 trait 做到这一点，如下所述。

```
#[derive(Deserialize, Serialize, Debug, Clone, sqlx::FromRow)]
pub struct Course {
// fields
}
```

没有 query_as!宏，必须手动执行每个数据库列到相应的 Course 结构字段的映射。这是从数据库中检索单个课程的下一个函数。

```
pub async fn get_course_details_db(
    pool: &PgPool,
    tutor_id: i32,
    course_id: i32,
)-> Result<Course, EzyTutorError> {
    // Prepare SQL statement
    let course_row = sqlx::query_as!(
        Course,
        "SELECT * FROM ezy_course_c6 where tutor_id = $1 and course_id = $2",
        tutor_id,
        course_id
    )
    .fetch_optional(pool)
  .await?;

    if let Some(course)= course_row {
        Ok(course)
    } else {
        Err(EzyTutorError::NotFound("Course id not found".into()))
    }
}
```

query_as!宏用于将返回的数据库记录映射到 Course 结构体中

fetch_optional 返回 Option 类型，表示指定 SELECT 语句的数据库中可能没有记录

如果在数据库中找到记录，则返回封装在 Result 类型的 OK(T)变体中课程的详细信息

如果没找到符合条件的记录，则返回带有合适错误信息的 Err 类型。然后该错误被传播到调用处理器函数中，作为 HTTP 响应消息的一部分发送到 API 客户端

将新课程添加到数据库的代码如下所示。

```
pub async fn post_new_course_db(
     pool: &PgPool,
     new_course: CreateCourse,
)-> Result<Course, EzyTutorError> {
   let course_row= sqlx::query_as!(Course,"insert into ezy_course_c6(
   ➥ tutor_id, course_name, course_description,course_duration,
```

```
➥ course_level, course_format, course_language, course_structure,
➥ course_price)values($1,$2,$3,$4,$5,$6,$7,$8,$9)returning
➥ tutor_id, course_id,course_name, course_description,
➥ course_duration, course_level, course_format, course_language,
➥ course_structure, course_price, posted_time",
new_course.tutor_id, new_course.course_name,
➥ new_course.course_description,new_course.course_duration,new_course.course_level,
➥ new_course.course_format, new_course.course_language,
➥ new_course.course_structure, new_course.course_price)
.fetch_one(pool)
.await?;

Ok(course_row)
}
```

首先，使用处理器函数传递的参数构造标准插入 SQL 语句

插入一条记录后，调用 fetch_one()方法返回插入的记录。由于使用了 query_as!宏，检索到的数据库行会自动转换为 Course 数据类型。处理器函数会以 Course 结构体的形式返回新创建的课程。

请注意 SQL 插入语句中 returning 关键字的使用。这是 Postgres 数据库支持的一项功能，使我们能够检索新插入的课程详细信息作为相同插入查询的一部分(而不必编写单独的 SQL 查询)。

让我们看一下从数据库中删除课程的函数。

```
pub async fn delete_course_db(
  pool: &PgPool,
  tutor_id: i32,
  course_id: i32,
)-> Result<String, EzyTutorError> {
    // Prepare SQL statement
    let course_row = sqlx::query!(
        "DELETE FROM ezy_course_c6 where tutor_id = $1 and course_id = $2",
        tutor_id,
        course_id,
    )
    .execute(pool)
    .await?;
    Ok(format!("Deleted {:#?} record", course_row))
}
```

构造一个 SQL 查询，用于从数据库中删除指定课程

执行查询语句，注意因为这是一个异步函数，只有当.await()触发时查询操作才会执行

返回确认删除的消息

最后，让我们看一下更新课程详细信息的代码。

```
pub async fn update_course_details_db(
    pool: &PgPool,
    tutor_id: i32,
    course_id: i32,
    update_course: UpdateCourse,
)-> Result<Course, EzyTutorError> {
    // Retrieve current record

    let current_course_row = sqlx::query_as!(
        Course,
        "SELECT * FROM ezy_course_c6 where tutor_id = $1 and course_id = $2",
        tutor_id,
        course_id
    )
    .fetch_one(pool)
    .await
```

构造一个 SQL 查询，验证数据库中是否存在指定条件的记录

提取一个记录

```
    .map_err(|_err| EzyTutorError::NotFound(
    ➥ "Course id not found".into()))?;
                                              如果没有找到指定 tutor_id 和
                                              course_id 的记录，则返回错误信息

    // Construct the parameters for update:       构造值，以更新数据库

    let name: String = if let Some(name)= update_course.course_name {
        name
    } else {
        current_course_row.course_name
    };
    let description: String = if let Some(desc)= ...
    let format: String = if let Some(format)= ...
    let structure: String = if let Some(structure)= ...    删减的源代码，完整代码请见 GitHub
    let duration: String = if let Some(duration)= ...
    let level: String = if let Some(level)= ...
    let language: String = if let Some(language)= ...
    let price = if let Some(price)= ...

    // Prepare SQL statement                     构造查询语句来更新数据库
    let course_row =
        sqlx::query_as!(
        Course, "UPDATE ezy_course_c6 set course_name = $1,
        ➥ course_description = $2, course_format = $3,
        course_structure = $4, course_duration = $5, course_price = $6,
        ➥ course_language = $7,
        course_level = $8 where tutor_id = $9 and course_id = $10
        ➥ returning tutor_id, course_id,
        course_name, course_description, course_duration, course_level,
        ➥ course_format,
        course_language, course_structure, course_price, posted_time ",
        ➥ name, description, format,
        structure, duration, price, language,level, tutor_id, course_id
    )
        .fetch_one(pool)                 检索更新的记录
        .await;
                                         验证是否更新成功。如果成功，则将更新的课
    if let Ok(course)= course_row {      程记录返回给调用处理器函数
        Ok(course)
    } else {
        Err(EzyTutorError::NotFound      如果更新失败，则返回错误信息
        ➥ ("Course id not found".into()))
    }
}
```

UpdateCourse 结构体包含一组可选字段，因此首先需要验证 API 客户端已发送哪些字段。如果为某个字段发送了新值，则需要更新它。否则，需要保留数据库中的值。为此，首先提取当前课程记录，其中包含所有字段。然后，如果 API 客户端发送特定字段的值，我们将使用它更新数据库。否则，使用现有值更新它。

我们现在已经完成了课程的数据模型、路由、处理程序、测试用例和数据库访问函数的代码改动。现在可以通过从项目根目录运行以下命令来检查是否有任何编译错误：

```
cargo check
```

如果编译成功，则可以使用以下命令构建并运行服务器。

```
cargo run
```

可以从浏览器测试 HTTP::GET 相关 API：

```
http://localhost:3000/courses/1      ← 检索 tutor_id=1 的所有课程
http://localhost:3000/courses/1/2    ← 检索 tutor_id=1，course_id=2 的课程详情
```

POST、PUT 和 DELETE API 可以使用 curl 或通过 Postman 等 GUI 工具进行测试。此处显示的 curl 命令可以在命令行上从项目根目录执行。

```
curl -X POST localhost:3000/courses -H "Content-Type: application/json" \
  -d '{"tutor_id":1, "course_name":"This is a culinary course",
➥ "course_level":"Beginner"}'
```

发布 tutor_id=1 的新课程。注意 JSON 字段名字必须与 CreateCourse 结构体相对应，其中 tutor_id 和 course_name 是必填字段，其余为可选字段

```
curl -X PUT localhost:3000/courses/1/5 -H "Content-Type: application/json"
➥ -d '{"course_name":"This is a master culinary course",
➥ "course_duration":"8 hours of training", course_format:"online"}'
```

更新 tutor_id=1 且 course_id=5 的课程，JSON 字段名字应该与 UpdateCourse 结构体对应

```
curl -X DELETE http://localhost:3000/courses/1/6
```

删除 tutor_id=1，且 course_id=6 的课程记录

确保根据你的数据库数据设置更改了 course_id 和 tutor_id 值。

此外，可以使用以下命令运行测试用例：

```
cargo test
```

可以使用测试用例函数声明开头的#[ignore]注解选择性地禁用要忽略的测试。

至此，我们完成了与课程相关的功能的更改。我们已经涵盖了很多内容：

- 我们对 Course 数据模型进行了更改以添加其他字段，其中一些是可选值，需要在结构体成员声明中使用 Option<>类型。
- 我们添加了用于创建和更新课程的数据结构。
- 我们实现了从 Actix JSON 数据结构到 CreateCourse 和 UpdateCourse 结构体的转换。我们了解了如何使用 TryFrom 和 From trait。
- 我们修改了路由以涵盖课程数据的创建、检索、更新和删除功能。
- 我们为每个路由编写了处理器函数。
- 我们为处理器函数编写了单元测试用例。我们编写了几个测试用例，其中处理器函数返回错误，而不是成功响应。

- 我们编写了与每个处理程序方法相对应的数据库访问函数。使用 query_as！宏可明显减少将数据库记录中的列映射到 Rust 结构字段的样板代码。

你已经筋疲力尽了吗？当然，编写现实世界的 Web 服务和应用程序需要大量的工作。在下一节中，我们将添加维护导师数据的功能。

6.3　启用导师注册和管理

在本节中，我们将设计和编写与导师相关的 API 代码，其中包括导师的 Rust 数据模型、数据库表结构、路由、处理程序以及用于管理导师数据的数据库访问函数。

图 6.3 展示了导师相关 API 的整体代码结构。你会注意到我们有五条路由，还有每个路由对应的处理器函数和数据库访问函数。

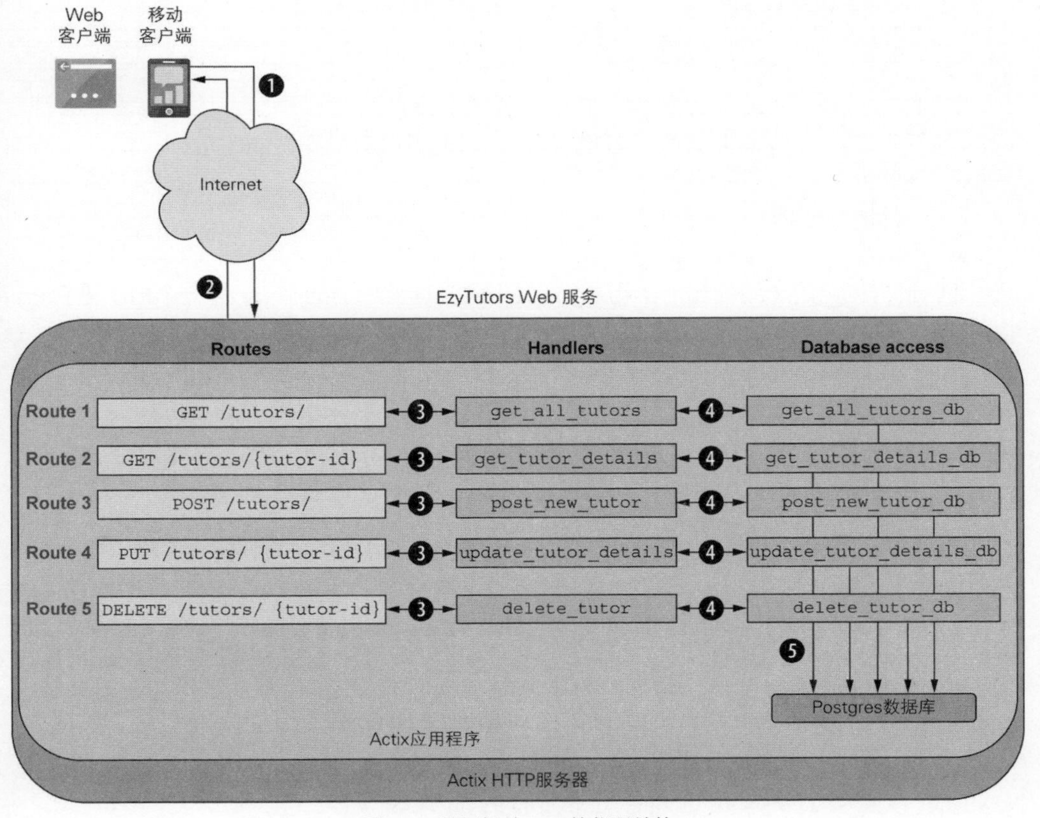

图 6.3　导师相关 API 的代码结构

我们先看一下数据模型和路由。

6.3.1 导师的数据模型和路由

首先，在$PROJECT_ROOT/src/iter5/models/tutor.rs 文件中的数据模型中添加一个新的 Tutor 结构体。

我们将从模块导入开始：

```
use actix_web::web;
use serde::{Deserialize, Serialize};
```

定义结构体，如下所示。

```
#[derive(Deserialize, Serialize, Debug, Clone)]
pub struct Tutor {
    tutor_id: i32,
    tutor_name: String,
    tutor_pic_url: String,
    tutor_profile: String
}
```

我们定义了一个 Tutor 结构体，其中包含以下信息。

- 导师 ID ——这将是代表导师的唯一 ID，它将由数据库自动生成。
- 导师姓名 ——导师的全名。
- 导师图片 URL ——导师图像的 URL。
- 导师简介 ——导师的简要介绍。

让我们再创建两个结构体，一个用于定义创建新课程所需的字段，另一个用于更新它。

```
#[derive(Deserialize, Debug, Clone)]
pub struct NewTutor {
    pub tutor_name: String,
    pub tutor_pic_url: String,
    pub tutor_profile: String,
}
#[derive(Deserialize, Debug, Clone)]
pub struct UpdateTutor {
    pub tutor_name: Option<String>,
    pub tutor_pic_url: Option<String>,
    pub tutor_profile: Option<String>,
}
```

我们需要两个单独的结构体，因为当我们创建导师时，会需要所有字段，但对于更新动作，所有字段都是可选的。

与 Course 数据结构非常相似，以下是要转换的函数，从 web::Json<NewTutor>到 NewTutor 以及从 web::Json<UpdateTutor>到 UpdateTutor。

```
impl From<web::Json<NewTutor>> for NewTutor {
  fn from(new_tutor: web::Json<NewTutor>) -> Self {
     NewTutor {
          tutor_name: new_tutor.tutor_name.clone(),
          tutor_pic_url: new_tutor.tutor_pic_url.clone(),
          tutor_profile: new_tutor.tutor_profile.clone(),
```

```
    }
  }
}

impl From<web::Json<UpdateTutor>> for UpdateTutor {
  fn from(new_tutor: web::Json<UpdateTutor>) -> Self {
    UpdateTutor {
          tutor_name: new_tutor.tutor_name.clone(),
          tutor_pic_url: new_tutor.tutor_pic_url.clone(),
          tutor_profile: new_tutor.tutor_profile.clone(),
    }
  }
}
```

这样就完成了 Tutor 的数据模型更改。接下来，我们在$PROJECT_ROOT/src/iter5/routes.rs 中添加导师相关的路由。

```
pub fn tutor_routes(cfg: &mut web::ServiceConfig){
   cfg.service(
    web::scope("/tutors")
          .route("/", web::post().to(post_new_tutor))
          .route("/", web::get().to(get_all_tutors))
          .route("/{tutor_id}", web::get().to(get_tutor_details))
          .route("/{tutor_id}", web::put().to(update_tutor_details))
          .route("/{tutor_id}", web::delete().to(delete_tutor)),
   );
}
```

使用 HTTP::GET 检索所有导师列表的路由
使用 HTTP::POST 请求创建新导师的路由
使用 HTTP::GET 获取某个导师详情的路由
使用 HTTP::PUT 更新导师详情的路由
使用 HTTP::DELETE 删除导师条目的路由

不要忘记更新模块导入以导入导师的处理器函数，我们很快就会在$PROJECT_ROOT/src/iter5/routes.rs 文件中编写。

```
use crate::handlers::{course::*, general::*, tutor::*};
```

我们必须在 main()函数中注册新的导师路由。否则，Actix 框架将无法识别来自导师路由的请求，并且不知道如何将它们路由到其处理程序。

在$PROJECT_ROOT/src/bin/iter5.rs 中，在构建 Actix 应用程序时在课程路由后面添加导师路由，如下所示。

```
.configure(course_routes)
.configure(tutor_routes)
```

现在可以继续操作处理器函数。

6.3.2　导师路由的处理器函数

你已经了解了如何为 Course 编写处理器函数。让我们快速浏览一下导师路由，只是放慢速度看看是否有任何差异。

这是第一个处理程序方法，用于检索所有导师以及模块导入。将此代码添加到

$PROJECT_ROOT/src/iter5/handlers/tutor.rs 文件中。

```
use crate::dbaccess::tutor::*;
use crate::errors::EzyTutorError;
use crate::models::tutor::{NewTutor, UpdateTutor};
use crate::state::AppState;

use actix_web::{web, HttpResponse};

pub async fn get_all_tutors(app_state: web::Data<AppState>)->
➥ Result<HttpResponse, EzyTutorError> {
    get_all_tutors_db(&app_state.db)
        .await
        .map(|tutors| HttpResponse::Ok().json(tutors))
}

pub async fn get_tutor_details(
    app_state: web::Data<AppState>,
    web::Path(tutor_id): web::Path<i32>,
)-> Result<HttpResponse, EzyTutorError> {
    get_tutor_details_db(&app_state.db, tutor_id)
        .await
        .map(|tutor| HttpResponse::Ok().json(tutor))
}
```

链接到 HTTP::GET 请求的两个函数：get_all_tutors()不带任何参数，而 get_tutor_details()则采用 tutor_id 作为路径参数。两者都调用与处理器函数同名的数据库访问函数，但带有 db 后缀。数据库访问函数的返回值在 HttpResponse 消息正文中返回到 Web 客户端。

以下是用于发布新导师条目、更新导师详细信息以及从数据库中删除导师的处理器函数。

```
pub async fn post_new_tutor(
    new_tutor: web::Json<NewTutor>,
    app_state: web::Data<AppState>,
)-> Result<HttpResponse, EzyTutorError> {
   post_new_tutor_db(&app_state.db, NewTutor::from(new_tutor))
       .await
       .map(|tutor| HttpResponse::Ok().json(tutor))
}

pub async fn update_tutor_details(
    app_state: web::Data<AppState>,
    web::Path(tutor_id): web::Path<i32>,
    update_tutor: web::Json<UpdateTutor>,
)-> Result<HttpResponse, EzyTutorError> {
    update_tutor_details_db(&app_state.db, tutor_id,
    ➥ UpdateTutor::from(update_tutor))
        .await
        .map(|tutor| HttpResponse::Ok().json(tutor))
}

pub async fn delete_tutor(
```

```
    app_state: web::Data<AppState>,
    web::Path(tutor_id): web::Path<i32>,
)-> Result<HttpResponse, EzyTutorError> {
    delete_tutor_db(&app_state.db, tutor_id)
        .await
        .map(|tutor| HttpResponse::Ok().json(tutor))
}
```

这三个功能与课程的功能类似。Rust 的函数式语法使代码清晰易读。

作为练习，你可以为这些处理器方法编写测试用例。如果你有任何疑问，请返回课程的测试用例。此外，测试用例在本章的 Git 仓库上提供。

接下来，我们将处理数据库访问层。

6.3.3　导师路由的数据库访问功能

现在我们将看看导师的数据库访问功能。这些应该放置在$PROJECT_ROOT/src/iter5/dbaccess/tutor.rs 文件中。

如下所示是获取导师列表以及模块导入的数据库访问函数。

```
use crate::errors::EzyTutorError;
use crate::models::tutor::{NewTutor, Tutor, UpdateTutor};
use sqlx::postgres::PgPool;

pub async fn get_all_tutors_db(pool: &PgPool)->
➥ Result<Vec<Tutor>, EzyTutorError> {
    // Prepare SQL statement
    let tutor_rows =
        sqlx::query!("SELECT tutor_id, tutor_name, tutor_pic_url,
        ➥ tutor_profile FROM ezy_tutor_c6")
            .fetch_all(pool)
            .await?;
    // Extract result

    let tutors: Vec<Tutor> = tutor_rows
        .iter()
        .map(|tutor_row| Tutor {
            tutor_id: tutor_row.tutor_id,
            tutor_name: tutor_row.tutor_name.clone(),
            tutor_pic_url: tutor_row.tutor_pic_url.clone(),
            tutor_profile: tutor_row.tutor_profile.clone(),
        })
        .collect();
    match tutors.len(){
        0 => Err(EzyTutorError::NotFound("No tutors found".into())),
        _ => Ok(tutors),
    }
}
```

请注意，我们没有使用 query_as！宏将检索到的数据库记录映射到 Tutor 结构体中。相反，手动使用 map 方法执行映射操作。你可能想知道为什么我们要采用这种更乏味的方法，与 sqlx 使用 query_as!宏自动完成映射相比。这有以下两个主要原因：

- query_as!宏只要结构体中的字段名称与数据库列名称匹配，就可以工作。然而，在某些情况下这可能不可行。
- 与数据库列相比，结构体中可能有其他字段。例如，你可能想要一个派生字段或计算字段，或者你可能想要一个 Rust 结构体来表示导师及其课程列表。在这种情况下，你需要知道如何手动执行数据库到结构体的映射。我们将这种方法作为一种练习，因为拥有更广泛的工具总是有用的。

以下是用于检索个别导师详细信息的数据库函数：

```
pub async fn get_tutor_details_db(pool: &PgPool, tutor_id: i32)->
➥ Result<Tutor, EzyTutorError> {
    // Prepare SQL statement
    let tutor_row = sqlx::query!(
            "SELECT tutor_id, tutor_name, tutor_pic_url,
            ➥ tutor_profile FROM ezy_tutor_c6 where tutor_id = $1",
            tutor_id
    )
    .fetch_one(pool)
    .await
    .map(|tutor_row|
        Tutor {
            tutor_id: tutor_row.tutor_id,
            tutor_name: tutor_row.tutor_name,
            tutor_pic_url: tutor_row.tutor_pic_url,
            tutor_profile: tutor_row.tutor_profile,
        }
    )
    .map_err(|_err| EzyTutorError::NotFound("Tutor id not found".into()))?;

Ok(tutor_row)

}
```

注意这里 map_err 的使用。如果在数据库中找不到记录，则会返回 sqlx 错误，我们将使用 map_err 将其转换为 EzyTutorError 类型，然后使用问号(?)运算符将错误传播回调用处理器函数。

这是发布新导师的函数：

```
pub async fn post_new_tutor_db(pool: &PgPool, new_tutor: NewTutor)->
➥ Result<Tutor, EzyTutorError> {
    let tutor_row = sqlx::query!("insert into ezy_tutor_c6(
    ➥ tutor_name, tutor_pic_url, tutor_profile)values($1,$2,$3)
    ➥ returning tutor_id, tutor_name, tutor_pic_url, tutor_profile",
    ➥ new_tutor.tutor_name, new_tutor.tutor_pic_url,
    ➥ new_tutor.tutor_profile)
    .fetch_one(pool)
    .await?;
    //Retrieve result
    Ok(Tutor {
        tutor_id: tutor_row.tutor_id,
        tutor_name: tutor_row.tutor_name,
        tutor_pic_url: tutor_row.tutor_pic_url,
```

```
            tutor_profile: tutor_row.tutor_profile,
        })
    }
```

在这里，我们构建一个查询以在 ezy_tutor_c6 表中插入新的导师记录。然后我们获取插入的行并将其映射到 Rust 导师结构体，然后返回到处理器函数。

此处未显示更新和删除导师的代码。建议你把它当作练习。完整的代码可以在本章的代码仓库中找到，有需要的可以参考。

6.3.4　导师的数据库脚本

我们已经完成了 API 的应用程序逻辑。现在，必须在数据库中为导师创建一个新表，然后才能编译此代码。sqlx 对数据库表名和列执行编译时检查，因此如果其中任何一个不存在或者表描述与 SQL 语句不匹配，编译就会失败。

将以下数据库脚本放置在$PROJECT_ROOT/src/iter5/dbscripts/tutor-course.sql 下：

```
/* Drop tables if they already exist*/

drop table if exists ezy_course_c6 cascade;
drop table if exists ezy_tutor_c6;

/* Create tables. */

create table ezy_tutor_c6(
     tutor_id serial primary key,
     tutor_name varchar(200)not null,
     tutor_pic_url varchar(200)not null,
     tutor_profile varchar(2000)not null
);

create table ezy_course_c6
(
     course_id serial primary key,
     tutor_id INT not null,
     course_name varchar(140)not null,
     course_description varchar(2000),
     course_format varchar(30),
     course_structure varchar(200),
     course_duration varchar(30),
     course_price INT,
     course_language varchar(30),
     course_level varchar(30),
     posted_time TIMESTAMP default now(),
     CONSTRAINT fk_tutor
     FOREIGN KEY(tutor_id)
     REFERENCES ezy_tutor_c6(tutor_id)
     ON DELETE cascade
);
grant all privileges on table ezy_tutor_c6 to <username>;
grant all privileges on table ezy_course_c6 to <username>;
grant all privileges on all sequences in schema public to <username>;;
```

删除旧版本的表，这在开发周期中很方便，但是如果在生产环境中，必须将表迁移到新结构，来保护原有数据

创建导师表

创建课程表

将 ezy_course_c6 中的 tutor_id 列标记为 ezy_tutor_c6 表中 tutor_id 列的外键

向数据库用户授予创建表的权限。将<username>替换成你自己的

```
/* Load seed data for testing */
insert into ezy_tutor_c6(tutor_id, tutor_name, tutor_pic_url,tutor_profile)
values(1,'Merlene','http://s3.amazon.aws.com/pic1',
➥ 'Merlene is an experienced finance professional');

insert into ezy_tutor_c6(tutor_id, tutor_name, tutor_pic_url,tutor_profile)
values(2,'Frank','http://s3.amazon.aws.com/pic2',
➥ 'Frank is an expert nuclear engineer');

insert into ezy_course_c6
    (course_id,tutor_id, course_name,course_level, posted_time)
values(1, 1, 'First course', 'Beginner' , '2021-04-12 05:40:00');
insert into ezy_course_c6
    (course_id, tutor_id, course_name, course_format, posted_time)
values(2, 1, 'Second course', 'ebook', '2021-04-12 05:45:00');
```

加载测试用的种子数据

6.3.5 运行并测试导师 API

从命令行运行以下命令来执行数据库脚本：

```
psql -U <user-name> -d ezytutors <<path.to.file>/tutor-course.sql
```

将<user-name>和<path.to-file>替换为你自己的值，并在出现提示时输入密码。你应该看到脚本成功执行。要验证表确实已根据脚本规范创建，请登录到 psql shell。

```
psql -U <user-name> -d ezytutors
\d
\d+ ezy_tutor_c6
\d+ ezy_course_c6
\q
```

显示关系列表(表)

显示表中的列名称

退出 psql shell

编译程序以检查错误。解决所有错误后，使用以下命令构建并运行 Web 服务器：

```
cargo check
cargo run --bin iter5
```

然后可以运行自动化测试。

```
cargo test
```

在运行测试脚本之前，请确保测试用例中查询的数据存在于数据库中，或者适当地准备数据。

还可以从 curl 手动执行与导师相关的 CRUD API，如下所示。

```
curl -X POST localhost:3000/tutors/ -H "Content-Type: application/json"
➥ -d '{ "tutor_name":"Jessica", "tutor_pic_url":
➥ "http://tutor1.com/tutor1.pic", "tutor_profile":
➥ "Experienced professional"}'

curl -X PUT localhost:3000/tutors/8 -H "Content-Type: application/json"
➥ -d '{"tutor_name":"James", "tutor_pic_url":"http://james.com/pic",
➥ "tutor_profile":"Expert in thermodynamics"}'
```

创建新的导师记录

更新 tutor_id=8 的导师记录(假设数据库中存在该记录)

```
curl -X DELETE http://localhost0/tutors/8
```

删除 tutor_id=8 的导师记录(假设数据库中存在该目录)

从浏览器中，可以执行 HTTP::GET API，如下所示。

```
http://localhost:3000/tutors/
http://localhost:3000/tutors/2
```

检索数据库中所有导师的列表

检索 tutor_id=2 的详细信息

作为练习，还可以尝试删除存在课程记录的导师。你应该会收到一条错误消息。这是因为课程和导师通过数据库中的外键约束链接。一旦你删除了某个tutor_id的所有课程，就可以从数据库中删除该导师。

你可以尝试的另一个练习是在创建或更新导师或课程时提供无效的 JSON(例如，从用于创建或更新导师的 JSON 数据中删除双引号或大括号)。你会发现该命令既不会在服务器上执行，也不会收到任何表明 JSON 无效的错误消息。这对用户来说并不友好。为了解决这个问题，让我们做一些改动。

在 ezytutors/tutor-db/src/iter5/errors.rs 文件中，在 EzyTutorError 枚举中添加一个新的 InvalidInput(String)条目，该条目如下所示。

```
#[derive(Debug, Serialize)]
pub enum EzyTutorError {
    DBError(String),
    ActixError(String),
    NotFound(String),
    InvalidInput(String),
}
```

InvalidInput(String)表示 EzytutorError 枚举可以采用新的不变量 InvalidInput，而 InvalidInput 又可以接受字符串值作为参数。对于由 API 客户端发送的无效参数引起的所有错误，我们将使用这个新变体。

另外，在同一个 error.rs 文件中，根据添加新枚举变体的需要，进行以下附加更改。首先，在 error_response()函数中，添加处理 EzyTutorError::InvalidInput 类型的代码。

```
fn error_response(&self)-> String {
   match self {
      EzyTutorError::DBError(msg)=> {
         println!("Database error occurred: {:?}", msg);
         "Database error".into()
   }
   EzyTutorError::ActixError(msg)=> {
       println!("Server error occurred: {:?}", msg);
       "Internal server error".into()
  }
  EzyTutorError::NotFound(msg)=> {
       println!("Not found error occurred: {:?}", msg);
       msg.into()
  }
  EzyTutorError::InvalidInput(msg)=> {
```

```
        println!("Invalid parameters received: {:?}", msg);
        msg.into()
      }
    }
}
```

在 ResponseError trait 实现中，添加如下代码以处理新的枚举变体。

```
fn status_code(&self)-> StatusCode {
    match self {
      EzyTutorError::DBError(_msg)| EzyTutorError::ActixError(_msg)=> {
          StatusCode::INTERNAL_SERVER_ERROR
      }
      EzyTutorError::InvalidInput(_msg)=> StatusCode::BAD_REQUEST,
      EzyTutorError::NotFound(_msg)=> StatusCode::NOT_FOUND,
  }
}
```

现在准备在代码中使用这个新的错误变体。创建 Actix 应用程序实例时，在 $PROJECT_ROOT/src/bin/iter5.rs 中添加以下代码，以便在服务器接收到的 JSON 数据无效时引发错误。

```
let app = move || {
    App::new()
        .app_data(shared_data.clone())
        .app_data(web::JsonConfig::default().error_handler(|_err, _req| {
        EzyTutorError::InvalidInput(
        ➥ "Please provide valid Json input".to_string()).into()
    }))
    .configure(general_routes)
    .configure(course_routes)
    .configure(tutor_routes)
};
```

现在，每当你提供无效的 JSON 数据时，都会收到指定的错误消息。

至此，我们将结束本章关于在 Rust 和 Actix Web 中重构代码的内容，并添加了功能，同时你作为开发人员保留对整个过程的完全控制。对于重构，没有可以规定的特定步骤顺序，但它通常有助于从外部(用户界面)开始，并逐步完成应用程序的各个层。例如，如果从 Web 服务请求一些新信息，首先定义新路由，定义处理器函数，然后定义数据模型和数据库访问函数。如果这需要更改数据库架构，请修改数据库创建和更新脚本以及任何关联的迁移脚本。如果你需要切换到不同的数据库作为重构的一部分，数据库访问函数提供了一个抽象层。

我们的导师 Web 服务现在更加复杂并且与现实世界保持一致，而不仅仅是一个学术示例。它有两种类型的实体(导师和课程)，它们之间在数据库级别具有已定义的关系，以及 11 个 API 端点。它可以处理五大类错误：与数据库相关的错误、Actix 相关的错误、错误的用户输入参数、对不存在的资源的请求(未找到错误)以及输入请求中格式错误的 JSON。它可以无缝地处理并发请求，因为它在 Actix 层和数据库访问层中都使用异步调用，没有任何瓶颈。项目代码组织良好，这将使 Web 服务随着时间的推移进一步发展。

更重要的是，随着新开发人员负责现有代码库，它将很容易理解。项目代码和配置通过使用.env 文件分隔，该文件包含数据库访问凭证和其他此类配置信息。依赖注入通过应用程序状态(在 state.rs 文件中)内置到项目中，它充当占位符，我们可以在其中添加需要传播到各种处理器函数的任何依赖项。该项目本身没有使用太多的外部 crate，并且避开了快捷方式和神奇 crate(例如自动生成错误处理或数据库功能代码的 crate)。然而，既然你已经掌握了以困难的方式做事的基础知识，我们鼓励你尝试其他第三方 crate。

在整个过程中，你会发现 Rust 编译器一直是帮助你实现目标的好朋友和指南。你的下一个最好的朋友将是自动化测试脚本，这将有助于确保功能不会退化。

如果你能够成功地完成本章的内容，我对你的毅力表示赞赏。我希望本章能让你有信心并不害怕迭代任何 Rust Web 代码库，即使你不是代码的原始作者。

至此，我们也结束了本书的第 I 部分，重点是使用 Rust 开发 Web 服务。当我们讨论如何为生产环境部署准备 Web 服务和应用程序时，将回顾本书最后部分的一些相关主题。

在本书的下一部分，我们将转向客户端，讨论如何使用 Rust 和 Actix Web 开发服务器渲染的 Web 前端。

6.4　本章小结

- 在本章中，我们强化了课程的数据模型，添加了更多课程 API 路由，并改进了处理程序和数据库访问的代码以及测试用例。
- 我们还添加了允许创建、更新、删除和查询导师记录的功能函数。我们创建了一个数据库模型和脚本来存储导师数据，用外键约束定义了导师和课程之间的关系。为导师相关的 CRUD API 创建了新的路由，并编写了处理器函数、数据库访问代码和测试用例。
- 在处理器代码中，介绍了如何创建单独的数据结构来创建和更新导师和课程数据，以及如何使用 From 和 TryFrom trait 编写用于在数据类型之间进行转换的函数。还介绍了如何使用 Option<T> 类型将数据结构中的字段标记为可选，以及如何将其映射到数据库中相应的列定义。
- 在数据库代码中，使用了 query_as!宏通过自动派生 Course 结构的 sqlx::FromRow 来简化和减少样板代码，其中定义了数据库列和 Course 结构体的字段之间的映射。我们还手动执行了从数据库记录到 Rust 结构体的映射，当使用 query_as! 宏不可行或不可取时很有用。
- 使用 Rust 的函数结构，以简洁但高度可读的方式在处理程序和数据库访问层中编写代码。
- 我们探索了错误处理概念，重新审视了整个错误管理工作流程并微调了错误处理，使用户体验更具交互性和意义。

- 我们重组了项目代码的结构，以便在项目变得更大、更复杂时更好地支持项目，并为处理器函数、数据库访问函数、数据模型和数据库脚本的代码提供单独且清晰标记的区域。我们还通过将包含导师和课程相关功能的源文件组织成 Rust 模块来分离它们。
- 我们研究了使用自动化测试脚本来测试代码，该脚本可以自动处理成功和错误情况。我们还使用 curl 命令和浏览器命令测试了 API 场景。

第Ⅱ部分

服务器端Web应用程序

第Ⅰ部分重点关注我们的 Web 应用程序的业务逻辑。它为构建友好的用户界面(UI)奠定了基础。根据最佳实践，分为多项关注点：HTTP 处理、路由定义、应用程序逻辑和数据库逻辑。

在这一部分中，我们将处理与用户的交互。在 Web 应用程序中，这种交互发生在用户的浏览器中，结合使用 HTML、CSS 和 JavaScript(或 TypeScript)的功能。目前有多种方法实现 Web 用户界面。

一方面是流行的单页应用程序(SPA)框架，例如 React、Angular 和 Vue。此类框架提供了非常丰富的用户体验——在许多情况下与桌面应用程序提供的体验一样丰富。另一方面，还有服务器端渲染(SSR)。在典型的 SPA 中，当用户开始与应用程序交互时，UI 是在浏览器中动态构建的。通过服务器端渲染，UI 的 HTML 页面由服务器成熟稳定交付。这并不意味着这些页面不能表现出某些动态行为(例如显示或隐藏部分)，但每个页面的结构是在服务器上定义的，不会在浏览器中更改。SPA 和服务器端渲染都有其优点和缺点。在本书中，我们将使用基于模板的服务器端渲染，因为这是 Rust 专有方法的最直接路径。

完成第Ⅱ部分后，你将为使用服务器端渲染开发 Web 应用程序 UI 奠定坚实的基础。你还将更深入地了解服务器端渲染作为 Web 应用程序开发方法的优点。

第 7 章

介绍 Rust 中的服务器端 Web 应用程序

本章内容

- 使用 Actix 提供静态网页
- 使用 Actix 和 Tera 渲染动态网页
- 使用表单添加用户输入
- 显示带有模板的列表
- 编写和运行客户端测试
- 连接到后端 Web 服务

在本书的第 3 章至第 6 章中，我们使用 Rust 和 Actix Web 框架从头开始构建了导师 Web 服务。在本节中，我们将重点学习使用 Rust 构建 Web 应用程序的基础知识。使用系统编程语言创建 Web 应用程序可能听起来很奇怪，但这就是 Rust 的力量。它可以轻松跨越系统和应用程序编程的世界。

在本章中，你将了解使用 Rust 构建 Web 应用程序的概念和工具。重要的是要记住，构建 Web 应用程序有两种广泛的技术——服务器端渲染(SSR)和单页应用程序(SPA) ——每种技术都可能采用渐进式 Web 应用程序(PWA)的形式。在本节中，我们将重点讨论前一种技术，在后面的章节中，我们将介绍后者。我们不会在本书中讨论 PWA。

更具体地说，第 7 章到第 9 章的重点是学习如何开发一个简单的 Web 应用程序，该应用程序可用于注册和登录 Web 应用程序、查看列表和详细视图，执行标准 CRUD(创建、读取、更新、删除)操作。在此过程中，你将学习如何使用 Actix Web 框架和模板引擎呈现动态网页。虽然可以使用任何 Rust Web 框架来实现相同的目标(Actix Web、Rocket 或 Warp 等)，但继续使用 Actix Web 将帮助我们使用你在前几章中学到的知识。

7.1 介绍服务器端渲染

SSR(服务器端渲染)是一种 Web 开发技术，其中网页在服务器上渲染，然后发送到客户端(例如 Web 浏览器)。在这种方法中，在服务器上运行的 Web 应用程序将静态 HTML 页面(例如来自 Web 设计者的页面)与数据(从数据库或其他 Web 服务获取)结合起来，并将完全呈现的网页发送到用户的浏览器进行显示。使用这种技术的 Web 应用程序称为服务器渲染或服务器端 Web 应用程序。通过这种方法，网站加载速度更快，并且网页内容反映最新数据，因为每个请求通常都涉及获取用户数据的最新副本(例外情况是在服务器上采用缓存技术时)。为了将此类数据保留为用户专用，网站要么要求用户登录以识别自己的身份，要么使用 cookie 为用户提供个性化内容。

网页可以是静态的也可以是动态的：

- 静态网页的一个例子是银行网站的主页，它通常用作银行的营销工具，并且还提供银行服务的可用链接。对于访问银行主页的任何人来说，此页面都是相同的。从这个意义上来说，它是一个静态网页。
- 当你使用授权凭证(例如用户名和密码)登录银行并查看账户余额和对账单时，你会看到动态网页。该页面是动态的，因为每个客户都会查看自己的余额，但该页面也可能包含静态组件，例如银行的徽标和其他常见样式(例如颜色、字体、布局等)，这些组件显示给所有查看账户余额的客户。

我们知道如何创建静态网页。网页设计师可以通过手动编写 HTML 和 CSS 脚本或使用许多可用的工具来实现此目的。但是如何将静态网页转换为动态网页呢？这就是模板引擎的用武之地。(图 7.1 显示了渲染动态网页的各种组件。)

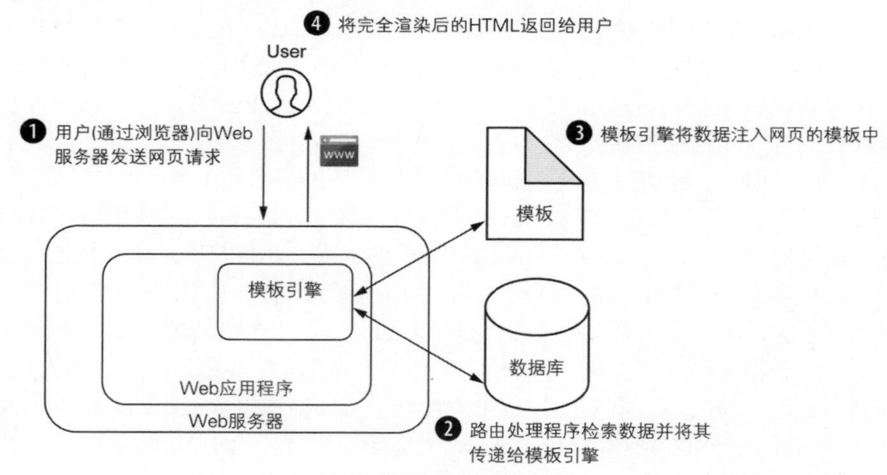

图 7.1 网页的服务器渲染

模板引擎是将静态网页转换为动态网页的主要工具之一。它需要一个模板文件作为输入并生成一个 HTML 文件作为输出。在此过程中，它将数据(由 Web 应用程序传递给它)嵌入模板文件来生成 HTML 文件。该过程是动态的：按需加载数据，以及根据请求数据的单个用户定制数据。

在本章中，我们将通过编写一些示例代码来探索使用 Rust 的 SSR。如果一幅画抵得上千言万语，那么几行代码的价值更是数倍于此。我们将查看一小段代码，并了解各个部分如何组合在一起构建 Web 应用程序。在下一章中，我们将设计和构建导师 Web 应用程序。

以下是本章中示例的概述。这些示例代表了 Web 应用程序中最常见的任务，用户可以在其中通过基于浏览器的用户界面查看和维护数据。

- 7.2 节将展示如何使用 Actix Web 提供静态网页。
- 7.3 节将介绍使用 Tera(Web 开发领域流行的模板引擎)生成动态网页。
- 在 7.4 节中，你将学习使用 HTML 表单捕获用户输入。
- 7.5 节将使用 Tera HTML 模板显示信息列表。
- 你之前学习了如何为服务器端 Web 服务编写自动化测试，在 7.6 节中，你将学习编写客户端测试。
- 7.7 节将使用 HTTP 客户端将前端 Web 应用程序与后端 Web 服务连接起来。

要使用 Rust 开发服务器端 Web 应用程序，我们将使用以下工具和组件：

- Actix Web 服务器——这将托管在服务器上的特定端口运行的 Web 应用程序，并将请求路由到 Web 应用程序提供的处理器函数上。
- Web 应用程序——这将提供内容以响应浏览器的请求。它将用 Rust 编写并部署在 Actix Web 服务器上。它包含如何响应各种类型的 HTTP 请求的核心处理器逻辑。
- Tera——这是一个在 Python 世界中流行的模板引擎，它已被移植到 Rust。
- 我们的后端导师 Web 服务——这是我们在前面的章节中开发的导师 Web 服务。它将从数据库获取数据并管理数据库交互。Web 应用程序将与导师 Web 服务对话以检索数据并执行事务，而不是处理数据库本身。
- Actix Web 框架的内置 HTTP 客户端——这将与导师 Web 服务通信。

有了这个背景，让我们看第一个例子。

7.2 使用 Actix 提供静态网页

在前面的章节中，我们使用 Actix Web 服务器托管导师 Web 服务。在本节中，我们将使用 Actix 提供静态网页。将此视为用于 Web 应用程序开发的“Hello World”程序。

首先设置项目结构：

(1) 复制第 6 章中的 ezytutors 工作区仓库，以便在本章中使用。

(2) 使用 cargo new tutor-web-app-ssr 创建一个新的 Rust Cargo 项目。

(3) 将 ezytutors 工作区下的 tutor-db 目录重命名为 tutor-web-service。这样，工作区下的两个仓库就可以明确地称为“Web 服务”和“Web 应用程序”。

(4) 在工作区目录的 Cargo.toml 文件中编辑工作区部分，如下所示。

```
[workspace]
members = ["tutor-web-service","tutor-web-app-ssr"]
```

现在，我们的工作区中有两个项目：一个用于导师 Web 服务(我们之前开发过)，另一个用于导师 Web 应用程序，该应用程序在服务器端渲染(我们尚未开发)。

(5) 切换到 tutor-web-app-ssr 目录：cd tutor-web-app-ssr。这就是我们将编写本节代码的地方。从今往后，我们将此目录称为项目根目录。为了避免混淆，请在该项目的每个终端会话中将其设置为环境变量，如下所示。

```
export $PROJECT_ROOT=.
```

(6) 更新 Cargo.toml 以添加以下依赖项：

```
[dependencies]
actix-web = "4.2.1"
actix-files="0.6.2"
```

actix-web 是核心 Actix Web 框架，actix-files 有助于从 Web 服务器提供静态文件。

(7) 在$PROJECT_ROOT 下创建一个名为 static 的目录。使用以下 HTML 代码在$PROJECT_ROOT/static 下创建 static-webpage.html 文件。

```
<!DOCTYPE html>
<html>
<head>
    <title>XYZ Bank Website</title>
</head>
<body>
   <h1>Welcome to XYZ bank home page!</h1>
   <p>This is an example of a static web page served from Actix
   ➥ Web server.</p>
</body>
</html>
```

这是一个简单的静态网页。你将看到如何使用 Actix 服务器提供此页面。

(8) 在$PROJECT_ROOT/src 下创建 bin 目录。在$PROJECT_ROOT/src/bin 下创建一个新的源文件 static.rs，并添加以下代码。

```
use actix_files as fs;        // 导入 actix_files，它从磁盘上提供静态文件的服务
use actix_web::{error, web, App, Error, HttpResponse, HttpServer, Result};

#[actix_web::main]
async fn main()-> std::io::Result<()> {        // main 函数返回 Result 类型
     let addr = env::var("SERVER_ADDR").unwrap_or_else(|_|
     ➥ "127.0.0.1:8080".to_string());
     println!("Listening on: {}, open browser and visit have a try!",addr);
     HttpServer::new(|| {
          App::new().service(fs::Files::new(
          ➥ "/static", "./static").show_files_listing())        // 向 Web 应用注册 actix_files 服务，show_files_listing()允许将子目录列表展示给用户
     })
     .bind(addr)?        // Web 服务器绑定到端口
```

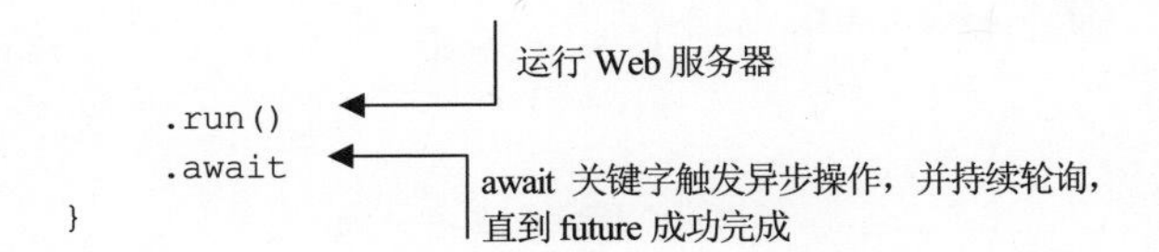

需要 Result 类型作为 main()函数的返回值，因为任何在代码中使用问号“?”运算符传播错误的函数必须返回 Result 类型。Result<()>的返回值表示执行成功返回一个单元类型()；如果出现错误，则返回 Error 类型。

另注意，在前面的代码中，路由/static 表示以/static 路由开头的资源请求必须从项目根目录中的./static 子目录提供服务。

总之，前面的程序创建了一个新的 Web 应用程序并向该应用程序注册了一个服务。当向 Web 服务器发出以/static 开头的路由上的 GET 请求时，该服务提供来自文件系统(磁盘上)的文件。然后将 Web 应用程序部署到 Web 服务器上，并启动 Web 服务器：

(1) 使用 cargo run --bin static 运行 Web 服务器。

(2) 从浏览器中访问以下 URL：

```
http://localhost:8080/static/static-web-page.html
```

你应该会看到该网页出现在你的浏览器中。

让我们尝试理解刚刚做了什么。我们编写了一个程序从 Actix Web 服务器提供静态网页。当我们请求特定的静态文件时，actix_files 服务会在/static 目录中查找它并将其返回到浏览器，然后将其显示给用户。

这是静态页面的示例，因为该页面的内容不会根据哪个用户请求该页面而改变。在下一节中，我们将了解如何使用 Actix 构建动态网页。

7.3　使用 Actix 和 Tera 渲染动态网页

如果我们想为每个用户显示自定义内容，怎么办？你将如何编写动态呈现内容的 HTML 页面？显示动态网页并不意味着页面中的所有内容都会针对每个用户而改变，而是意味着网页既有静态部分又有动态部分。

图 7.1 显示了 SSR 的通用视图，而图 7.2 显示了如何使用 Actix Web 和 Tera 模板引擎实现动态网页。该图显示了本地数据库作为动态网页的数据源，但也可以从外部 Web 服务检索数据。事实上，这就是我们将在本书中使用的设计方法。

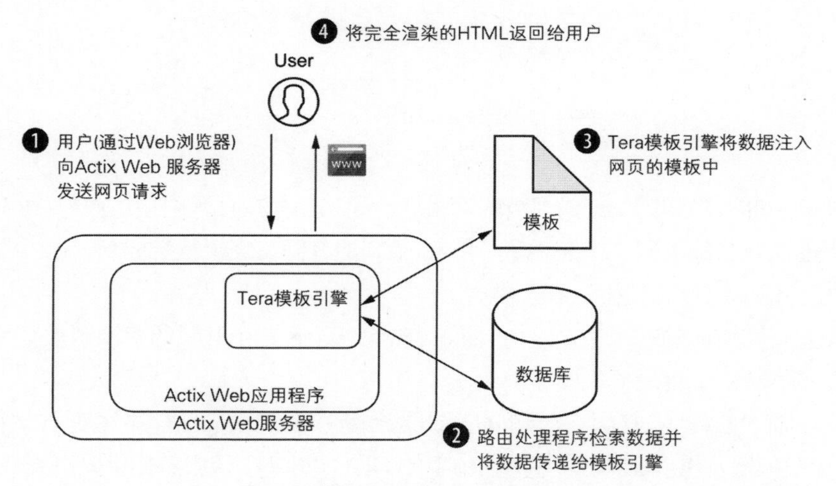

图 7.2　使用 Actix 和 Tera 的动态网页

我们将以特定的 Tera 模板格式定义 HTML 文件——此处显示了一个简单的示例。将其添加到$PROJECT_ROOT/static/iter1/index.html 中。

```
<!DOCTYPE html>
<html>

<head>
    <title>XYZ Bank Website</title>
</head>

<body>
  <h1>Welcome {{ name }}, to XYZ bank home page!</h1>
  <p>This is an example of a dynamic web page served with Actix and
  ➥ Tera templates.</p>
</body>
</html>
```

注意{{name}}标签的使用。在运行时，当浏览器请求网页时，Tera 会将此标签替换为用户的实际名称。Tera 可以从你想要的任何位置(文件、数据库或硬编码值)检索该值。

注意：有关 Tera 模板格式的更多详细信息，请参阅 Tera 文档(https://tera.netlify.app/docs/)。

让我们修改之前编写的程序，以满足使用 Tera 的动态网页请求。在$PROJECT_ROOT/Cargo.toml 中，添加以下依赖项。

```
tera = "1.17.0"
serde = { version = "1.0.144", features = ["derive"] }
```

我们添加了支持模板的 tera crate 和支持自定义数据结构在 Web 浏览器和服务器之间进行序列化和反序列化的 serde crate。

在$PROJECT_ROOT/src/bin 中，将我们之前编写的 static.rs 文件的内容复制到名为

iter1.rs 的新文件中，并将代码修改为如下所示。

```
use tera::Tera;

#[actix_web::main]
async fn main()-> std::io::Result<()> {

    println!("Listening on: 127.0.0.1:8080, open browser and visit
    ➥ have a try!");
    HttpServer::new(|| {
        let tera = Tera::new(concat!(          ◄── 创建一个新的 Tera 实例，Tera 模板位于
            env!("CARGO_MANIFEST_DIR"),            /static/iter1/ 目录下，我们之前将包含 Tera
            "/static/iter1/**/*"                   {{name}}标签的 index.html 文件放在此位置
        ))
        .unwrap();
                                               将 Tera 实例作为依赖项注入应用程序中，使
        App::new()                             得 Tera 可以在所有路由处理程序中被访问
            .data(tera)              ◄──
            .service(fs::Files::new(                                  /static 路由的静态文件
            ➥ "/static", "./static").show_files_listing())   ◄──    服务
           .service(web::resource("/").route(web::get().to(index)))   ◄──
    })                                                       从/路由提供动态网页，该路
    .bind("127.0.0.1:8080")?                                 由触发 index 处理程序
    .run()
    .await
}
```

让我们编写 index 处理程序，如下所示。

```
                                                   Tera 实例作为 index 处理程序的参数。创建
在 index 处理程序中，为 name 变量赋一个值             一个 Tera Context 对象，该对象用于将数据
                                                   注入到网页中

async fn index(tmpl: web::Data<tera::Tera>)-> Result<HttpResponse, Error> {
    let mut ctx = tera::Context::new();                                   ◄──
──► ctx.insert("name", "Bob");           调用 Tera 网页渲染函数，传递 context 对象
    let s = tmpl
        .render("index.html", &ctx)   ◄──
        .map_err(|_| error::ErrorInternalServerError("Template error"))?;

    Ok(HttpResponse::Ok().content_type("text/html").body(s))   ◄──
}                                   index 处理器函数返回 HTTP 响应，将构建好的
                                    动态网页作为 HTTP 响应体的一部分传递
```

使用 cargo run --bin iter1 运行服务器。然后，从 Web 浏览器访问以下 URL：

```
http://localhost:8080/
```

你应该会看到网页上显示以下消息。

```
Welcome Bob, to XYZ bank home page!
```

这是一个简单的示例，但它说明了如何使用 Actix 构建动态网页。Tera 有很多可以在模板中使用的功能，包括控制语句，例如 if 和 for 循环，你可以在闲暇时探索它们。

到目前为止，我们已经了解了如何呈现静态和动态 HTML 页面，但这些示例涉及向用户显示信息。Actix 是否还支持编写接受用户输入的 HTML 页面？你将在下一节中找到答案。

7.4 使用表单添加用户输入

在本节中，我们将创建一个通过表单接受用户输入的网页。这种形式非常简单。

创建$PROJECT_ROOT/static/iter2 目录，并将以下 HTML 放入该目录中的新 form.html 文件中。此 HTML 代码包含一个接收导师姓名的表单，然后它向 Actix Web 服务器提交包含导师姓名的 POST 请求。

```
<!doctype html>
<html>

<head>
    <meta charset=utf-8>
    <title>Forms with Actix & Rust</title>
</head>

<body>
     <h3>Enter name of tutor</h3>
     <form action=/tutors method=POST>
       <label>
          Tutor name:
          <input name="name">
       </label>
       <button type=submit>Submit form</button>
    </form>

    <hr>
</html>
```

注意<input> HTML 元素，它用于接受用户输入的导师姓名。<button>标签用于将表单提交到 Web 服务器。此表单封装在发送到路由/tutors 上的 Web 服务器的 HTTP POST 请求中，其在<form action="">属性中指定。

让我们在$PROJECT_ROOT/static/iter2 目录下创建第二个 HTML 文件，名为 user.html。这将显示用户在之前的表单中提交的名称：

```
<!DOCTYPE html>
<html>

<head>
     <meta charset="utf-8" />
     <title>Actix web</title>
</head>

<body>
     <h1>Hi, {{ name }}!</h1>
     <p>
```

```
        {{ text }}
    </p>
</body>

</html>
```

该 HTML 文件有一个模板变量{{name}}。当向用户显示此页面时，{{name}}模板变量的值将替换为用户在先前表单中输入的实际导师姓名。

现在添加路由和处理程序来处理此 POST 请求。在$PROJECT_ROOT/src/bin 中创建一个新的 iter2.rs 文件，并添加以下代码。

```
... // imports removed for concision; see full source code from GitHub

// store tera template in application state
async fn index(                          // ← 针对路由/上的 HTTP 请求调用 index 处理器函数。显示了用户可以输入导师名字的表单
      tmpl: web::Data<tera::Tera>
)-> Result<HttpResponse, Error> {
    let s = tmpl
        .render("form.html", &tera::Context::new())   // ← 使用新的 Tera Context 对象渲染 form.html 文件，我们不会向 context 中插入任何数据，因为 form.html 文件中没有任何模板变量
        .map_err(|_| error::ErrorInternalServerError("Template error"))?;

    Ok(HttpResponse::Ok().content_type("text/html").body(s))
}

#[derive(Serialize, Deserialize)]        // ← Tutor 可序列化结构体表示在表单中捕获的数据。这是自定义的数据结构，你也可以用任何你想要的方式定义它，我们只是在结构体中定义一个导师名字
pub struct Tutor {
   name: String,
}

async fn handle_post_tutor(              // ← 当用户输入导师名字并单击提交表单按钮时，触发第二个处理器函数
    tmpl: web::Data<tera::Tera>,
    params: web::Form<Tutor>,
)-> Result<HttpResponse, Error> {
    let mut ctx = tera::Context::new();
    ctx.insert("name", &params.name);    // ← 用户提交的表单数据(导师姓名)由 Actix 在 web::Form<T> 提取器中提供给该处理器函数使用；在本例中，T 是 Tutor 结构体
    ctx.insert("text", "Welcome!");
    let s = tmpl
        .render("user.html", &ctx)
        .map_err(|_| error::ErrorInternalServerError("Template error"))?;

    Ok(HttpResponse::Ok().content_type("text/html").body(s))
}

#[actix_web::main]
async fn main()-> std::io::Result<()> {  // ← 主函数，设置并运行 Actix Web 服务器

    println!("Listening on: 127.0.0.1:8080");
    HttpServer::new(|| {
        let tera = Tera::new(concat!(
            env!("CARGO_MANIFEST_DIR"),
            "/static/iter2/**/*"
        ))
        .unwrap();
```

Tera 模板被注入 Web 应用程序中，并作为 Web 处理器函数的参数

```
            App::new()
                .data(tera)
                .configure(app_config)
        })
        .bind("127.0.0.1:8080")?
        .run()
        .await
}
```

Web 应用程序路由集成到 app_config 对象中，这是另一种组织路由的方式

```
fn app_config(config: &mut web::ServiceConfig) {
  config.service(
      web::scope("")
        .service(web::resource("/").route(web::get().to(index)))
        .service(web::resource("/tutors").route(web::post().to(
        ➥ handle_post_tutor)))
  );
}
```

我们在前面的代码中使用了 Actix 提取器。提取器是实用程序函数，可让处理器函数提取随 HTTP 请求发送的参数。回想一下，之前我们在 form.html 模板中定义了一个名为 name 的输入字段。当用户填写表单并单击“提交表单”按钮时，浏览器将生成包含用户输入值的 HTTP POST 请求。处理器函数可以使用 Actix 提取器 web::Form<T>访问此 name 参数值。

回顾一下，在上面的代码中，当用户访问路由/时，会显示 form.html，其中包含一个表单。当用户在表单中输入姓名并单击“提交表单”按钮时，会在路由/tutors 上生成 POST 请求，该请求会调用 handle_post_tutor 处理器函数。在此处理器函数中，可以通过 web::Form 提取器访问用户输入的名称。处理器函数将此 name 注入新的 Tera Context 对象中。然后使用上下文对象调用 Tera render 函数以向用户显示 user.html 页面。

使用以下命令运行 Web 服务器：

```
cargo run --bin iter2
```

从浏览器访问此 URL：

```
http://localhost:8080/
```

你应该首先看到显示的表单。输入名字，然后单击“提交表单”按钮。你应该会看到显示的第二个 HTML 页面，其中包含你输入的名字。

关于接受用户输入并处理它的部分就到此结束。在下一节中，我们将介绍模板引擎的另一个常见功能——显示列表的能力。

7.5 显示带有模板的列表

在本节中，我们将在网页上动态显示数据元素的列表。在导师 Web 应用程序中，用户希望看到的内容之一是导师或课程的列表。该列表是动态的，因为用户可能希望查看

系统中所有导师的列表或基于某些标准的导师子集。同样，用户可能想要查看网站上可用的所有课程或特定导师的课程列表。我们如何使用 Actix 和 Tera 显示这些信息？让我们看看吧。

在$PROJECT_ROOT/static 下创建 iter3 目录。在这里创建一个新的 list.html 文件，并添加以下 HTML。

```
<!DOCTYPE html>
<html>

<head>
    <meta charset="utf-8" />
    <title>Actix web</title>
</head>

<body>
    <h1>Tutors list</h1>            ← 显示有序列表
    <ol>
        {% for tutor in tutors %}   ← Tera 模板控制语句使用 for 循环遍历导师列表中的每项，导师对象包含导师列表，会由处理器函数传递到模板中
        <li>                        ← HTML 列表的每个条目显示每位导师
            <h5>{{tutor.name}}</h5> ← 显示导师名字
        </li>
        {% endfor %}                ← for 循环结束
    </ol>
</body>

</html>
```

前面的代码包含一个 Tera 模板使用 for 循环控制语句的示例。包含导师列表的导师对象将由处理器函数传递到模板中。该模板控制语句循环遍历导师列表中的每个条目并执行一些操作。有关其他模板控制语句的列表，请参阅 Tera 文档：https://tera.netlify.app/docs/#control-structures。

现在已经编写了一个 HTML 文件，其中包含一个模板控制语句(使用 for 循环)，该语句循环遍历列表中的每个导师并在网页上显示导师姓名。接下来，让我们编写处理器函数来实现此逻辑，以及 Web 服务器的主函数。

在$PROJECT_ROOT/src/bin 下新建 iter3.rs 文件，添加以下代码。

```
use actix_files as fs;
use actix_web::{error, web, App, Error, HttpResponse, HttpServer, Result};
use serde::{Deserialize, Serialize};
use tera::Tera;

#[derive(Serialize, Deserialize)]
pub struct Tutor {           ← 创建可序列化的自定义数据结构，来定义导师数据的结构。简单起见，导师结构体只会包含导师姓名
name: String,
}

async fn handle_get_tutors(tmpl: web::Data<tera::Tera>) ->
➥ Result<HttpResponse, Error> {      ← 当在路由/tutors 上发出 HTTP GET 请求时，将调用 handle_get_tutors 处理器函数
    let tutors: Vec<Tutor> = vec![    ← 加载导师列表作为模拟数据(为方便起见进行硬编码)
    Tutor {
        name: String::from("Tutor 1"),
```

创建新的 Tera Context 对象

为简单起见，删除部分源代码——请参阅 GitHub 源代码获取未删减的版本

将导师列表注入 Tera Context

用包含模拟导师数据的 Context 对象渲染 list.html

```
    },
        ...
    ];
    let mut ctx = tera::Context::new();
    ctx.insert("tutors", &tutors);
    let rendered_html = tmpl
        .render("list.html", &ctx))
      .map_err(|_| error::ErrorInternalServerError("Template error"))?;

    Ok(HttpResponse::Ok().content_type("text/html").body(rendered_html))
}

#[actix_web::main]
async fn main()-> std::io::Result<()> {
    println!("Listening on: 127.0.0.1:8080");
    HttpServer::new(|| {
        let tera = Tera::new(concat!(
            env!("CARGO_MANIFEST_DIR"),
            "/static/iter3/**/*"
        ))
        .unwrap();

        App::new()
            .data(tera)
            .service(fs::Files::new(
            ➥ "/static", "./static").show_files_listing())
            .service(web::resource("/tutors").route(web::get().to(
          ➥ handle_get_tutors)))
    })
    .bind("127.0.0.1:8080")?
    .run()
    .await
}
```

调用 handle_get_tutors 处理程序的路由

在前面的代码中，我们使用了硬编码的导师数据。在本章的后续部分中，我们将用从 Web 服务检索的实际数据替换此模拟数据。

使用以下命令运行 Web 服务器：

```
cargo run --bin iter3
```

从 Web 浏览器访问以下 URL：

```
http://localhost:8080/tutors
```

你应该会看到显示的导师列表。当看到显示的导师列表的最初兴奋感减弱后，你会开始注意到该网页并不是特别令人印象深刻或美观。你肯定会想向网页添加一些 CSS。以下是一些用于说明目的的 CSS 示例。将此代码放置在/static 目录下的 styles.css 中，我们已在 main 函数中将其声明为静态资源的源。

```
/* css */
ul {
    list-style: none;
    padding: 0;
```

```
    }
    li {
      padding: 5px 7px;
      background-color: #FFEBCD;
      border: 2px solid #DEB887;
}
```

在$PROJECT_ROOT/iter3 下的 list.html 中，将 CSS 文件添加到 HTML 的 head 块，如下所示。

```
<head>
   <meta charset="utf-8" />
   <link rel="stylesheet" type="text/css" href="/static/styles.css" />
   <title>Actix web</title>
</head>
```

再次运行 Web 服务器，并从 Web 浏览器访问 /tutors 路由。你现在应该可以看到网页上反映的 CSS 样式。这可能仍然不是最漂亮的页面，但你现在了解了如何向网页添加自己的样式。

但如果你像我一样，不想编写自己的自定义 CSS，则可以导入你喜欢的 CSS 框架之一。更改 list.html 文件的 head 部分以导入 tailwind.css，这是一个流行的现代 CSS 库。你也可以导入 Bootstrap、Foundation、Bulma 或你选择的任何其他 CSS 框架。

```
<!DOCTYPE html>
<html>

<head>
    <meta charset="utf-8" />
    <title>Actix web</title>
    <link href="https://unpkg.com/tailwindcss@^1.0/dist/tailwind.min.css"
    ➥ rel="stylesheet">
</head>

<body>
    <h1 class="text-2xl font-bold mt-8 mb-5">Tutors list</h1>
    <ul class="list-disc list-inside my-5 pl-2">
         {% for tutor in tutors %}
         <ol class="list-decimal list-inside my-5 pl-2">
             <h5 class="text-1xl font-bold mb-4 mt-0">{{tutor.name}}</h5>
         </ol>
         {% endfor %}
   </ul>
</body>

</html>
```

再次编译并运行服务器，这一次你应该会看到一些更吸引你眼球的东西。

本书中我们不会花太多时间讨论 CSS 样式，但 CSS 是网页不可或缺的一部分，因此了解如何将其与 Actix 和模板一起使用对你来说非常重要。

我们已经看到使用 Actix 和 Tera 在网页中显示动态内容的不同方法。现在让我们换个方向，专注于开发前端 Web 应用程序的一个更重要的方面：自动化单元和集成测试。

我们能够为后端导师 Web 服务编写测试用例，但是是否也可以使用 Actix 和 Tera 在 Rust 中为前端 Web 应用程序编写测试用例？让我们看看吧。

7.6　编写和运行客户端测试

在本节中，我们不会编写任何新的应用程序代码。相反，我们将重用之前编写的处理器函数，并为其编写单元测试用例。使用在 iter2.rs 中编写的代码。这是我们将重点关注的处理器函数：

```
async fn handle_post_tutor(
    tmpl: web::Data<tera::Tera>,
    params: web::Form<Tutor>,
)-> Result<HttpResponse, Error> {
    let mut ctx = tera::Context::new();
    ctx.insert("name", &params.name);
    ctx.insert("text", "Welcome!");
    let s = tmpl
        .render("user.html", &ctx)
        .map_err(|_| error::ErrorInternalServerError("Template error"))?;

    Ok(HttpResponse::Ok().content_type("text/html").body(s))
}
```

可以使用 curl POST 请求从命令行调用该处理程序，如下所示。

```
curl -X POST localhost:8080/tutors -d "name=Terry"
```

为这个处理器函数编写一个单元测试用例。在$PROJECT_ROOT/Cargo.toml 中添加以下部分：

```
[dev-dependencies]
actix-rt = "2.2.0"
```

actix-rt 是 Actix 异步运行时，需要它执行异步测试函数。

在$PROJECT_ROOT/src/bin/iter2.rs 中，在文件末尾添加以下测试代码(按照惯例，Rust 单元测试用例位于源文件末尾)。

```
#[cfg(test)]          ← Rust 测试用例的标准注解
mod tests {           ← Rust 标准测试模块的开头
    use super::*;
    use actix_web::http::{header::CONTENT_TYPE, HeaderValue, StatusCode};
    use actix_web::web::Form;

    #[actix_rt::test]          ← 该注解向 Actix 运行时表明，其下面的函数是必须由 Actix 运行时执行的测试函数
    async fn handle_post_1_unit_test(){
      let params = Form(Tutor {          ← 通过创建 Tutor 对象，并将其嵌入 Actix web::Form 提取器来模拟用户输入
            name: "Terry".to_string(),
      });
      let tera = Tera::new(concat!(          ← 创建一个新的 Tera 实例
```

```
            env!("CARGO_MANIFEST_DIR"),
            "/static/iter2/**/*"
        ))
        .unwrap();
        let webdata_tera = web::Data::new(tera);
        let resp = handle_post_tutor(
        ➥ webdata_tera, params).await.unwrap();
        assert_eq!(resp.status(), StatusCode::OK);
        assert_eq!(
            resp.headers().get(CONTENT_TYPE).unwrap(),
            HeaderValue::from_static("text/html")
        );
    }
}
```

将 Tera 实例作为依赖注入 Web 应用程序

使用 Tera 实例和表单参数调用处理器函数。这模拟了用户提交表单时发生的情况

检查返回状态码

检查返回的内容类型

使用以下命令从 $PROJECT_ROOT 运行测试。

```
cargo test --bin iter2
```

你应该看到测试已经通过。

我们刚刚通过直接调用处理器函数编写了一个单元测试。我们能够做到这一点是因为我们知道处理器函数签名。这对于单元测试用例来说是可以的，但是我们如何模拟 Web 客户端发布带有表单数据的 HTTP 请求呢？

这就是集成测试的领域。让我们编写一个集成测试来模拟用户的表单提交。将以下内容添加到$PROJECT_ROOT/src/bin/iter2.rs 中的测试模块中。

```
use actix_web::dev::{HttpResponseBuilder, Service, ServiceResponse};
   use actix_web::test::{self, TestRequest};

  // Integration test case
  #[actix_rt::test]
  async fn handle_post_1_integration_test(){
    let tera = Tera::new(concat!(
        env!("CARGO_MANIFEST_DIR"),
        "/static/iter2/**/*"
    ))
    .unwrap();
    let mut app = test::init_service(App::new().data(tera).configure(
    ➥ app_config)).await;

    let req = test::TestRequest::post()
        .uri("/tutors")
        .set_form(&Tutor {
            name: "Terry".to_string(),
        })
        .to_request();
    let resp: ServiceResponse = app.call(req).await.unwrap();
```

init_service()创建 Actix 服务供测试用。我们可以传送HTTP 消息到此服务，来模拟 Web 客户端到 Web 服务器的请求。它使用常规的 app builder 作为参数，因此我们可以将 Tera 实例和应用路由传递给它，就像我们对常规 Actix Web 应用所做的那样

HTTP 请求消息使用 TestRequest::post()构建，可用于向测试服务器发送常规 POST 请求

to_request()将传递给 TestRequest::post() builder 的消息转换为常规格式的 HTTP 请求消息

HTTP 请求消息调用这个测试服务器

```
    assert_eq!(resp.status(), StatusCode::OK);
    assert_eq!(
        resp.headers().get(CONTENT_TYPE).unwrap(),
        HeaderValue::from_static("text/html")
    );
}
```

检查是否是期待的状态码

检查是否是期待的内容类型

你会注意到 Actix 以内置服务、模块和函数的形式提供了丰富的测试支持，我们可以使用它们编写单元测试或集成测试。

从 $PROJECT_ROOT 运行测试：

```
cargo test --bin iter
```

你应该看到单元测试和集成测试都已通过。

关于为使用 Actix 和 Tera 构建的前端 Web 应用程序编写单元测试用例和集成测试用例的部分就到此结束。我们将使用你在这里学到的知识来为导师 Web 应用程序编写实际的测试用例。

7.7 连接到后端 Web 服务

在 7.5 节中，我们使用模拟数据在网页上显示了导师列表。在本节中，我们将从后端导师 Web 服务获取数据以显示在网页上，而不是使用模拟数据。从技术上讲，可以直接从 Actix Web 应用程序与数据库通信，但这不是我们想要做的，主要是因为我们不想重复 Web 服务中已经存在的数据库访问逻辑。另一个原因是我们不想在 Web 服务和 Web 应用程序中公开数据库访问凭证，这可能会增加任何安全或黑客攻击的范围。

后端导师 Web 服务公开了各种 REST API。为了 Web 应用程序与 Web 服务进行通信，需要一个可以嵌入 Web 应用程序中的 HTTP 客户端。虽然有可用的 crate，但我们还是使用 Actix Web 框架中的内置 HTTP 客户端。我们还需要一种方法来解析和解释从 Web 服务返回的 JSON 数据。为此，我们将使用 serde_json crate。

将以下内容添加到$PROJECT_ROOT/Cargo.toml：

```
serde_json = "1.0.64"
```

现在让我们编写代码进行连接，向导师 Web 服务发出 GET 请求，并检索导师列表。在$PROJECT_ROOT/src/bin 下创建一个名为 iter4.rs 的新文件，并将 iter3.rs 的内容复制到其中。

使用 serde_json crate，可以将 HTTP 响应中传入的 JSON 数据反序列化为强类型数据结构。在我们的例子中，希望将导师 Web 服务发送的 JSON 转换为 Vec<Tutor>类型。我们还想定义 Tutor 结构体的结构以匹配传入的 JSON 数据。删除$PROJECT_ROOT/src/bin/iter4.rs 文件中 Tutor 结构的旧定义，并将其替换为以下内容。

```
#[derive(Serialize, Deserialize, Debug)]
pub struct Tutor {
```

```
        pub tutor_id: i32,
        pub tutor_name: String,
        pub tutor_pic_url: String,
        pub tutor_profile: String,
    }
```

在同一个源文件中，在 handle_get_tutors 处理器函数中，我们将连接到导师 Web 服务以检索导师列表。这意味着可以删除硬编码值。导入 actix_web 客户端模块，修改 handle_get_tutors 处理器函数的代码。

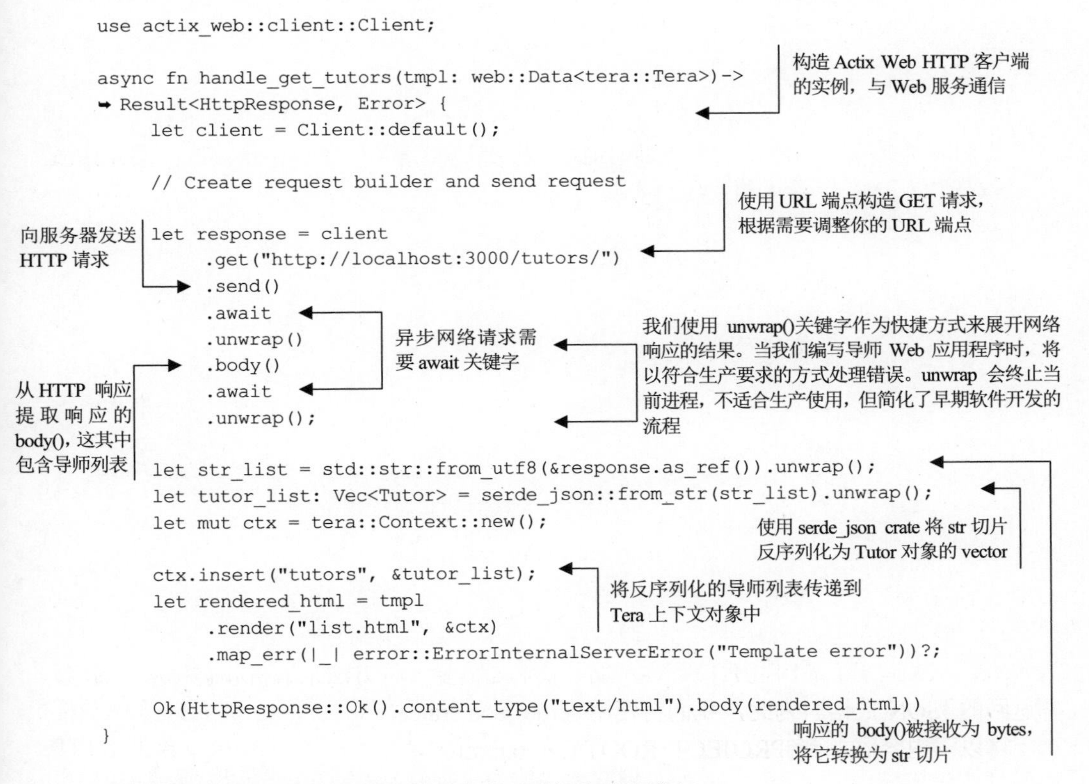

```
use actix_web::client::Client;

async fn handle_get_tutors(tmpl: web::Data<tera::Tera>) ->
➥ Result<HttpResponse, Error> {
    let client = Client::default();

    // Create request builder and send request
    let response = client
        .get("http://localhost:3000/tutors/")
        .send()
        .await
        .unwrap()
        .body()
        .await
        .unwrap();
    let str_list = std::str::from_utf8(&response.as_ref()).unwrap();
    let tutor_list: Vec<Tutor> = serde_json::from_str(str_list).unwrap();
    let mut ctx = tera::Context::new();

    ctx.insert("tutors", &tutor_list);
    let rendered_html = tmpl
        .render("list.html", &ctx)
        .map_err(|_| error::ErrorInternalServerError("Template error"))?;

    Ok(HttpResponse::Ok().content_type("text/html").body(rendered_html))
}
```

构造 Actix Web HTTP 客户端的实例，与 Web 服务通信
使用 URL 端点构造 GET 请求，根据需要调整你的 URL 端点
向服务器发送 HTTP 请求
异步网络请求需要 await 关键字
我们使用 unwrap()关键字作为快捷方式来展开网络响应的结果。当我们编写导师 Web 应用程序时，将以符合生产要求的方式处理错误。unwrap 会终止当前进程，不适合生产使用，但简化了早期软件开发的流程
从 HTTP 响应提取响应的 body()，这其中包含导师列表
使用 serde_json crate 将 str 切片反序列化为 Tutor 对象的 vector
将反序列化的导师列表传递到 Tera 上下文对象中
响应的 body()被接收为 bytes，将它转换为 str 切片

渲染 Tera 模板相关的其余代码与你之前看到的类似。

接下来，创建一个新的$PROJECT_ROOT/static/iter4 目录。在此目录下，放置$PROJECT_ROOT/static/iter3 中的 list.html 文件的副本。修改 list.html 文件，将模板变量{{tutor.name}} 更改为{{tutor.tutor_name}}，因为这是从导师 Web 服务发回的数据的结构。

以下是 iter4 目录中更新后的 list.html 列表：

```
<!DOCTYPE html>
<html>

<head>
  <meta charset="utf-8" />
  <title>Actix web</title>
  <link href="https://unpkg.com/tailwindcss@^1.0/dist/tailwind.min.css"
```

```
    ➥ rel="stylesheet">
</head>

<body>
     <h1 class="text-2xl font-bold mt-8 mb-5">Tutors list</h1>
     <ul class="list-disc list-inside my-5 pl-2">
          {% for tutor in tutors %}
          <ol class="list-decimal list-inside my-5 pl-2">
            <h5 class="text-1xl font-bold mb-4 mt-0">{{tutor.tutor_name}}</h5>
        </ol>
        {% endfor %}
     </ul>
</body>

</html>
```

我们还需要修改 iter4.rs 中的 main()函数，以在$PROJECT_ROOT/static/iter4 目录中查找 Tera 模板。这是更新后的 main()函数：

```
#[actix_web::main]
async fn main()-> std::io::Result<()> {
     println!("Listening on: 127.0.0.1:8080!");
     HttpServer::new(|| {
        let tera = Tera::new(concat!(env!("CARGO_MANIFEST_DIR"),
        ➥ "/static/iter4/**/*")).unwrap();

        App::new()
              .data(tera)
              .service(fs::Files::new("/static", "./static").show_files_listing())
              .service(web::resource("/tutors").route(web::get().to(
              ➥ handle_get_tutors)))
   })
   .bind("127.0.0.1:8080")?
   .run()
   .await
}
```

到目前为止，我们所做的是从导师 Web 服务获取导师列表，而不是像迭代 3 中那样使用硬编码值。我们使用它在 list.html 文件中显示导师列表，该文件在路由/tutors 的 HTTP 请求到达时渲染。

要对此进行测试，请转到 ezytutors 工作区下的 tutor_web_service 目录，并在单独的终端中运行服务。该服务现在应该正在 localhost:3000 上监听。使用以下命令测试服务器：

```
cargo run --bin iter6
```

iter6 是我们为导师 Web 服务构建的最后一个迭代。

然后，从另一个终端，使用以下命令从$PROJECT_ROOT 运行 tutor_ssr_app Web 服务。

```
cargo run --bin iter4
```

现在，我们的导师 Web 服务在端口 3000 上运行，导师 Web 应用程序在端口 8080 上运行，两者都在本地主机上。应该发生的情况如下：当用户访问端口 8080 上的/tutors 路由时，请求将发送到 Web 应用的处理器函数中，然后该处理器函数将调用导师 Web 服务来检索导师列表。然后，导师 Web 应用处理程序会将这些数据注入 Tera 模板并向用户显示网页。

要从浏览器测试此功能，请访问以下 URL。

```
localhost:8080.tutors
```

你应该会看到从我们的导师 Web 服务检索到的导师姓名列表，并填充在网页中。如果你已经完成，恭喜你！如果遇到任何错误，只需要将代码回溯到运行时上一个可用处，然后重新改动即可。

你现在已经了解了使用 Actix 开发客户端应用程序的关键方面。在下一章中，我们将使用本章中获得的知识和技能来编写前端导师 Web 应用程序的代码。

7.8　本章小结

- Rust 不仅可用于构建后端 Web 服务，还可用于构建前端 Web 应用程序。
- 服务器端渲染(SSR)是一种 Web 架构模式，涉及在服务器上创建完全渲染的网页并将其发送到浏览器进行显示。SSR 通常涉及在网页上提供静态和动态的混合内容。
- Actix Web 和 Tera 模板引擎是在基于 Rust 的 Web 应用程序中实现 SSR 的强大工具。
- Tera 模板引擎在 main()函数中实例化并注入 Web 应用程序中。Actix Web 框架使 Tera 实例可供所有处理器函数使用。路由处理器函数又可以使用 Tera 模板构建动态网页，这些网页作为 HTTP 响应正文的一部分发送回浏览器客户端。
- HTML 表单用于捕获用户输入并将该输入发布到 Actix Web 应用程序上的路由。然后，相应的路由处理程序处理 HTTP 请求并发回包含动态网页的 HTTP 响应。
- Tera 模板的控制流功能可用于在网页上显示信息列表。可以从本地数据库或外部 Web 服务检索列表的内容，然后将其注入网页模板中。
- Actix Web 客户端可用作 HTTP 客户端，在 Actix Web 应用程序前端和 Actix Web 服务后端之间进行通信。

第 8 章 使用导师注册模板

本章内容

- 设计导师注册功能
- 设置项目结构
- 显示注册表单
- 处理注册提交

在之前章节中，我们介绍了使用 Actix 开发服务器端 Web 应用程序的基础知识。在本章中，当我们使用 Actix 和 Tera 创建导师注册表单时，你将更多地了解如何使用模板。

模板和表单是 Web 应用程序的一个重要功能。它们通常用于注册、登录、捕获用户配置文件、提供支付信息或出于监管目的了解你的客户详细信息，以及对数据执行 CRUD(创建、读取、更新和删除)操作。在捕获用户输入的同时，还需要验证该数据并在出现错误时向用户提供反馈。如果表单涉及数据更新，则必须向用户呈现已有信息，以允许用户对其进行更改。为了美观，还必须添加 style 元素。提交表单时，需要将表单数据序列化为 HTTP 请求，然后调用处理和存储表单数据的函数。最后，用户需要获得有关表单提交成功的反馈，然后可以选择进入下一个屏幕。在本章中，你将学习如何使用 Actix Web、Tera 模板引擎和其他一些组件来完成所有这些操作。

在本章中，我们将编写一个 HTML 模板和相关代码来允许导师注册。图 8.1 为导师登记表。

注册时，我们接受六个字段：用户名、密码、密码确认、导师姓名、导师图像 URL 和导师个人简介。前三个用于用户管理功能，其他将用于向导师 Web 服务发送请求并在数据库中创建新导师。我们首先设置项目代码结构和基本脚手架。

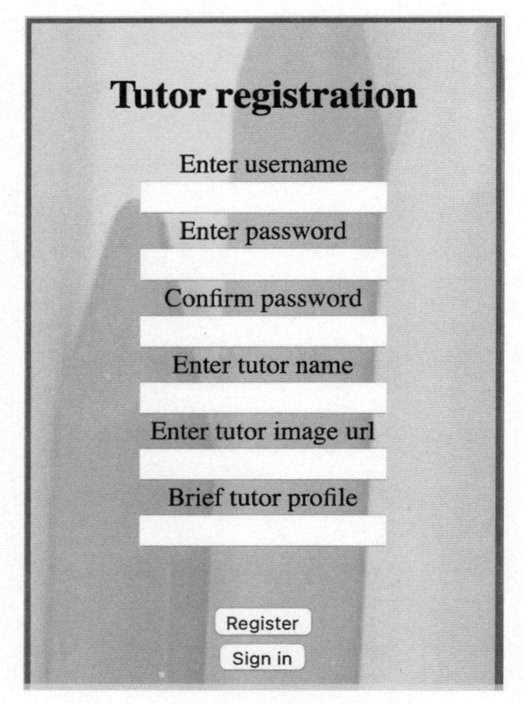

图 8.1　导师登记表

8.1　编写初始 Web 应用程序

首先，复制第 7 章中的代码。我们将在此代码结构的基础上进行构建。

tutor-web-app-ssr 目录代表项目根目录，因此可以将 PROJECT_ROOT 环境变量设置为/path-to-folder/ezytutors/tutor- web-app-ssr。后面将此目录称为$PROJECT_ROOT。

在项目根目录下组织代码如下。

(1) 在$PROJECT_ROOT/src 下创建 iter5 目录。这将包含数据模型、路由、处理器函数、自定义错误类型和应用程序状态的定义以及数据库 SQL 脚本。

(2) 在$PROJECT_ROOT/static 下创建 iter5 目录。该目录将包含 HTML 和 Tera 模板。

(3) 在$PROJECT_ROOT/bin 下创建 iter5-ssr.rs 文件。这是配置和启动 Actix Web 服务器(为我们正在构建的 Web 应用程序提供服务)的主要函数。

(4) 在$PROJECT_ROOT/src/iter5 下，创建以下文件。

- routes.rs——存储可以接收 HTTP 请求的 Web 应用程序的路由。
- model.rs——包含数据模型定义。
- handler.rs——包含传入 HTTP 请求的各种路由关联的处理器函数。
- state.rs——存储表示应用程序状态的数据结构，该数据结构将被注入处理程序中(该过程称为依赖注入)。
- errors.rs——包含自定义错误类型和关联函数，以便为用户构建合适的错误消息。

- dbaccess.rs——包含访问数据库以读取和写入导师数据的函数。
- dbscripts/user.sql——在$PROJECT_ROOT/src/iter5 下创建 dbscripts 目录，并在其下创建 user.sql 文件。该文件包含用于创建数据库表的 SQL 脚本。
- mod.rs——将$PROJECT_ROOT/src/iter5 目录配置为可以导入其他文件中的 Rust 模块。

现在准备开始编码。从$PROJECT_ROOT/src/iter5/routes.rs 中的路由定义开始。

```
use crate::handler::{handle_register, show_register_form};   // 导入处理器函数，用户显示注册表单并处理提交表单。我们很快为这些函数编写代码
use actix_files as fs;   // actix-files 用于提供静态文件
use actix_web::web;

pub fn app_config(config: &mut web::ServiceConfig){   // 创建服务配置以指定路由和相关的处理程序
config.service(
    web::scope("")
        .service(fs::Files::new(
        ➥ "/static", "./static").show_files_listing())   // 对于以/static 为前缀的路由上的静态资源 HTTP 请求，将从$PROJECT_ROOT 下的/static 目录中提供
        .service(web::resource("/").route(web::get().to(
        ➥ show_register_form)))   // index 路由显示相应 GET 请求的注册表单
        .service(web::resource("/register").route(web::post().to(
        ➥ handle_register))),   // 该路由由处理提交注册表单的 POST 请求
    );
}
```

现在可以继续进行$PROJECT_ROOT/src/iter5/model.rs 中的模型定义。将代码清单 8.1 所示的数据结构添加到 model.rs。

代码清单 8.1　数据模型

```
use serde::{Deserialize, Serialize};

#[derive(Serialize, Deserialize, Debug)]
pub struct TutorRegisterForm {   // 该结构体包含导师注册表单中被捕获的详细信息
    pub username: String,
    pub password: String,
    pub confirmation: String,
    pub name: String,
    pub imageurl: String,
    pub profile: String,
}

#[derive(Serialize, Deserialize, Debug)]
pub struct TutorResponse {   // 该结构体包含导师 Web 服务的响应，在创建新导师时会接收该响应
    pub tutor_id: i32,
    pub tutor_name: String,
    pub tutor_pic_url: String,
    pub tutor_profile: String,
}
```

```
#[derive(Serialize, Deserialize, Debug, sqlx::FromRow)]
pub struct User {
    pub username: String,
    pub tutor_id: Option<i32>,
    pub user_password: String,
}
```

该结构体会存储用户凭证，用于身份验证

接下来在$PROJECT_ROOT/src/iter5/state.rs 中定义应用程序状态。

```
use sqlx::postgres::PgPool;

pub struct AppState {
    pub db: PgPool,
}
```

AppState 将保存 Postgres 连接池对象，该对象将由数据库访问函数使用。AppState 将由 Actix Web 注入每个处理器函数中，稍后你将看到如何在创建 Actix 应用程序实例时对其进行配置。

我们还在$PROJECT_ROOT/src/iter5 下创建一个 error.rs 文件来定义自定义错误类型。这与之前为导师 Web 服务创建的错误定义类似，但有一些细微的改动(见代码清单 8.2)。

代码清单 8.2 自定义错误类型

```
use ...

#[derive(Debug, Serialize)]
pub enum EzyTutorError {
    DBError(String),
    ActixError(String),
    NotFound(String),
    TeraError(String),
}
#[derive(Debug, Serialize)]
pub struct MyErrorResponse {
    error_message: String,
}
impl std::error::Error for EzyTutorError {}
impl EzyTutorError {
    fn error_response(&self)-> String {
     match self {
        EzyTutorError::DBError(msg)=> {
            println!("Database error occurred: {:?}", msg);
            "Database error".into()
        }
        EzyTutorError::ActixError(msg)=> { ... }
        EzyTutorError::TeraError(msg)=> { ... }
        EzyTutorError::NotFound(msg)=> { ... }
     }
    }
}

impl error::ResponseError for EzyTutorError {
    fn status_code(&self)-> StatusCode {
```

为简洁起见，省略了代码。完整代码详见 GitHub 源文件

定义自定义错误类型，EzyTutorError

定义 MyErrorResponse 错误类型，用于返回响应给用户

为自定义错误类型实现 Rust 的标准 error trait。允许将自定义错误类型转换为 Actix 的 HTTP 响应

针对导师 Web 应用程序中可能发生的各种类型的错误，构建错误响应消息(给用户)

为简洁起见，省略了代码。完整代码详见 GitHub 源文件

实现 Actix 的 ResponseError trait，指定如何将 EzyTutorError 转换为 HTTP 响应

```
        match self {
            EzyTutorError::DBError(_msg)
            | EzyTutorError::ActixError(_msg)
            | EzyTutorError::TeraError(_msg)=>
            ➥ StatusCode::INTERNAL_SERVER_ERROR,
            EzyTutorError::NotFound(_msg)=> StatusCode::NOT_FOUND,
        }
    }
    fn error_response(&self)-> HttpResponse {
        HttpResponse::build(self.status_code()).json(MyErrorResponse {
            error_message: self.error_response(),
        })
    }
}
```

为 EzyTutorError 实现标准库的 Display trait，允许打印错误

```
impl fmt::Display for EzyTutorError {
    fn fmt(&self, f: &mut fmt::Formatter)-> Result<(), fmt::Error> {
        write!(f, "{}", self)
    }
}
```

为 EzyTutorError 实现 Actix Web 的 Error trait，允许使用(?)运算符将前者转换为后者

```
impl From<actix_web::error::Error> for EzyTutorError {
  fn from(err: actix_web::error::Error)-> Self {
    EzyTutorError::ActixError(err.to_string())
  }
}
```

为简洁起见，省略了代码。完整代码详见 GitHub 源文件。
为 EzyTutorError 实现 sqlx 的 error trait，用于使用问号(?)运算符将前者转换为后者

```
impl From<SQLxError> for EzyTutorError { ... }
```

到目前为止，我们已经定义了路由、数据模型、应用程序状态和错误类型。接下来为各种处理器函数编写脚手架。这里不会做太多事情，但将建立代码结构。

在$PROJECT_ROOT/src/iter5/handler.rs 中，添加以下内容：

```
use actix_web::{Error, HttpResponse, Result};
```

处理器函数，用于向用户展示注册表单

```
pub async fn show_register_form()-> Result<HttpResponse, Error> {
    let msg = "Hello, you are in the registration page";
    Ok(HttpResponse::Ok().content_type("text/html").body(msg))
}
```

处理器函数，用于处理注册请求

```
pub async fn handle_register()-> Result<HttpResponse, Error> {
    Ok(HttpResponse::Ok().body(""))
}
```

正如你所看到的，处理器函数实际上并没有做太多事情，但这足以让我们建立一个可以构建的初始代码结构。

最后，让我们编写 main()函数，该函数使用关联的路由配置 Web 应用程序并启动 Web 服务器。将代码清单 8.3 所示的代码添加到$PROJECT_ROOT/bin/iter5-ssr.rs。

代码清单 8.3 main()函数

```
#[path = "../iter5/mod.rs"]
mod iter5;
use iter5::{dbaccess, errors, handler, model, routes, state::AppState};
use routes::app_config;
use actix_web::{web, App, HttpServer};
use dotenv::dotenv;
use std::env;
use sqlx::postgres::PgPool;

use tera::Tera;

#[actix_web::main]
async fn main()-> std::io::Result<()> {
    dotenv().ok();
    //Start HTTP server
    let host_port = env::var("HOST_PORT").expect(
    ➥ "HOST:PORT address is not set in .env file");
    println!("Listening on: {}", &host_port);
    let database_url = env::var("DATABASE_URL").expect(
    ➥ "DATABASE_URL is not set in .env file");
    let db_pool = PgPool::connect(&database_url).await.unwrap();
    // Construct App State
    let shared_data = web::Data::new(AppState { db: db_pool });

    HttpServer::new(move || {
    let tera = Tera::new(concat!(env!("CARGO_MANIFEST_DIR"),
    ➥ "/static/iter5/**/*")).unwrap();

      App::new()
              .data(tera)
              .app_data(shared_data.clone())
              .configure(app_config)
    })
    .bind(&host_port)?
    .run()
    .await
}
```

用于导入特定于应用程序的代码的模块定义

核心 Actix 模块，用于搭建 Web 应用程序和 Web 服务器

使用环境变量的包

导入 sqlx Postgres 连接池

导入 Rust 标准库的 env 模块，用于读取环境变量

从.env 文件导入 host、port 和数据库访问凭证

创建新的 Postgres 连接池，并嵌入应用程序状态中

使用路由、应用程序状态和 Tera 配置 Actix Web 应用程序

将 Web 服务绑定到主机和端口上，并且运行

我们还需要做更多的事情。首先，将 dotenv 包添加到$PROJECT_ROOT 中的 Cargo.toml 文件中。确保 Cargo.toml 文件与此类似：

```
[dependencies]
actix-web = "4.2.1"
actix-files="0.6.2"
tera = "1.17.0"
serde = { version = "1.0.144", features = ["derive"] }
serde_json = "1.0.85"
awc = "3.0.1"
sqlx = {version = "0.6.2", default_features = false, features =
➥["postgres","runtime-tokio-native-tls", "macros", "chrono"]}
```

```
rust-argon2 = "1.0.0"
dotenv = "0.15.0"

[dev-dependencies]
actix-rt = "2.7.0"
```

在$PROJECT_ROOT 的.env 文件中配置主机、端口和数据库详细信息，如下所示：

```
HOST_PORT=127.0.0.1:8080
DATABASE_URL=postgres://ssruser:mypassword@127.0.0.1:5432/ezytutor_web_ssr
```

DATABASE_URL 指定数据库访问的用户名(ssruser)和密码(mypassword)。它还指定运行 Postgres 数据库进程的端口号以及要连接的数据库的名称(ezytutor_web_ssr)。

最后，将以下条目添加到$PROJECT_ROOT/src/iter5 下的 mod.rs 中。这将导出我们定义的函数和数据结构，并允许它们在应用程序的其他地方被导入和使用。

```
pub mod dbaccess;
pub mod errors;
pub mod handler;
pub mod model;
pub mod routes;
pub mod state;
```

现在准备测试。从 $PROJECT_ROOT 运行以下命令：

```
cargo run --bin iter5-ssr
```

你应该看到 Actix Web 服务器启动并监听 .env 文件中指定的 host:port 组合。

从浏览器中，尝试以下 URL 路由(将端口号调整为你自己的.env 文件中的端口号)：

```
localhost:8080/
```

你应该会在浏览器屏幕上看到以下消息：

```
Hello, you are in the registration page
```

现在已经建立了基本的项目结构，并准备好实现向用户显示注册表单的逻辑。

8.2　显示注册表单

在前面的章节中，在导师 Web 服务上构建了 API，用于添加、更新和删除导师信息。我们使用命令行工具测试了这些 API。在本章中，将添加以下两个功能：

- 提供一个 Web 用户界面，导师可以在其中注册。
- 将用户凭证存储在本地数据库中(用于用户管理)。

注意，第二点中的用户管理可以通过不同的方式完成。它可以直接构建到后端 Web 服务中，也可以在前端 Web 应用程序中处理。

在本章中，我们将采用后一种方法，主要是为了展示如何将后端 Web 服务和前端 Web 应用程序之间的职责分离作为一种设计选择来实现。在此模型中，后端 Web 服务将负责核心业务和数据访问逻辑，以存储和应用导师和课程数据的规则，而前端 Web 应用程序将处理用户身份验证和会话管理功能。在这样的设计中，我们将让导师 Web 服务在防火墙后面的受信任区域中运行，仅接收来自受信任前端 Web 应用程序的 HTTP 请求。

图 8.2 展示了导师注册流程，包括以下几个步骤。

(1) 用户访问着陆页 URL。Web 浏览器将在索引路由/上发出 GET 请求，该请求由 Actix Web 服务器路由到 show_ register_form()处理器函数。此函数会将注册表单作为 HTTP 响应发送回 Web 浏览器。现在向用户显示导师注册表单。

(2) 用户填写注册表单。用户可能存在需要更正的无效输入(例如，密码可能不满足最小长度标准)。

(3) HTML 规范允许我们在浏览器中进行几种类型的基本验证检查，而不是每次都往返服务器。我们将利用它强制字段长度，以便对于这些错误，可以在浏览器中向用户提供反馈。

(4) 用户提交注册表单，POST 请求将被发送到/register 路由上的 Actix Web 服务器。Actix Web 框架将请求路由到 handle_register()Web 处理器函数。

(5) handle_register()函数检查密码和密码确认字段是否匹配。如果不这样做，则会向用户显示注册表单并附带相应的错误消息。这是在服务器上而不是在浏览器内验证用户输入的情况。(注意，可以在浏览器中使用自定义 jQuery 或 JavaScript 来执行此验证，但我们在本书中避免使用这种方法，只是为了证明可以在没有 JavaScript 的情况下用 Rust 编写完整的 Web 应用程序。如果你愿意，可以使用 JavaScript。)

(6) 如果密码匹配，handle_register()函数会向后端导师 Web 服务发出 POST 请求，以在数据库中创建新的导师条目。

(7) 用户在注册表单中提供的用户名和密码将存储在导师 Web 应用程序的本地数据库中(而不是导师 Web 服务中)，以便将来验证用户身份。

(8) 通过 handle_register()将确认页面返回到 Web 浏览器以用作 HTTP 响应。

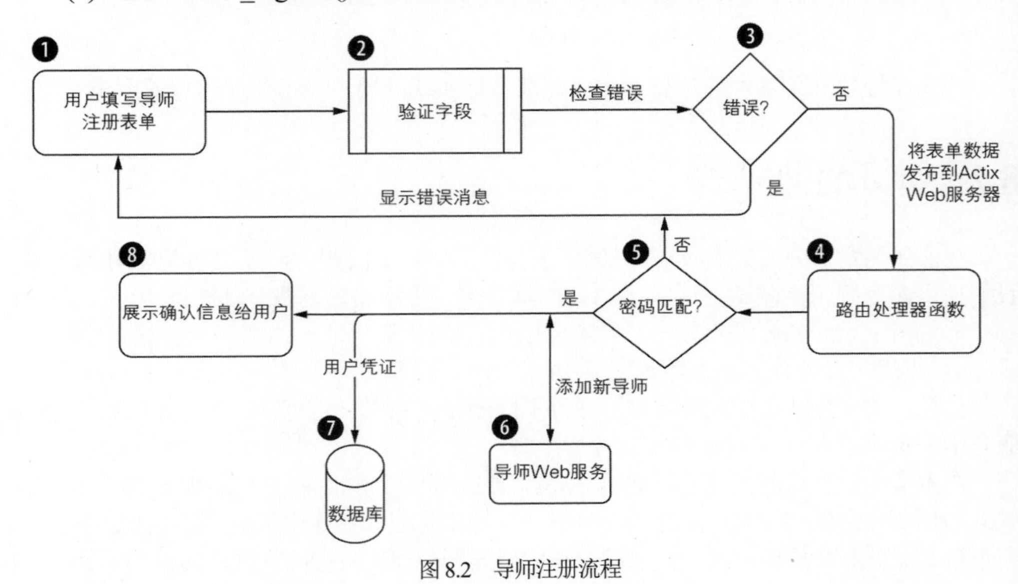

图 8.2 导师注册流程

现在你已经了解了我们要构建的内容，让我们从用于导师注册的静态资产和模板开始。

在#PROJECT_ROOT/static/iter5/中创建一个 register.html 文件，并添加代码清单 8.4 所示的内容。

代码清单 8.4　注册模板

```
<!doctype html>
<html>

<head>
    <meta charset=utf-8>
    <title>Tutor registration</title>
    <link rel="stylesheet" href="/static/tutor-styles.css">
</head>

<body>
  <div class="header">
      <h1>Welcome to EzyTutor</h1>
      <p>Start your own online tutor business in a few minutes</p>
  </div>
  <div class="center">
     <h2>
        Tutor registration
     </h2>
     <form action=/register method=POST>
        <label for="userid">Enter username</label><br>
        <input type="text" name="username" value="{{current_username}}"
        ➥ autocomplete="username" minlength="6"
           maxlength="12" required><br>
        <label for="password">Enter password</label><br>
        <input type="password" name="password"
        ➥ value="{{current_password}}" autocomplete="new-password"
           minlength="8" maxlength="12" required><br>
        <label for="confirm">Confirm password</label><br>
        <input type="password" name="confirmation"
        ➥ value="{{current_confirmation}}" autocomplete="new-password"
           minlength="8" maxlength="12" required><br>
        <label for="userid">Enter tutor name</label><br>
        <input type="text" name="name" value="{{current_name}}"
        ➥ maxlength="12" required><br>
        <label for="imageurl">Enter tutor image url</label><br>
        <input type="text" name="imageurl" value="{{current_imageurl}}"
        ➥ maxlength="30"><br>
        <label for="profile">Brief tutor profile</label><br>
        <input type="text" name="profile" value="{{current_profile}}"
        ➥ maxlength="40"><br>
        <label for="error">
              <p style="color:red">{{error}}</p>
```

<head>区域引用外部 CSS 文件 tutor-styles.css

<body>区域包含两个<form>元素。第一个<form>元素包含五个数据输入字段(<input>元素)和一个提交按钮(type=submit 的<button>元素)。第二个<form>元素将用户带到登录页面

<input>元素的最小长度和最大长度属性强制要求字段长度。任何错误的验证都在浏览器中被直接处理，然后返回合适的信息给用户

<lable>元素用于显示服务器端验证产生的错误信息(处理器函数内)

form action =/register method=POST> 表示提交表单时，将使用表单值构造 POST HTML 请求。此 POST 请求通过/register 路由提交到 Web 服务器

<input> 元素的 value 属性在提交表单时预先将值填充到字段中。这在提交表单到 Web 服务器时很有用，如果出现错误，可以将之前输入的值重新显示给用户。注意 Tera 模板变量语法的使用，变量名称括在一对双大括号中：{{}}

<input>元素的 required 属性指定该字段是必填字段，这由浏览器强制执行

```
            </label>
            <br>
            <button type=submit id="button1">Register</button>
          </form>
          <form action=/signinhome method=GET>
            <button type=submit id="button2">Sign in</button>
        </form>
    </div>
    <p>
    <div id="footer">
          (c)Photo by Author
    </div>
    </p>

</html>
```

现在在$PROJECT_ROOT/static 目录下创建一个 tutor-styles.css 文件，并向其中添加代码清单 8.5 所示的样式。

代码清单 8.5　CSS 样式

```
.header {
     padding: 20px;
     text-align: center;
     background: #fad980;
     color: rgb(48, 40, 43);
     font-size: 30px;
}

.center {
     margin: auto;
     width: 20%;
     min-width: 150px;
     border: 3px solid #ad5921;
     padding: 10px;
}

body, html {
     height: 100%;
     margin: 0;
     font-kerning: normal;
}

h1 {
   text-align: center;
}

p {
   text-align: center;
}

div {
     text-align: center;
```

```
}

div {
   background-color: rgba(241, 235, 235, 0.719);
}

body {
     background-image: url('/static/background.jpg');
     background-repeat: no-repeat;
     background-attachment: fixed;
     background-size: cover;
     height: 500px;
}

#button1, #button2 {
   display: inline-block;
}

#footer {
     position: fixed;
     padding: 10px 10px 0px 10px;
     bottom: 0;
     width: 100%;
     /* Height of the footer*/
     height: 20px;
}
```

这些是非常标准的 CSS 结构，它们将为显示导师注册表单的登录页面提供最小的样式。如果你熟悉 CSS，鼓励你为页面编写自己的样式。

注意，CSS 文件引用/static/background.jpg 背景图像。可以在本章的 Git 仓库中找到此图像。下载该文件，并将其放置在$PROJECT_ROOT/static 文件夹中。或者，你可以使用自己的背景图像(或根本不使用)。

现在准备为 show_register_form()处理器函数编写代码。在$PROJECT_ROOT/src/iter5/handler.rs 中，更新代码如代码清单 8.6 所示。

代码清单 8.6　显示注册表单的处理器函数

注意为此处理器函数添加 web::Data<tera::Tera>参数，当构建应用程序实例时，它会被注入 main()函数中的处理程序中

更新导入模块，以包含 actix_web 的 Web 模块和我们的自定义错误类型

```
use actix_web::{web, Error, HttpResponse, Result};
use crate::errors::EzyTutorError;

pub async fn show_register_form(tmpl: web::Data<tera::Tera>) ->
➥ Result<HttpResponse, Error> {
let mut ctx = tera::Context::new();
ctx.insert("error", "");
ctx.insert("current_username", "");
ctx.insert("current_password", "");
ctx.insert("current_confirmation", "");
ctx.insert("current_name", "");
ctx.insert("current_imageurl", "");
ctx.insert("current_profile", "");
```

构造一个全新的 Tera Context 对象。此对象将用于为在 HTML 模板中声明的模板变量赋予相应的值

初始化模板变量

```
let s = tmpl
     .render("register.html", &ctx)
     .map_err(|_| EzyTutorError::TeraError(
     ➥ "Template error".to_string()))?;

   Ok(HttpResponse::Ok().content_type("text/html").body(s))
}
```

渲染 register.html 模板

返回完整构造的 register.html 文件(为模板变量填充值)，将其作为 HTML 响应正文的一部分

现在可以做一个快速测试。在$PROJECT_ROOT，使用以下命令运行 Actix 服务器。

```
cargo run --bin iter5-ssr
```

从浏览器访问以下 URL(将端口号替换为你在.env 文件中配置的端口号)：

```
localhost:8080/
```

假设你已按照所述的所有步骤进行操作，应该能够看到包含注册表单的登录页面。你已成功显示导师注册表单。现在是时候接受用户输入并将完成的表单发送回 Actix Web 服务器。让我们看看如何做到这一点。

8.3　注册提交处理

你已经了解了如何显示注册表单。现在尝试填写值。具体来说，请执行以下操作。

- 单击 Register 按钮而不输入任何值。对于 HTML 模板中标记为必填的所有字段，你应该看到一条消息“Please fill in this field”或类似内容，具体取决于你使用的浏览器。
- 对于在 HTML 模板中指定了 minlength 或 maxlength 的输入字段，只要你的输入不符合条件，就会看到显示的错误消息。

注意，这些是由 HTML 规范本身启用的浏览器内验证。我们还没有为这些验证编写任何自定义代码。

浏览器内验证不能用于实现更复杂的验证规则。这些必须在服务器端处理器函数中实现。导师注册表单中验证规则的一个示例是密码和密码确认字段必须包含相同的值。为了验证这一点，我们将表单数据提交到 Actix 服务器并在处理器函数中编写验证代码。(如前所述，可以使用 jQuery 或 JavaScript 在浏览器中执行此密码检查验证，但我们在本书中采用纯 Rust 方法)。

正如你在图 8.2 的注册工作流程中看到的那样，还必须在处理器函数中执行以下关键步骤。

(1) 验证密码和密码确认字段是否匹配。如果不匹配，我们会将表单返回给用户，并附上合适的错误消息。用户先前填写的值也应随表单返回，并且不应丢失或丢弃。

(2) 如果密码检查成功，则需要在后端导师 Web 服务上发出 POST 请求来创建新的导师。我们将使用 awc crate(来自 Actix Web 生态系统)作为与导师 Web 服务通信的 HTTP 客户端。

(3) Web 服务将返回新创建的导师记录的详细信息，其中还包括数据库生成的

tutor_id。该 tutor_id 代表导师 Web 服务中唯一的导师记录。Web 应用程序需要记住这一点以供将来使用(例如在请求导师的用户个人资料或检索导师的课程列表时)。我们需要将此信息存储在 Web 应用程序中的某个位置。

(4) 用户在注册表单中输入的用户名和密码也需要记录在 Web 应用程序中，以便将来用于验证导师的身份。

为了存储 tutor_id、username 和 password，我们将使用 Postgres 数据库。你可以使用任何数据库(甚至更轻量的 key/value 存储)，但我们将使用 Postgres，因为你已经在前面的章节中学习了如何将它与 Actix 一起使用。如果你需要复习如何通过 sqlx 和 Actix 使用和配置 Postgres，请参阅第 4 章。

在数据库中以明文形式存储密码是一种不安全的方法，强烈建议不要将其用于生产用途。我们将使用第三方 crate argon2 在数据库中存储密码哈希值，而不是以明文形式存储它们。

回想一下，在本章开头我们将 sqlx、awc 和 argon2 crate 添加到了 Cargo.toml 中。以下是添加的三个 crate 的回顾。

```
sqlx = {version = "0.3.5", default_features = false, features =
➥ ["postgres","runtime-tokio", "macros"]}
rust-argon2 = "0.8.3"
awc = "2.0.3"
```

现在看看数据库层。我们只需要一个数据库来存储注册用户及其凭证。之前在 model.rs 文件中定义了 User 数据结构，如下所示。

```
#[derive(Serialize, Deserialize, Debug, sqlx::FromRow)]
pub struct User {
    pub username: String,
    pub tutor_id: i32,
    pub user_password: String,
}
```

我们在数据库中创建一个表来存储用户信息。在$PROJECT_ROOT/src/iter5 中，你已经创建了一个 dbscripts/user.sql 文件。将以下代码放入这个文件。

```
drop table if exists ezyweb_user;      <-- 如果表存在，删除该表

create table ezyweb_user               <-- 创建名为 ezyweb_user 的数据库表。用户名将成为主键。在创建导师记录时，tutor_id 将从导师 Web 服务返回，我们将其存储在此处。用户密码将是用户在注册表中输入的密码的哈希值
(
    username varchar(20)primary key,
    tutor_id INT,
    user_password CHAR(100)not null
);
```

登录到 psql shell 提示符。从项目根目录运行以下命令。

```
create database __ezytutor_web_ssr__;
create user __ssruser__ with password 'mypassword';
grant all privileges on database ezytutor_web_ssr to ssruser;
```

创建一个新数据库

创建一个新用户，将用户名和密码替换成你自己的

授予新建用户数据库的权限

注销 psql，然后重新登录以查看凭证是否有效。

```
psql -U $DATABASE_USER -d ezytutor_web_ssr -- password
\q
```

这里$DATABASE_USER 指的是在数据库中创建的用户名。

最后，退出 psql shell，然后从项目根目录运行以下命令来创建数据库表。在此之前，请确保你已在$DATABASE_USER 环境变量中设置数据库用户，以方便重用。

```
psql -U $DATABASE_USER- d ezytutor_web_ssr < src/iter5/dbscripts/user.sql
```

重新登录 psql shell，然后运行以下命令来检查表是否已正确创建。

```
\d+ ezyweb_user
```

你应该看到所创建表的元数据。如果你在执行这些与 Postgres 相关的步骤时遇到任何问题，请参阅第 4 章。

现在准备编写数据库访问函数来存储和读取导师数据。在$PROJECT_ROOT/src/iter5/dbaccess.rs 中添加代码清单 8.7 所示的代码。

代码清单 8.7 存储和读取导师数据的数据库访问函数

```
use crate::errors::EzyTutorError;
use crate::model::*;
use sqlx::postgres::PgPool;

//Return result

pub async fn get_user_record(pool: &PgPool, username: String)->
➥ Result<User, EzyTutorError> {
    // Prepare SQL statement
    let user_row = sqlx::query_as!(
        User,
        "SELECT * FROM ezyweb_user where username = $1",
        username
    )
    .fetch_optional(pool)
    .await?;

    if let Some(user)= user_row {
        Ok(user)
    } else {
        Err(EzyTutorError::NotFound("User name not found".into()))
    }
}
```

导入自定义错误类型、数据模型结构体和 sqlx Postgres 连接池

从数据库检索用户记录的函数。它接受 Postgres 连接池和用户名(主键)作为参数

```
pub async fn post_new_user(pool: &PgPool, new_user: User)->
➥ Result<User, EzyTutorError> {
    let user_row= sqlx::query_as!(User,"insert into ezyweb_user(
    ➥ username, tutor_id, user_password)values($1,$2,$3)
    ➥ returning username, tutor_id, user_password",
    new_user.username, new_user.tutor_id, new_user.user_password)
    .fetch_one(pool)
    .await?;

    Ok(user_row)
}
```

为了用户管理，此函数用于创建新用户。它接受 Postgres 连接池和一个 User 类型的新用户。它使用 username(主键)、tutor_id(从后端 tutor Web 服务返回)和 user_password(哈希后的密码)创建一个新用户

现在你应该熟悉编写此类数据库访问函数，因为我们在前面的章节中已经广泛讨论过它们。现在让我们继续使用处理器函数执行注册。

应该编写哪个处理器函数来处理注册表单提交？你会记得，提交表单时，浏览器会调用 HTTP POST 请求/register 路由，在路由配置中，我们将此路由的处理器函数指定为 handle_register()。让我们进入$PROJECT_ROOT/src/iter5 下的 handler.rs 文件，并更新 handle_register()函数，如代码清单 8.8 所示。

代码清单 8.8　处理注册表单提交的函数

将响应返回到 Web 客户端(Web 浏览器或者命令行 HTTP 客户端)

使用 argon2 库，构造用户输入的密码的哈希值

导入必要的模块

handle_register()处理器函数接收三个参数——Tera 模板、应用程序状态、表单数据

调用数据库访问函数，检查用户是否已经在数据库中注册过

如果用户没有注册过，检查用户输入的密码和确认的密码是否匹配，并适当处理

为简洁起见，省略部分源代码，完整代码详见 GitHub

如果用户没有注册过，并且密码匹配，我们将构造参数以 JSON 格式发送

将某机型内存(RAM)的千兆字节数乘以该内存的单价以及该月的使用小时数

```
use crate::dbaccess::{get_user_record, post_new_user};
...
use serde_json::json;

pub async fn handle_register(
    tmpl: web::Data<tera::Tera>,
    app_state: web::Data<AppState>,
    params: web::Form<TutorRegisterForm>,
)-> Result<HttpResponse, Error> {
    let mut ctx = tera::Context::new();
    let s;
    let username = params.username.clone();
    let user = get_user_record(&app_state.db, username.to_string()).await;
    let user_not_found: bool = user.is_err();
    //If user is not found in database, proceed to verification of passwords
    if user_not_found {
        if params.password != params.confirmation {
            ctx.insert("error", "Passwords do not match");
            ...
            s = tmpl
                .render("register.html", &ctx)
                .map_err(|_| EzyTutorError::TeraError(
                ➥ "Template error".to_string()))?;
        } else {
            let new_tutor = json!({
                "tutor_name": ...
            });
            let awc_client = awc::Client::default();
            let res = awc_client
                .post("http://localhost:3000/tutors/")
```

```
            .send_json(&new_tutor)
            .await
            .unwrap()
            .body()
            .await?;
        let tutor_response: TutorResponse = serde_json::from_str(
        ➥ &std::str::from_utf8(&res)?)?;
        s = format!("Congratulations. ...);
        // Hash the password
        let salt = b"somerandomsalt";
        let config = Config::default();
        let hash =
            argon2::hash_encoded(params.password.clone().as_bytes(),
            ➥ salt, &config).unwrap();
        let user = User {
            ...
        };
        let _tutor_created = post_new_user(
        ➥ &app_state.db, user).await?;
    }
  } else {
    ctx.insert("error", "User Id already exists");
        ...
    s = tmpl
        .render("register.html", &ctx)
        ...; <2,14>
  };
  Ok(HttpResponse::Ok().content_type("text/html").body(s))
}
```

发送POST请求给导师 Web 服务，并 await 响应

获取导师 Web 服务的 HTTP 响应正文(包含新创建的导师的详情)

接收到的 HTTP 响应体中包含以字节格式表示的导师数据。将其转换为字符串格式

构造一条确认消息，在注册成功后返回给用户

使用 argon2 库，构造用户输入的密码的哈希值

为简洁起见，省略部分源代码，完整代码详见 GitHub

为了将来验证，将 username、password 和 tutor_id 存储在 Postgres 数据库

如果数据库中已存在该用户，请填充 register.html 模板中的模板变量(包括错误消息)，然后渲染该模板

将响应返回到 Web 客户端、Web 浏览器或者命令行 HTTP 客户端

为了保持简洁，代码清单 8.8 已被缩短了一些，但我们导入了几个你了解的模块：数据模型中的数据结构用于捕获用户输入并将其存储在数据库中；AppState 用于存储 Postgres sqlx 连接池；argon2 用于密码哈希和验证以及我们的自定义错误类型。我们还分别为 Web 服务器和序列化/反序列化导入 actix_web 和 serde 模块。

你之前未曾见过的一点是，使用 argon2 库对用户输入的密码进行哈希处理。你可以指定任何值作为盐值，该盐值用于构造哈希值。哈希是一个单向函数，这意味着从哈希后的密码中无法重建出原始密码，因此以明文形式指定盐值是安全的。

现在准备对此进行测试。不过，首先必须确保后端导师 Web 服务正在运行中。转到 ezytutors/tutor-web-service 目录，然后运行 Web 服务，如下所示。

```
cargo run --bin iter5
```

使用以下命令从$PROJECT_ROOT 运行 Web 应用程序：

```
cargo run --bin iter5-ssr
```

从浏览器访问 URL localhost:8080/。填写表单并单击 Register 按钮。如果所有数据输入正确，应该会在屏幕上看到如下所示的消息。

```
Congratulations. You have been successfully registered with EzyTutor and your
```

```
tutor id is: __xx__. To start using EzyTutor, please login with your
credentials
```

改进用户界面

由于至少两个原因，该解决方案中与用户的交互并不理想。首先，在出现错误的情况下，我们最终会重复大量代码来重建表单。其次，如果用户将端点添加为书签，认为它是注册端点，那么在使用书签时，他们实际上会得到一个空白页面。采用重定向至根路径“/”会是一个更优的方案。这一修改并非微不足道，但它将成为一个很好的探索练习。

尝试使用相同的用户名再次注册。你应该会看到注册表单中填充了你输入的值，以及以下错误消息。

```
User Id already exists
```

再注册一次，但这一次请确保密码和密码确认字段不匹配。你应该再次看到注册表单中填充了你输入的值，以及以下错误消息。

```
Passwords do not match
```

这几个测试结束了我们关于导师注册和本章的部分。你已经了解了如何使用模板变量定义模板、向用户显示注册表单、浏览器内部验证和处理程序内验证、从模板发送 HTTP 请求、向后端 Web 服务发出 HTTP 请求，以及将用户存储在本地数据库中。我们自定义一个错误类型来统一错误处理，并了解如何在出于安全目的将密码存储到数据库之前对其进行哈希处理。

如果这是一个真正用于生产的应用程序，则可以在当前实现中添加许多改进。然而，这不是本书的目标。我们刚刚以相当简单的方式说明了如何使用正确的 Rust crates 启动此类应用程序。

在第 9 章中，我们将总结服务器端 Web 应用程序，并涵盖包括用户登录和创建表单以维护课程数据等主题。

8.4　本章小结

- 从架构上说，服务器渲染的 Rust Web 应用程序由 HTML 模板(使用 Tera 等模板库定义和渲染)、HTTP 请求到达的路由、处理 HTTP 请求的处理器函数以及抽象存储和检索数据细节的数据库访问层组成。
- 标准 HTML 表单可用于捕获 Actix Web 应用程序中的用户输入。将 Tera 模板变量注入 HTML 表单可提供更好的用户体验和反馈来指导用户。
- 表单中的用户输入验证可以在浏览器或服务器处理器函数中执行。简单的验证(例如字段长度检查)通常由浏览器完成，而更复杂的验证(如用户名是否已经注册)是在服务器处理器函数中完成的。当用户提交表单时，浏览器将 POST HTTP 请求与表单数据一起发送到指定路由上的 Actix Web 服务器。

- 可以定义自定义错误类型来统一 Web 应用程序中的错误处理。如果用户输入的表单数据出现错误，那么处理器函数将重新呈现相应的 Tera 表单模板，并将其与适当的错误消息一起发送到浏览器。
- 与用户管理相关的数据(如用户名和密码)存储在Web应用程序的本地数据存储中(在本章中使用了 Postgres 数据库)。出于安全目的，密码以哈希形式存储，而不是以明文形式存储。

第 9 章

使用表单进行课程维护

本章内容

- 设计和实现用户身份验证功能
- 路由 HTTP 请求
- 使用 HTTP POST 方法创建资源
- 使用 HTTP PUT 方法更新资源
- 使用 HTTP DELETE 方法删除资源

第 8 章讨论了导师注册。当用户注册为导师时，导师的信息存储在两个数据库中。导师的个人资料详细信息(如姓名、头像和专业领域)保存在后端 Web 服务的数据库中。用户的注册信息(如用户 ID 和密码)存储在本地 Web 应用程序的数据库中。

本章继续在前面代码的基础上进行构建。编写一个 Rust 前端 Web 应用程序，允许用户登录程序、与本地数据库交互以及与后端 Web 服务通信。

本章的重点不是为 Web 应用程序编写 HTML 和 JavaScript 用户界面，这也并非本书的重点。因此，本章仅讨论和实现两种表单：登录表单和用户通知页面。重点是用 Rust 编写构成 Web 应用程序的所有其他组件，包括路由、请求处理程序和数据模型，学习如何在后端 Web 服务上调用 API；我们将使用一个命令行 HTTP 工具测试 Web 应用程序的 API，以此替代用户界面测试；使用 Tera 模板为 Web 应用程序编写基于 HTML 和 JavaScript 的 UI 的其余部分任务则留作练习。

首先从导师登录(身份验证)功能开始。

9.1 设计用户验证

导师登录接受两个字段：username 和 password，用于验证 Web 应用程序的导师身份。图 9.1 为导师登录表单。

导师登录的流程如图 9.2 所示。图中的 Actix Web 服务器是前端 Web 应用程序服务器，而非后端导师 Web 服务。

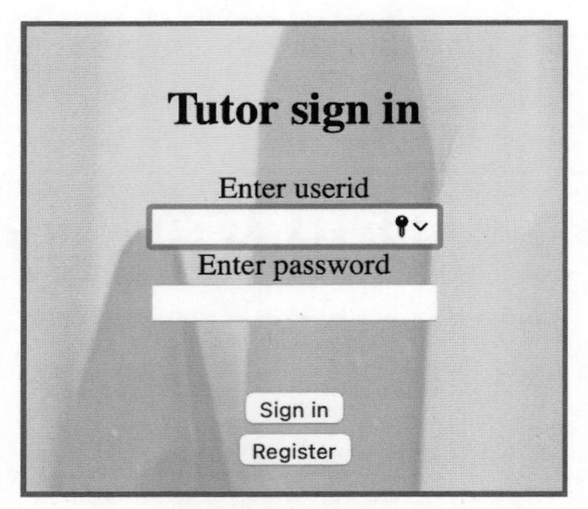

图 9.1 导师登录表单

(1) 用户访问登录页面 URL，显示导师登录表单。

(2) 用户名和密码使用 HTML 功能在表单内做基础校验，不需要将请求发送到 Actix Web 服务器。

(3) 如果验证出现错误，则会向用户提供反馈。

(4) 用户提交登录表单。一个 POST 请求被发送到位于登录路径的 Actix Web 服务器上，然后该服务器将请求路由到相应的路由处理程序。

(5) 路由处理器函数通过从本地数据库检索用户凭证来验证用户名和密码。

(6) 如果身份验证不成功，则会向用户重新显示登录表单，并显示相应的错误消息。错误消息的示例包括错误的用户名或密码。

(7) 如果用户身份验证成功，则被定向到导师 Web 应用程序的主页。

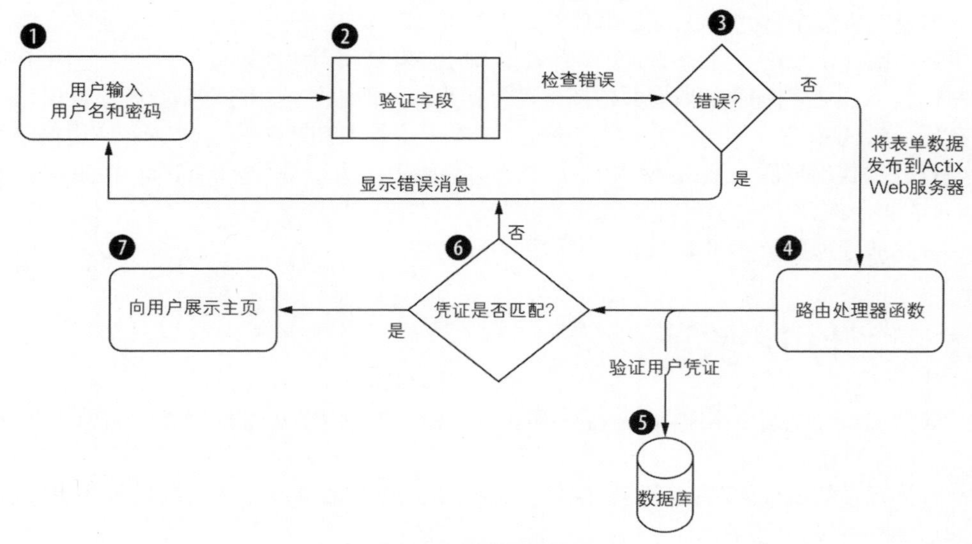

图 9.2 导师登录流程

现在已基本了解本章的开发目标，接下来设置项目代码结构和基本脚手架。

9.2 设置项目结构

首先，克隆第 8 章中的 ezytutors 仓库。然后将 PROJECT_ROOT 环境变量设置为/path-to-folder/ezytutors/tutor-web-app-ssr。自此称此目录为$PROJECT_ROOT。

项目根目录下的代码结构如下所示。

(1) 复制$PROJECT_ROOT/src/iter5 目录，并将其重命名$PROJECT_ROOT/ src/iter6。

(2) 复制$PROJECT_ROOT/static/iter5 目录，并将其重命名$PROJECT_ROOT/static/iter6。该目录将包含 HTML 和 Tera 模板。

(3) 复制$PROJECT_ROOT/src/bin/iter5-ssr.rs 文件，并将其重命名为$PROJECT_ROOT/src/bin/iter6-ssr.rs。该文件包含 main()函数，该函数将配置和启动 Actix Web 服务器(为正在构建的 Web 应用程序提供服务)。在 iter6-ssr.rs 中，将所有对 iter5 的引用替换为 iter6。

另外，确保$PROJECT_ROOT 中的.env 文件已配置正确的 HOST_PORT 和 DATABASE_URL 环境变量。

万事俱备，先从$PROJECT_ROOT/src/iter6/routes.rs 中的路由定义开始。

```
use crate::handler::{handle_register, show_register_form, show_signin_form,
➥ handle_signin};
use actix_files as fs;
use actix_web::web;

pub fn app_config(config: &mut web::ServiceConfig){
   config.service(
        web::scope("")
          .service(fs::Files::new("/static", "./static").show_files_listing())
          .service(web::resource("/").route(web::get().to(show_register_form)))
          .service(web::resource("/signinform").route(web::get().to(
          ➥ show_signin_form)))
          .service(web::resource("/signin").route(web::post().to(
          ➥ handle_signin)))
          .service(web::resource("/register").route(web::post().to(
          ➥ handle_register))),
      );
 }
```

添加 show_signin_form 和 handle_signin 的导入，目前还未编写这个处理器函数

添加/signinform 路由，以向访问登录页面的用户展示登录表单。show_signin-form 处理器函数(尚未编写)将向用户展示 HTML 表单

添加/register 路由来处理用户的登录请求。当用户输入用户名和密码并提交登录表单时，会触发 POST HTTP 请求

完成此操作后，可以继续进行$PROJECT_ROOT/src/iter6/model.rs 中的模型定义。将 TutorSigninForm 数据结构添加到 model.rs。

```
// 用于导师登录的表单
#[derive(Serialize, Deserialize, Debug)]
pub struct TutorSigninForm {
```

```
    pub username: String,
    pub password: String,
}
```

这是一个 Rust 结构体，用于捕获用户输入的用户名和密码，并使其可在处理器函数中处理

设置完项目的基本结构后，便可以开始编写用户登录的代码了。

9.3 实现用户验证

既然已经定义了路由和数据模型，接下来在$PROJECT_ROOT/src/iter6/handler/auth.rs 中编写用户登录的处理器函数。

首先，对导入部分进行以下更改：

```
use crate::model::{TutorRegisterForm, TutorResponse,
➥ TutorSigninForm, User};
```

将 TutorSigninForm 添加到数据模型的导入表单中

添加以下处理器函数，并将同一文件中对 iter5 的引用替换为 iter6：

```
pub async fn show_signin_form(tmpl: web::Data<tera::Tera>) ->
➥ Result<HttpResponse, Error> {
    let mut ctx = tera::Context::new();
    ctx.insert("error", "");
    ctx.insert("current_name", "");
    ctx.insert("current_password", "");
let s = tmpl
    .render("signin.html", &ctx)
    .map_err(|_| EzyTutorError::TeraError(
    ➥ "Template error".to_string()))?;

   Ok(HttpResponse::Ok().content_type("text/html").body(s))
}
pub async fn handle_signin(
    tmpl: web::Data<tera::Tera>,
    app_state: web::Data<AppState>,
    params: web::Form<TutorSigninForm>,
)-> Result<HttpResponse, Error> {

Ok(HttpResponse::Ok().finish())
}
```

此函数用于初始化表单字段，并向用户展示 signin.html 文件

这是处理登录请求的函数的占位符，稍后再讨论

show_signin_form 处理器函数是为了响应到达/signinform 路由的请求而调用。

接下来，设计当用户选择登录 EzyTutors Web 应用程序时将显示的实际登录的 HTML 表单。在$PROJECT_ROOT/static/iter6 目录中创建一个新的 signin.html 文件，并添加代码清单 9.1 中的代码。注意，同一目录中应该已经存在一个 register.html 文件。

代码清单 9.1 导师登录表单

```
<!doctype html>
<html>

<head>
    <meta charset=utf-8>
```

```
    <title>Tutor registration</title>

    <style>
   ...
    </style>
</head>

<body>
    <div class="header">
        <h1>Welcome to EzyTutor</h1>
        <p>Start your own online tutor business in a few minutes</p>
    </div>

    <div class="center">
       <h2>
         Tutor sign in
     </h2>
       <form action=/signin method=POST>
           <label for="userid">Enter username</label><br>
           <input type="text" name="username" autocomplete="username"
           ➥ value="{{current_name}}" minlength="6"
              maxlength="12" required><br>
           <label for="password">Enter password</label><br>
           <input type="password" name="password"
           ➥ autocomplete="new-password" value="{{current_password}}"
              minlength="8" maxlength="12" required><br>
           <label for="error">
              <p style="color:red">{{error}}</p>
           </label><br>
           <button type=submit id="button2">Sign in</button>

        </form>
        <form action=/ method=GET>
             <button type=submit id="button2">Register</button>
        </form>
    </div>
    <p>
    <div id="footer">
        (c)Photo by Author
    </div>

    </p>

</html>
```

这是标准 CSS；简洁起见，代码已被省略，这里不再解释(完整代码详见 GitHub 文件)

当用户提交登录表单时，浏览器会通过/signin 路由向 Tutor SSR Web 应用发送 POST 请求

用于输入用户名的输入字段

用于输入密码的输入字段

标签，用于显示任何错误(例如登录失败)

用于用户在输入登录凭证后提交登录表单的按钮

允许用户切换到注册表单

如代码清单 9.2 所示，将 user.html 表单添加到$PROJECT_ROOT/static/iter6。用户成功登录后将显示该信息。

代码清单 9.2　用户通知页面

```
<!DOCTYPE html>
<html>
```

```
<head>
    <meta charset=\"utf-8\" />
    <title>{{title}}</title>
</head>

<body>
    <h1>Hi, {{name}}!</h1>
    <p>{{message}}</p>
</body>

</html>
```

最后，看一下$PROJECT_ROOT/src/bin/iter6-ssr.rs中的main()函数。以下是导入代码：

```
#[path = "../iter6/mod.rs"]
mod iter6;
use actix_web::{web, App, HttpServer};
use actix_web::web::Data;
use dotenv::dotenv;
use iter6::{dbaccess, errors, handler, model, routes, state};
use routes::app_config;
use sqlx::postgres::PgPool;
use std::env;
use tera::Tera;
```

main()函数如代码清单9.3所示。

代码清单9.3 main()函数

```
#[actix_web::main]
async fn main()-> std::io::Result<()> {
  dotenv().ok();
  // 启动HTTP服务器
  let host_port = env::var("HOST_PORT").expect(
    ➥ "HOST:PORT address is not set in .env file");
  println!("Listening on: {}", &host_port);
  let database_url = env::var("DATABASE_URL").expect(
    ➥ "DATABASE_URL is not set in .env file");
  let db_pool = PgPool::connect(&database_url).await.unwrap();
  // 构造应用程序状态
  let shared_data = web::Data::new(state::AppState { db: db_pool });

  HttpServer::new(move || {
    let tera = Tera::new(concat!(env!("CARGO_MANIFEST_DIR"),
    ➥ "/static/iter6/**/*")).unwrap();

    App::new()
    .app_data(Data::new(tera))
        .app_data(shared_data.clone())
        .configure(app_config)
  })
  .bind(&host_port)?
  .run()
```

```
    .await
}
```

马上测试一下。从$PROJECT_ROOT 运行以下命令：

```
cargo run --bin iter6-ssr
```

如果收到错误消息"no implementation for u32 - usize,"，则运行以下命令。

```
cargo update -p lexical-core
```

这会将 Cargo.lock 文件中的包依赖项升级到最新版本。

从浏览器访问以下路径：

```
localhost:8080/signinform
```

之后会显示登录表单。要调用登录表单，还可以访问显示注册表单的索引路由"/"，也可以单击登录(Sign In)按钮。

一旦完成此操作，就可以实现用户登录的逻辑。将代码清单 9.4 中的代码添加到$PROJECT_ROOT/src/iter6/handler.rs 文件中。不要忘记删除与之前创建的同名的占位符函数。

代码清单 9.4　用于登录的处理器函数

```
pub async fn handle_signin(
    tmpl: web::Data<tera::Tera>,
    app_state: web::Data<AppState>,
    params: web::Form<TutorSigninForm>,
)-> Result<HttpResponse, Error> {
    let mut ctx = tera::Context::new();
    let s;
    let username = params.username.clone();
    let user = get_user_record(&app_state.db,
    ➥ username.to_string()).await;
    if let Ok(user)= user {
        let does_password_match = argon2::verify_encoded(
            &user.user_password.trim(),
            params.password.clone().as_bytes(),
        )
        .unwrap();
        if !does_password_match {
            ctx.insert("error", "Invalid login");
            ctx.insert("current_name", &params.username);
            ctx.insert("current_password", &params.password);
            s = tmpl
                .render("signin.html", &ctx)
                .map_err(|_| EzyTutorError::TeraError(
                ➥ "Template error".to_string()))?;
        } else {
            ctx.insert("name", &params.username);
            ctx.insert("title", &"Signin confirmation!".to_owned());
            ctx.insert(
                "message",
                &"You have successfully logged in to EzyTutor!".to_owned(),
```

当用户提交登录表单时，调用数据库访问函数，检查数据库中是否找到该用户记录

如果数据库中找到了用户记录，但用户输入的密码与存储的密码不匹配，则向用户重新显示登录表单，并显示错误消息

如果数据库中的用户记录和密码匹配，则返回确认消息给用户

```
            );
            s = tmpl
                .render("user.html", &ctx)
                .map_err(|_| EzyTutorError::TeraError(
                ➥ "Template error".to_string()))?;
        }
    } else {
        ctx.insert("error", "User id not found");
        ctx.insert("current_name", &params.username);
        ctx.insert("current_password", &params.password);
        s = tmpl
            .render("signin.html", &ctx)
            .map_err(|_| EzyTutorError::TeraError(
            ➥ "Template error".to_string()))?;
    };

    Ok(HttpResponse::Ok().content_type("text/html").body(s))
}
```

如果在数据库中找不到用户名，则返回带有错误消息的登录表单

现在测试一下登录功能。从$PROJECT_ROOT 运行以下命令：

```
cargo run --bin iter6-ssr
```

从浏览器访问以下路径：

```
localhost:8080/signinform
```

输入正确的用户名和密码，将看到确认消息。

再次加载登录表单，输入有效的用户名和错误的密码。验证是否收到错误消息。

尝试第三次输入表单，这次使用无效的用户名。同样，会看到一条错误消息。

至此，本节结束。到目前为止，你已经了解了如何使用 Tera 模板库定义模板来生成动态网页，以及如何向用户显示注册和登录表单。还实现了用于注册和登录用户以及处理用户输入错误的代码。并且定义了自定义错误类型来统一错误的处理。

继续管理课程详情。先实现路由，然后开发资源维护所需的功能。之后只关注服务，不再看相应的表单。

9.4 路由 HTTP 请求

本节添加导师课程维护的能力。目前，已将所有处理器函数都放在一个文件中，并且必须添加处理程序以进行课程维护。首先将处理器函数统一放到它们自己的模块中，以便能够将处理器函数拆分到多个源文件中。

首先，在$PROJECT_ROOT/src/iter6 目录中创建一个名为 handler 的新目录。然后，将$PROJECT_ROOT/src/iter6/handler.rs 移动到$PROJECT_ROOT/src/iter6/handler 中，并将其重命名为 auth.rs，因为该文件处理注册和登录功能。

在$PROJECT_ROOT/src/iter6/handler 目录下创建新的 course.rs 和 mod.rs 文件。在 mod.rs 中，添加以下代码以构建处理程序文件夹中的文件并将其导出为 Rust 模块。

```
pub mod auth;        ← 包含用户注册和登录功能的处理器函数
pub mod course;      ← 包含课程维护功能的处理器函数
```

修改$PROJECT_ROOT/src/iter6/routes.rs，如代码清单 9.5 所示。

代码清单 9.5　添加课程维护路由

```
use crate::handler::auth::{handle_register, handle_signin,
➥ show_register_form, show_signin_form};          ← 导入用户注册和登录的处理器函数
use crate::handler::course::{handle_delete_course, handle_insert_course,
➥ handle_update_course};          ← 导入课程维护的处理器函数(这些函数还未创建)

use actix_files as fs;
use actix_web::web;

pub fn app_config(config: &mut web::ServiceConfig){          ← 原始路由定义
     config.service(
          web::scope("")
          .service(fs::Files::new("/static", "./static").show_files_listing())
          .service(web::resource("/").route(web::get().to(show_register_form)))
          .service(web::resource("/signinform").route(web::get().to(
          ➥ show_signin_form)))
          .service(web::resource("/signin").route(web::post().to(
          ➥ handle_signin)))
          .service(web::resource("/register").route(web::post().to(
          ➥ handle_register))),
     );
}
                                        添加新的路由定义，用于课程维护
pub fn course_config(config: &mut web::ServiceConfig){
   config.service(
     web::scope("/courses")          ← /courses 将是课程维护路由的前缀
     .service(web::resource("new/{tutor_id}").route(web::post().to(
     ➥ handle_insert_course)))          ← 在路由/courses/new/{tutor_id}上，POST 请求用于添加一个 tutor_id 的新课程
     .service(
     web::resource("{tutor_id}/{course_id}").route(web::put().to(
     ➥ handle_update_course)),          ← 在路由/courses/{tutor_id}/{course_id}上，PUT 请求用于更新 tutor_id 的已经存在的课程
     )

     .service(
       web::resource("delete/{tutor_id}/{course_id}")
         .route(web::delete().to(handle_delete_course)),
     ),          ← 在路由/courses/delete/{tutor_id}/{course_id}上，DELETE 请求用于删除 tutor_id 已有的课程
  );
}
```

指定{tutor_id}和{course_id}作为路径参数时，可以借助 Actix Web 框架提供的提取器从请求的路径中提取它们。

接下来，在$PROJECT_ROOT/bin/iter6-ssr.rs 中添加新的课程维护路由。进行以下改

动以导入代码清单 9.5 中定义的路由。

```
use routes::{app_config, course_config};
```

在 main()函数中，进行以下改动以添加 course_config 路由。

```
HttpServer::new(move || {
        let tera = Tera::new(concat!(env!("CARGO_MANIFEST_DIR"),
        ➥ "/static/iter6/**/*")).unwrap();

        App::new()
            .app_data(Data::new(tera))
            .app_data(shared_data.clone())
            .configure(course_config)
            .configure(app_config)
    })
    .bind(&host_port)?
    .run()
    .await
```

添加课程维护路由。注意它需要放在 app_config 行的前面，匹配/courses/前缀的所有路由

现有的身份验证路由(注册和登录)，匹配所有非/courses/前缀的路由

接下来，在$PROJECT_ROOT/src/iter6/handler/course.rs 中添加用于课程维护的占位符处理器函数，如代码清单 9.6 所示。稍后将编写调用后端 Web 服务的实际逻辑。

代码清单 9.6　课程维护处理器函数的占位符

```
use actix_web::{web, Error, HttpResponse, Result};
use crate::state::AppState;

pub async fn handle_insert_course(
    _tmpl: web::Data<tera::Tera>,
    _app_state: web::Data<AppState>,
)-> Result<HttpResponse, Error> {
    println!("Got insert request");
    Ok(HttpResponse::Ok().body("Got insert request"))
}

pub async fn handle_update_course(
    _tmpl: web::Data<tera::Tera>,
    _app_state: web::Data<AppState>,
)-> Result<HttpResponse, Error> {
    Ok(HttpResponse::Ok().body("Got update request"))
}

pub async fn handle_delete_course(
    _tmpl: web::Data<tera::Tera>,
    _app_state: web::Data<AppState>,
)-> Result<HttpResponse, Error> {
    Ok(HttpResponse::Ok().body("Got delete request"))
}
```

代码中的处理器函数除了返回消息之外什么都不做。本章后面将实现预期的处理程序功能。

注意，变量名称前使用了下画线(_)，意指不会在函数体内使用这些参数，并且在变

量名称之前添加下画线将防止编译器发出警告。

下面对这四种路由进行快速测试。使用以下命令运行服务器：

```
cargo run --bin iter6-ssr
```

若要测试 POST、PUT 和 DELETE 请求，可从命令行尝试以下命令。

```
curl -H "Content-Type: application/json" -X POST -d '{}'
➥ localhost:8080/courses/new/1
curl -H "Content-Type: application/json" -X PUT -d '{}'
➥ localhost:8080/courses/1/2
curl -H "Content-Type: application/json" -X DELETE -d '{}'
➥ localhost:8080/courses/delete/1/2
```

应该可以看到从服务器返回的以下消息，对应于前面的三个 HTTP 请求。

```
Got insert request
Got update request
Got delete request
```

现在，已经验证了路由已正确建立，并且 HTTP 请求正在被路由到正确的处理器函数。9.5 节将在处理器函数中实现添加导师课程的逻辑。

9.5　使用 HTTP POST 方法创建资源

接下来，通过第 6 章编写的后端导师 Web 服务发送 API 请求来为导师添加新课程。转到第 6 章的代码仓库(/path-tochapter6-folder/ezytutors/tutor-db)，并使用以下命令启动导师 Web 服务。

```
cargo run --bin iter5
```

导师Web服务现在应该已准备好接收来自导师Web应用程序的请求。接着在$PROJECT_ROOT/src/iter6/handler/course.rs 中的 Web 应用程序中编写课程处理程序的代码。

修改$PROJECT_ROOT/src/iter6/model.rs 文件以添加代码清单 9.7 中的代码。

代码清单 9.7　课程维护的数据模型更改

```
#[derive(Deserialize, Debug, Clone)]
pub struct NewCourse {          ◄── 表示用户提供的用于创建
    pub course_name: String,        新课程的结构体
    pub course_description: String,
    pub course_format: String,
    pub course_duration: String,
    pub course_structure: Option<String>,
    pub course_price: Option<i32>,
    pub course_language: Option<String>,
    pub course_level: Option<String>,
}
```

```
#[derive(Deserialize, Serialize, Debug, Clone)]
pub struct NewCourseResponse {
     pub course_id: i32,
     pub tutor_id: i32,
     pub course_name: String,
     pub course_description: String,
     pub course_format: String,
     pub course_structure: Option<String>,
     pub course_duration: String,
     pub course_price: Option<i32>,
     pub course_language: Option<String>,
     pub course_level: Option<String>,
     pub posted_time: String,
}
```

表示在新课程创建时，从后端导师Web服务处收到的响应的结构体

Trait实现，用于将用于新课程创建的导师Web服务返回的JSON数据转换成NewCourseResponse结构体。字符串数据类型字段(堆分配)会被克隆，而整型字段(栈分配)不会

```
impl From<web::Json<NewCourseResponse>> for NewCourseResponse {
fn from(new_course: web::Json<NewCourseResponse>)-> Self {
     NewCourseResponse {
          tutor_id: new_course.tutor_id,
          course_id: new_course.course_id,
          course_name: new_course.course_name.clone(),
          course_description: new_course.course_description.clone(),
          course_format: new_course.course_format.clone(),
          course_structure: new_course.course_structure.clone(),
          course_duration: new_course.course_duration.clone(),
          course_price: new_course.course_price,
          course_language: new_course.course_language.clone(),
          course_level: new_course.course_level.clone(),
          posted_time: new_course.posted_time.clone(),
     }
   }
}
```

另外，添加以下模块导入，这是From trait实现所需。

```
use actix_web::web;
```

接下来，重写处理器函数以创建一个新课程。在$PROJECT_ROOT/src/iter6/handler/course.rs中，添加以下模块导入。

```
use actix_web::{web, Error, HttpResponse, Result};
use crate::state::AppState;
use crate::model::{NewCourse, NewCourseResponse, UpdateCourse,
➥ UpdateCourseResponse};
use serde_json::json;

use crate::state::AppState;
```

Actix Web相关导入

刚刚创建的Rust结构体，用于保存导师Web服务的输入和输出数据

用于在JSON和Rust结构体之间序列化与反序列化的实用程序包

接下来，修改handle_insert_course处理器函数，如代码清单9.8所示。

代码清单 9.8　用于插入新课程的处理器函数

```
pub async fn handle_insert_course(
    _tmpl: web::Data<tera::Tera>,
    _app_state: web::Data<AppState>,
    path: web::Path<i32>,
    params: web::Json<NewCourse>,
)-> Result<HttpResponse, Error> {
    let tutor_id = path.into_inner();
    let new_course = json!({
        "tutor_id": tutor_id,
        "course_name": &params.course_name,
        "course_description": &params.course_description,
        "course_format": &params.course_format,
        "course_structure": &params.course_structure,
        "course_duration": &params.course_duration,
        "course_price": &params.course_price,
        "course_language": &params.course_language,
        "course_level": &params.course_level

    });
    let awc_client = awc::Client::default();
    let res = awc_client
        .post("http://localhost:3000/courses/")
        .send_json(&new_course)
        .await
    .unwrap()
        .body()
        .await?;
    println!("Finished call: {:?}", res);
    let course_response: NewCourseResponse = serde_json::from_str(
    ➥ &std::str::from_utf8(&res)?)?;
    Ok(HttpResponse::Ok().json(course_response))
}
```

应用程序状态对象

为导师添加新课程的处理器函数

注入 main()函数中的 Tera 模板对象

这个创建新课程的参数(作为 HTTP 请求体中的 JSON 数据发送)可以通过 Actix 提取器访问。如果从 HTML 表单发送 HTTP 请求，将其类型改为 web::Form<NewCourse>

从 HTTP 请求中，提取路径参数(tutor_id)和 JSON 数据参数，并构建一个新的 JSON 对象来传递给后端 tutor Web 服务

路径参数 tutor_id 作为课程创建 HTTP 请求的一部分发送，可以用 Actix 提取器访问它

实例化 Actix Web 客户端(HTTP 客户端)与 tutor Web 服务通信

将 HTTP POST 请求连同 JSON 数据发送到 tutor Web 服务以创建新课程，并接收响应

将来自导师 Web 服务的 HTTP 响应数据返回给在导师 Web 应用上发起课程创建请求的 HTTP 客户端

将从 tutor Web 服务接收的 JSON 数据(作为 HTTP 响应的一部分)转换为 Rust NewCourseResponse 数据结构体。在 model.rs 中实现 From trait，来指定应该如何进行此转换

虽然代码清单 9.8 中未使用 Tera 模板对象，但是推荐使用 Tera 模板构建 HTML 界面作为练习。应用程序状态对象也未使用，但它可用于说明如何在处理器函数中访问应用程序状态。

从$PROJECT_ROOT 构建并运行 Web SSR 客户端，如下所示。

```
cargo run --bin iter6-ssr
```

使用 curl 请求测试新课程的创建。确保导师 Web 服务正在运行。然后，从另一个终端运行以下命令。

```
curl -X POST localhost:8080/courses/new/1 -d '{"course_name":"Rust web
➥ development", "course_description":"Teaches how to write web apps in
➥ Rust", "course_format":"Video", "course_duration":"3 hours",
```

```
➥ "course_price":100}' -H "Content-Type: application/json"
```

通过在导师 Web 服务上运行 GET 请求来验证是否已添加新课程。

```
curl localhost:3000/courses/1
```

之后便可以在 tutor_id 为 1 的课程列表中看到新课程。9.6 节将编写处理器函数来更新课程。

9.6 使用 HTTP PUT 方法更新资源

如代码清单 9.9 所示，在$PROJECT_ROOT/src/iter6/model.rs 文件中编写用于更新课程的数据结构。

代码清单 9.9 更新课程的数据模型更改

```
// 更新课程
#[derive(Deserialize, Serialize, Debug, Clone)]
pub struct UpdateCourse {
    pub course_name: Option<String>,
    pub course_description: Option<String>,
    pub course_format: Option<String>,
    pub course_duration: Option<String>,
    pub course_structure: Option<String>,
    pub course_price: Option<i32>,
    pub course_language: Option<String>,
    pub course_level: Option<String>,
}

#[derive(Deserialize, Serialize, Debug, Clone)]
pub struct UpdateCourseResponse {
    pub course_id: i32,
    pub tutor_id: i32,
    pub course_name: String,
    pub course_description: String,
    pub course_format: String,
    pub course_structure: String,
    pub course_duration: String,
    pub course_price: i32,
    pub course_language: String,
    pub course_level: String,
    pub posted_time: String,
}

impl From<web::Json<UpdateCourseResponse>> for UpdateCourseResponse {
  fn from(new_course: web::Json<UpdateCourseResponse>)-> Self {
    UpdateCourseResponse {
        tutor_id: new_course.tutor_id,
        course_id: new_course.course_id,
        course_name: new_course.course_name.clone(),
        course_description: new_course.course_description.clone(),
        course_format: new_course.course_format.clone(),
```

Rust 结构体，用于从用户处捕获修改后的课程信息。Option<T>类型表示并非所有课程都必须在课程更新请求中发送

Rust 结构体，用于存储从导师 Web 服务接收到的课程更新请求的数据

实现 From trait，用于将导师 Web 服务中收到的 JSON 数据转换为 Rust 的 UpdateCourseResponse 结构体。字符串数据类型字段(堆分配)会被克隆，整型字段(栈分配)不会

```
                course_structure: new_course.course_structure.clone(),
                course_duration: new_course.course_duration.clone(),
                course_price: new_course.course_price,
                course_language: new_course.course_language.clone(),
                course_level: new_course.course_level.clone(),
                posted_time: new_course.posted_time.clone(),
            }
        }
    }
```

注意，以上代码定义了类似的数据结构体，用于创建课程(NewCourse 和 NewCourse-Response)和更新课程(UpdateCourse 和 UpdateCourseResponse)。是否可以通过在创建和更新操作中重用相同的结构体进行优化？在现实场景中可能可以进行一些优化。但是，本示例假设创建新课程所需的必填字段集与更新课程(没有必填字段)所需的必填字段集不同。此外，区分创建和更新操作的数据结构体可使代码在学习时更容易理解。

接下来，重写$PROJECT_ROOT/src/iter6/handler/course.rs 中更新课程详情的处理器函数，如代码清单 9.10 所示。

代码清单 9.10　用于更新课程的处理器函数

```
pub async fn handle_update_course(
     _tmpl: web::Data<tera::Tera>,
     _app_state: web::Data<AppState>,
     web::Path((tutor_id, course_id)): web::Path<(i32, i32)>,
     params: web::Json<UpdateCourse>,
)-> Result<HttpResponse, Error> {
     let update_course = json!({          ◄── 构造 JSON 数据，在 HTTP 请求正文中发送给导师 Web 服务
          "course_name": &params.course_name,
          "course_description": &params.course_description,
          "course_format": &params.course_format,
          "course_duration": &params.course_duration,
          "course_structure": &params.course_structure,
          "course_price": &params.course_price,
          "course_language": &params.course_language,
          "course_level": &params.course_level,

     });
     let awc_client = awc::Client::default();   ◄── 创建一个 Actix HTTP 客户端的实例
     let update_url = format!("http://localhost:3000/courses/{}/{}",
     ➥ tutor_id, course_id);                      ◄── 使用路径参数构造 URL
     let res = awc_client                ◄── 给导师 Web 服务发送 HTTP 请求来更新课程详情，并接收响应
          .put(update_url)
          .send_json(&update_course)
          .await
     .unwrap()
          .body()
          .await?;
     let course_response: UpdateCourseResponse = serde_json::from_str(
     ➥ &std::str::from_utf8(&res)?)?;     ◄── 将从导师 Web 服务接收到的 JSON 响应数据转换为 Rust 结构体

      Ok(HttpResponse::Ok().json(course_response))
}
```

确保导入与更新相关的结构体，如下所示。

```
use crate::model::{NewCourse, NewCourseResponse, UpdateCourse,
➥ UpdateCourseResponse};
```

从$PROJECT_ROOT 构建并运行 Web SSR 客户端。

```
cargo run --bin iter6-ssr
```

使用 curl 请求来测试这一点。确保导师 Web 服务正在运行。然后，从新终端运行以下命令。将 tutor_id 和 course_id 替换为之前创建的课程的 ID。

```
curl -X PUT -d '{"course_name":"Rust advanced web development",
➥ "course_description":"Teaches how to write advanced web apps in Rust",
➥ "course_format":"Video", "course_duration":"4 hours",
➥ "course_price":100}' localhost:8080/courses/1/27 -H
➥ "Content-Type: application/json"
```

通过在导师Web服务上运行GET请求来验证课程详细信息是否已更新(将course_id 1替换为要更新的课程的正确值)。

```
curl localhost:3000/courses/1
```

即可在输出中看到更新的课程详细信息。接下来，继续删除课程。

9.7 使用 HTTP DELETE 方法删除资源

如代码清单 9.11 所示，更新处理器函数以删除$PROJECT_ROOT/src/iter6/handler/course.rs 中的课程。

代码清单 9.11 删除课程的处理器函数

```
pub async fn handle_delete_course(
    _tmpl: web::Data<tera::Tera>,
    _app_state: web::Data<AppState>,
    path: web::Path<(i32, i32)>,
)-> Result<HttpResponse, Error> {
    let(tutor_id, course_id)= path.into_inner();
    let awc_client = awc::Client::default();
    let delete_url = format!("http://localhost:3000/courses/{}/{}",
    ➥ tutor_id, course_id);
    let _res = awc_client.delete(delete_url).send().await.unwrap();
    Ok(HttpResponse::Ok().body("Course deleted"))
}
```

- 路径参数 tutor_id 和 course_id 的 Actix 提取器，它们唯一标识要删除的课程
- 实例化 Actix HTTP 客户端，以与导师 Web 服务通信
- 构造一个带路径参数的 URL
- 向导师 Web 服务发送 DELETE HTTP 请求
- 向调用者返回确认信息

在$PROJECT_ROOT 下构建并运行导师 Web 应用程序：

```
cargo run --bin iter6-ssr
```

接着运行 DELETE 请求，将 tutor_id 和 course_id 值替换为自己的值：

```
curl -X DELETE localhost:8080/courses/delete/1/19
```

通过在导师 Web 服务上运行查询来验证课程是否已被删除(将 tutor_id 替换为自己的值)：

```
curl localhost:3000/courses/1
```

可看到该课程已从导师 Web 服务中删除。

现在已经了解了如何从用 Rust 编写的 Web 客户端前端添加、更新和删除课程。作为练习，还可以尝试以下附加任务。

- 实现一个新路由来检索导师的课程列表。
- 创建用于创建、更新和删除课程的 HTML 和 Tera 模板。
- 针对用户输入无效的情况添加额外的错误处理。

一旦所有这些元素都就位，应用程序便大功告成。到此，项目中最困难的部分已经完成！

我们已经得出了本章以及本书有关 Rust Web 应用程序开发的这一部分的结论。第 10 章将讨论与 Rust 中的异步服务器相关的高级主题。

9.8　本章小结

- 使用 Rust 构建并编写了一个与后端 Web 服务交互的 Web 应用程序项目。
- 设计并实现了用户身份验证功能，该功能允许用户在 HTML 表单输入其凭证，然后将其存储在本地数据库中。同时涵盖了用户输入错误的处理。
- 介绍了如何构建项目并模块化 Web 前端应用程序的代码，其中包括 HTTP 请求处理程序、数据库交互逻辑、数据模型以及 Web UI 和 HTML 模板。
- 编写了代码来创建、更新和删除数据库中的特定数据，以响应 HTTP POST、PUT 和 DELETE 方法请求。讲解了如何提取 HTTP 请求的参数。
- 学习了如何构建 HTTP 请求以调用后端 Web 服务上的 API 以及解析收到的响应，包括序列化和反序列化数据。
- 总之，学习了如何在 Rust 中构建一个 Web 应用程序，该应用程序可以与后端 Web 服务通信、与本地数据库交互，并对数据执行基本的创建、更新和删除操作以响应传入的 HTTP 请求。

第Ⅲ部分

高级主题：异步Rust

本书的第III部分涵盖了三个高级主题，这些主题与我们迄今为止构建的导师Web服务和Web应用程序没有直接关系，但对于任何有兴趣构建复杂Rust服务器并为生产部署做好准备的人来说，它们都是重要的主题。

第10章专门讨论异步编程。尽管异步编程并不新鲜，但它仍然是当今的热门话题，因为它在现代系统中至关重要。当数据处理活动随时间变化很大或系统存在延迟时，异步编程允许开发人员充分利用计算资源。异步编程对于分布式系统来说更为重要。我们将从并发编程的简要概述开始，然后查看如何在Rust中编写多线程与异步程序的示例。还将深入研究Rust的异步原语，例如future，并了解如何从基本原理出发用Rust编写异步程序。

第11章将继续讨论更复杂的点对点(P2P)架构，该架构建立在异步编程的基础上。简单、低流量的Web应用程序不需要P2P(如本书中的示例)，但应该意识到Rust在高级分布式架构中的巨大潜力。P2P服务器与本书第I部分中的Web服务不同，第11章将展示如何将P2P架构用于某些类别的应用程序。

第12章介绍基于Rust的Web应用程序的部署。无论是在云中还是在企业数据中心中，容器都是一项成熟且被广泛接受的技术。考虑到灵活性和其他优势，考虑到容器提供的灵活性和其他优点(隔离、安全性、启动时间等)，这并不奇怪。在复杂的环境中，对于大型分布式应用程序，容器需要与Kubernetes等解决方案进行编排，或者超越纯Kubernetes的OpenShift。第12章学习如何在简单的环境中使用Docker，仍能受益。其中将使用Docker Compose(Docker的基本编排工具)构建和部署EzyTutors。

阅读完本部分后，即可应用所学知识在Rust中开发不同类型的异步应用程序，并使用Docker部署任何类型的Rust服务器或应用程序。

第 10 章

了解异步 Rust

本章内容

- 介绍异步编程概念
- 编写并发程序
- 深入研究异步 Rust
- 了解 future
- 实现自定义 future

前面章节使用 Rust 构建了一个 Web 服务和一个 Web 应用程序，使用 Actix Web 框架处理网络通信，主要是从单个浏览器窗口或命令行终端向 Actix Web 服务器提交 HTTP 请求。但是你是否想过，当数十或数百个用户同时发送注册导师或课程的请求时，会发生什么？或者，更广泛地说，现代 Web 服务器如何处理数以万计的并发请求？请仔细阅读，找出答案。

本书的这一部分将暂时搁置 EzyTutors Web 应用程序，以便可以专注于 Rust 实现高效、最先进的服务的独特之处。本书的最后会回到 EzyTutors，讲述如何高效且灵活地部署它。

因此，本章将绕过 Web 应用程序，深入了解异步 Rust 是什么、为什么可能需要使用它以及它在实战中如何工作。读完本章后，将可以更好地理解 Actix(和其他现代 Web 框架)在处理繁重的并发负载的同时快速响应用户请求方面所发挥的魔力。

注意：本章和第 11 章是高级主题，针对那些想要深入了解 Rust 异步编程细节的人，使用 Rust 进行 Web 编程不需要掌握这些技能，甚至不需要阅读这些章节，现在可以跳过这些章节，稍后在准备好进行异步深入研究时再回来阅读它们。

接下来，开始了解并发编程中涉及的一些基本概念。

10.1 异步编程概念

在计算机科学中，并发是指程序的不同部分无序执行或同时执行而不影响最终结果的能力。

严格来说，无序执行程序的某些部分是并发，而同时执行多个任务是并行。图 10.1 说明了这种差异，但本章使用术语“并发”广泛地指代这两个方面。在实践中，并发和并行结合使用，可以实现以高效、安全的方式处理同时到达的多个请求的总体结果。

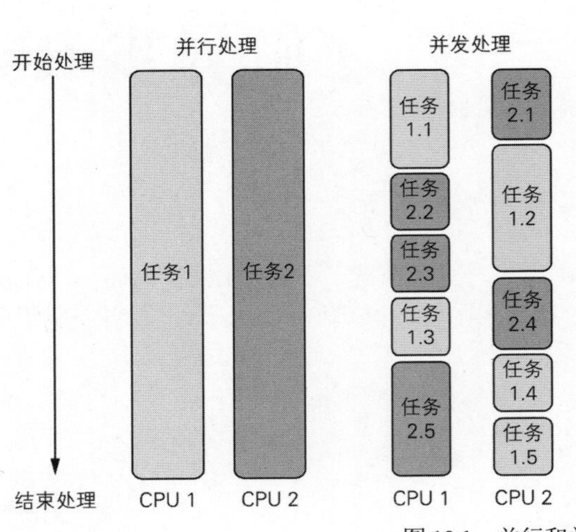
开始处理
并行处理
任务1
任务2
结束处理
CPU 1
CPU 2
并发处理
任务 1.1
任务 2.2
任务 2.3
任务 1.3
任务 2.5
任务 2.1
任务 1.2
任务 2.4
任务 1.4
任务 1.5
CPU 1
CPU 2
在并发处理中，每个可用的CPU/核心分配部分时间来执行部分计划任务。在图10.1中：
• 有两个任务需要调度：任务1和任务2
• 有两个可用的CPU：CPU1和CPU2
• 任务1.1到1.5和任务2.1到2.5表示任务1和任务2的较小块
• CPU1和CPU2加载每个代码块，并执行它们

图 10.1 并行和并发

你可能想知道为什么有人想要乱序执行程序的某些部分。毕竟，程序应该从上到下、逐条语句地执行，对吧？

使用并发编程有两个主要驱动因素——一个来自需求方，另一个来自供应方。

- 需求方——在用户需求方，对程序运行速度更快的需求，促使软件开发人员考虑并发编程技术。
- 供应方——在硬件供应方，计算机(消费者级别和高端服务器)上的多个 CPU 和 CPU 中的多个内核，使整体执行更快、更高效。

并发程序的设计和编码很复杂。首先确定哪些任务可以同时执行。开发者如何确定这一点？先回到图 10.1。它显示了要执行的两个任务：任务 1 和任务 2。假设这些任务是 Rust 程序中的两个函数。最简单的可视化方法是在 CPU 1 上调度任务 1，在 CPU 2 上调度任务 2。这就是并行处理示例所示的内容。但这是利用可用 CPU 时间的最有效模型吗？

未必。为了更好地理解这一点，可将软件程序执行的所有处理大致分为两类：CPU 密集型任务和 I/O 密集型任务，尽管现实世界中的大多数代码都涉及两者的混合。CPU 密集型任务的示例包括基因组测序、视频编码、图形处理和区块链中的加密计算。I/O 密集型任务包括从文件系统或数据库访问数据以及处理网络 TCP/HTTP 请求。

在 CPU 密集型任务中，大部分工作涉及访问内存中的数据、加载程序指令和堆栈上的数据并执行它们。这里可以实现什么样的并发？先来看一个简单的程序，它获取一个数字列表并计算每个数字的平方根。程序员可以编写一个执行以下操作的函数。

- 引用加载到内存中的数字列表；
- 按顺序迭代列表；

- 计算每个数字的平方根；
- 将结果写回内存。

这是顺序处理的示例。在具有多个处理器或核心的计算机中，程序员还有机会以这样的方式构建程序：从内存中读取每个数字并将其发送到下一个可用的 CPU 或核心进行平方根处理，因为每个数字都可以独立于其他进行处理。这是一个简单的例子，但它说明了程序员可以在复杂的 CPU 密集型任务中使用多个处理器或内核的机会。

接下来看看在 I/O 密集型任务中并发可以如何应用。不妨以 Web 服务和应用中常见的 HTTP 请求处理为例，它通常是一个 I/O 密集型而非 CPU 密集型的任务。

在 Web 应用程序中，数据存储在数据库中，所有创建、读取、更新和删除操作(分别对应于 HTTP POST、GET、PUT 和 DELETE 请求)都需要 Web 应用程序与数据库之间传输数据。这需要处理器(CPU)等待数据被读取或写入磁盘。尽管磁盘技术取得了进步，但磁盘访问速度很慢(在毫秒范围内，而内存访问则在纳秒范围内)。因此，如果应用程序尝试从 Postgres 数据库检索 10000 条用户记录，则会调用操作系统进行磁盘访问，并且 CPU 会在此期间等待。当程序员的部分代码让处理器等待时，程序员有哪些选择？答案是处理器此时可以执行另一项任务。这是程序员可以设计并发程序的一个例子。

Web 应用程序中“延迟”或“等待”的另一个来源是网络请求处理。HTTP 模型非常简单：客户端建立到远程服务器的连接并发出请求(作为 HTTP 请求消息发送)。然后服务器处理请求、发出响应并关闭连接。当新请求到达而处理器仍在处理先前的请求时，就会出现挑战。例如，假设收到一个 GET 请求来检索导师 1 的一组课程，在处理该请求时，又收到一个新请求来 POST 导师 2 的新课程。第二个请求是否应该在队列中等待，直到第一个请求发出已完全处理？或者可以将第二个请求安排在下一个可用的核心或处理器上？这时并发编程便很有必要。

注意：HTTP/2 引入了一些改进，可以最大限度地减少请求-响应周期和握手的次数。有关 HTTP/2 的更多详情，参阅 Barry Pollard 的 *HTTP/2 in Action*(Manning，2019)。

到目前为止，已经研究了程序员可以在 CPU 密集型和 I/O 密集型任务中使用并发编程技术的可能性示例。接着看看程序员可用于编写并发程序的工具。

图 10.2 显示了程序员构建其代码以便在 CPU 上执行时必须采用的各种选项。具体来说，它强调了同步处理与并发处理两种模式(多线程和异步处理)之间的差异。它以需要执行三个任务：任务 1、任务 2 和任务 3 的示例来说明差异。

我们还假设任务 1 包含三个部分：

- 第一部分——处理输入数据
- 第二部分——阻塞操作
- 第三部分——打包返回的数据

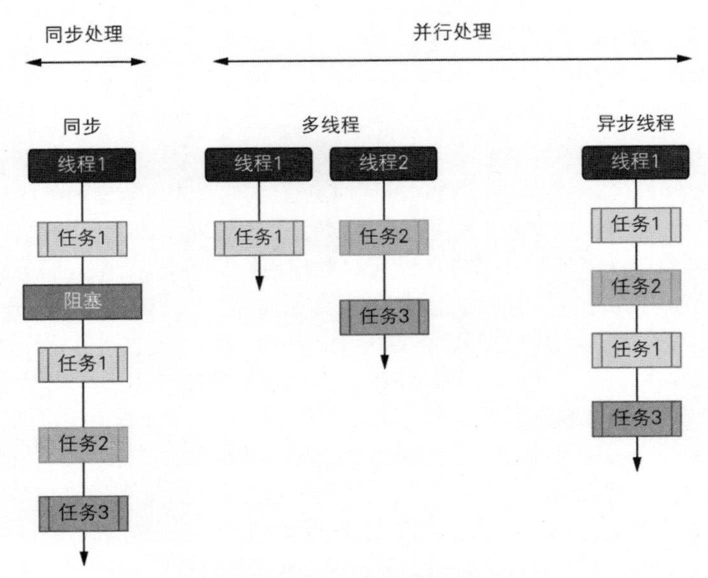

图 10.2 同步、异步和多线程处理

注意阻塞操作。这意味着当前执行线程被阻塞，等待某些外部操作完成，例如从大文件或数据库中读取。先来看如何以三种不同的编程模式处理这些任务：同步处理、多线程处理和异步处理。

在同步处理的情况下，处理器完成第一部分，等待阻塞操作的结果，然后继续执行任务的第三部分。

如果要在多线程模式下执行同一任务，则包含阻塞操作的任务 1 可以在单独的操作系统线程上生成，并且处理器可以在另一个线程上执行其他任务。

如果使用异步处理，异步运行时(例如 Tokio)将管理处理器上的任务调度。在这种情况下，它将执行任务 1 直到阻塞，等待 I/O。此时，异步运行时将调度任务 2。当任务 1 中的阻塞操作完成时，任务 1 将再次调度在处理器上执行。

从较高的层面来看，这就是同步处理与并发处理两种模式的不同之处。程序员需要为所涉及的用例和计算确定最佳方法。

接着来看一下 Web 服务器同时接收多个网络请求的第二个示例，并了解如何应用这两种并发处理技术。

并发的多线程方法涉及使用本机操作系统线程，如图 10.3 所示。在这种情况下，Web 服务器进程中会启动一个新线程来处理每个传入请求。Rust 标准库通过 std::thread 模块为多线程提供了良好的内置支持。

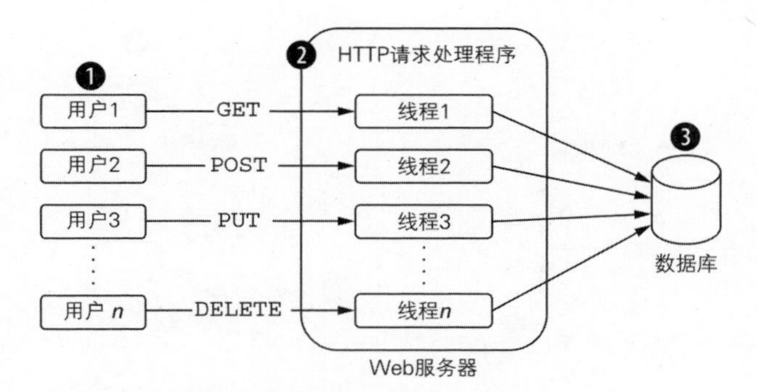
HTTP请求处理程序
用户1
用户2
用户3
用户 n
GET
POST
PUT
DELETE
线程1
线程2
线程3
线程n
数据库
Web服务器
大量HTTP请求同时从用户侧发送到Web服务器
对于每个传入请求，都会创建一个单独的操作系统线程来处理传入的请求
操作系统调度线程在处理器/核心上执行，这些线程发出数据库请求并发送响应给用户

图 10.3　HTTP 请求处理中的多线程

此模型将程序(Web 服务器)计算分布在多个线程上以提高性能，因为线程可以同时运行，但事情并不那么简单。多线程增加了新的复杂性。

- 线程的执行顺序不可预测。
- 当多个线程尝试访问内存中的同一数据时，可能会出现死锁。
- 可能存在竞争条件，其中一个线程可能已从内存中读取一段数据并用它执行一些计算，而另一个线程同时更新该值。

与单线程程序相比，编写多线程程序需要仔细设计。

多线程的另一个挑战与编程语言实现的线程模型的类型有关。有两种类型的线程模型：1:1 线程模型，其中每个语言线程有一个操作系统线程；M:N 模型，其中每 N 个操作系统线程有 M 个绿色(准)线程。Rust 标准库实现了 1:1 的线程模型，但这并不意味着可以创建无限数量的线程来对应新的网络请求。每个操作系统对线程数量都有限制，这也受到服务器中堆栈大小和可用虚拟内存大小的影响。此外，还有一个与多线程相关的上下文切换成本——当 CPU 从一个线程切换到另一个线程时，需要保存当前线程的本地数据、程序指针等，并加载程序指针和下一个线程的数据。总之，使用操作系统线程会产生这些上下文切换成本以及用于管理线程的一些操作系统资源成本。

因此，多线程虽然适合某些场景，但并不是所有需要并发处理的完美解决方案。并发编程的第二种方法(在过去几年中变得越来越流行)是异步编程(或简称 async)。在 Web 应用程序中，异步编程可以在客户端和服务器端使用。服务器端的异步 Web 请求处理如图 10.4 所示。

图 10.4 显示了 API 服务器或 Web 服务如何使用异步处理在服务器端同时处理多个传入请求。在这里，当异步 Web 服务器接收到每个 HTTP 请求时，会生成一个新的异步任务来处理之。CPU 上的各种异步任务的调度由异步运行时处理。

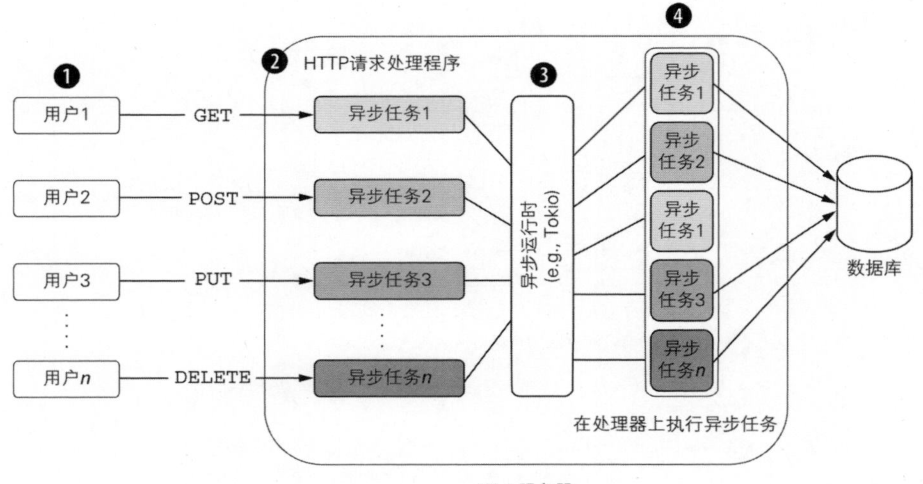

图 10.4　HTTP 请求处理中的异步编程

图 10.5 显示了异步在客户端的样子。先来考虑一个在浏览器中运行的 JavaScript 应用程序尝试将文件上传到服务器的示例。如果没有并发，用户的屏幕将会“冻结”，直到文件上传并从服务器收到响应。用户将无法在此期间做任何其他事情。通过客户端的异步，基于浏览器的 UI 可以继续处理用户输入，同时等待服务器响应先前的请求。

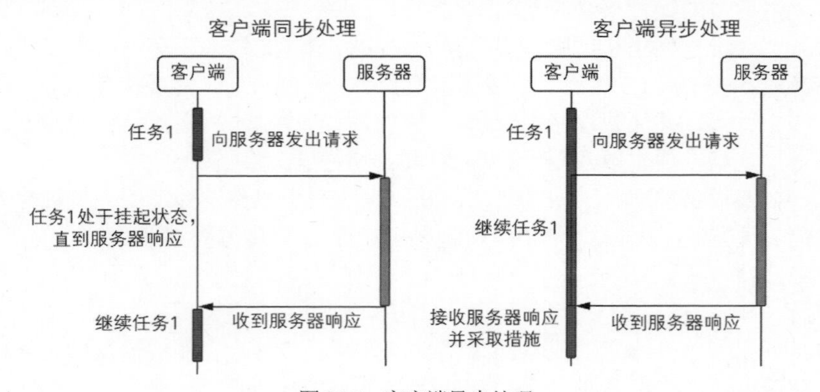

图 10.5　客户端异步处理

现在已经在几个示例中看到了同步、多线程和异步编程之间的差异。接着在代码中实现这些不同的技术。

10.2　编写并发程序

本节采用 Rust 编写同步、多线程和异步程序，深入研究一些初学者代码，展示同步处理。

使用以下命令启动一个新项目：

```
cargo new --bin async-hello
cd async-hello
```

将以下代码添加到 src/main.rs 中：

```
fn main(){
    println!("Hello before reading file!");
    let file_contents = read_from_file();
    println!("{:?}", file_contents);
    println!("Hello after reading file!");
}

fn read_from_file()-> String {
   String::from("Hello, there")
}
```

这是一个简单的 Rust 程序，有一个 read_from_file()函数，可以模拟读取文件并返回内容。该函数是从 main()触发。注意，从 main()函数到 read_from_file()函数的调用是同步的，这意味着 main()函数等待被调用函数完成执行并返回，然后再继续 main()程序的其余部分。

运行程序：

```
cargo run
```

可看到以下内容打印到终端：

```
Hello before reading file!
"Hello, there"
Hello after reading file!
```

这个程序没有什么特别的。接下来，通过添加计时器来模拟读取文件的延迟。如下所示修改 src/main.rs：

```
use std::thread::sleep;      // 从标准库导入 sleep 函数
use std::time::Duration;     // 导入 Duration 数据类型，表示时间范围

fn main(){
    println!("Hello before reading file!");
    let file_contents = read_from_file();
    println!("{:?}", file_contents);
    println!("Hello after reading file!");
}

// 模拟从文件中读取数据的函数
fn read_from_file()-> String {
```

```
    sleep(Duration::new(2, 0));      ← 在函数返回之前，让当前线程休眠两秒
    String::from("Hello, there")
}
```

此代码从标准库导入 sleep 函数。sleep()函数使当前线程休眠指定的时间，在 Rust 标准库中，它是一个阻塞函数，这意味着它会在指定的时间内阻塞当前线程的执行。这是模拟读取文件延迟的糟糕方法，但它满足了我们的要求。注意，main()函数仍然只是同步调用 read_from_file()函数，这意味着它会等到被调用的函数完成(包括添加的延迟)后再打印出文件内容。

运行程序：

```
cargo run
```

在指定的延迟时间之后，可在终端上看到最终的打印语句。

添加另一个计算。修改 src/main.rs 中的程序，如下所示。

```
use std::thread::sleep;
use std::time::Duration;

fn main(){
    println!("Hello before reading file!");
    let file1_contents = read_from_file1();      ← 调用函数，模拟读取文件 1 的延迟时间
    println!("{:?}", file1_contents);
    println!("Hello after reading file1!");
    let file2_contents = read_from_file2();      ← 调用函数，模拟读取文件 2 的延迟时间
    println!("{:?}", file2_contents);
    println!("Hello after reading file2!");
}

// 模拟从文件中读取数据的函数
fn read_from_file1()-> String {
    sleep(Duration::new(4, 0));
    String::from("Hello, there from file 1")
}

// 模拟从文件中读取数据的函数
fn read_from_file2()-> String {
    sleep(Duration::new(2, 0));
    String::from("Hello, there from file 2")
}
```

再次运行程序，会发现第一个函数的执行延迟了四秒，第二个函数的执行延迟了两秒，总共延迟了六秒。还能做得更好吗？

既然两个文件是不同的，为什么不能同时读取这两个文件呢？能在这里使用并发编程技术吗？当然，可以使用本机操作系统线程来实现这一点。修改 src/main.rs 中的代码，如下所示。

```
use std::thread;
use std::thread::sleep;
use std::time::Duration;
```

```
fn main(){
    println!("Hello before reading file!");
    let handle1 = thread::spawn(|| {
        let file1_contents = read_from_file1();
        println!("{:?}", file1_contents);
    });
    let handle2 = thread::spawn(|| {
        let file2_contents = read_from_file2();
        println!("{:?}", file2_contents);
    });
    handle1.join().unwrap();
    handle2.join().unwrap();
}

// 模拟从文件中读取数据的函数
fn read_from_file1()-> String {
    sleep(Duration::new(4, 0));
    String::from("Hello, there from file 1")
}

// 模拟从文件中读取数据的函数
fn read_from_file2()-> String {
    sleep(Duration::new(2, 0));
    String::from("Hello, there from file 2")
}
```

生成一个新线程，读取文件 1

生成一个新线程，读取文件 2

防止主线程退出，直到第一个线程执行完成

防止主线程退出，直到第二个线程执行完成

再次运行程序。这次，将看到这两个函数执行完成并不需要六秒，而是短得多，因为这两个文件是在两个单独的操作系统执行线程中同时读取的。这便是使用多线程实现的并发性。

是否有另一种方法可以在单个线程上同时处理两个文件？接下来使用异步编程技术进一步探讨这一点。

对于编写基本的多线程程序，Rust 标准库包含所需的原语(即使可以使用具有附加功能的外部库，例如 Rayon)。然而，在编写和执行异步程序时，Rust 标准库只提供了最基本的功能，这是不够的。这需要使用外部异步库。本章将利用 Tokio 异步运行时来说明如何用 Rust 编写异步程序。

将以下内容添加到 Cargo.toml 中：

```
[dependencies]
tokio = { version = "1", features = ["full"] }
```

修改 src/main.rs 文件，如下所示。

```
use std::thread::sleep;
use std::time::Duration;

#[tokio::main]
async fn main(){
    println!("Hello before reading file!");
```

指示编译器，添加 Tokio 作为异步运行时

声明 main 函数为异步函数

```
    let h1 = tokio::spawn(async {
        let _file1_contents = read_from_file1();
    });

    let h2 = tokio::spawn(async {
        let _file2_contents = read_from_file2();
    });
    let _ = tokio::join!(h1, h2);
}

// 模拟从文件中读取数据的函数
async fn read_from_file1()-> String {
    sleep(Duration::new(4, 0));
    println!("{:?}", "Processing file 1");
    String::from("Hello, there from file 1")
}

// 模拟从文件中读取数据的函数
async fn read_from_file2()-> String {
    sleep(Duration::new(2, 0));
    println!("{:?}", "Processing file 2");
    String::from("Hello, there from file 2")
}
```

生成一个由 Tokio 运行时管理的新异步任务。该任务可以在当前线程或不同线程上执行，具体取决于 Tokio 运行时配置

这个 main()函数等待多个并发分支，并在所有分支完成时返回。这与前面多线程示例中的 join 语句类似

这些函数具有 async 前缀，表示可以由 Tokio 运行时安排为异步任务，并同时执行

此示例与前面的多线程示例之间有许多相似之处。新异步任务的产生与新线程的产生非常相似。join!宏在 main()函数完成执行之前等待所有异步任务完成。

但是，你还会注意到一些关键差异。所有功能，包括 main()添加 async 关键字前缀。另一个关键区别是注解#[tokio::main]。我们很快就会深入研究这些概念，在此之前先尝试执行该程序。

使用 cargo run 运行程序，将看到以下消息打印到终端。

```
Hello before reading file!
```

该语句从 main()函数打印。但是，两个函数 read_from_file_1()和 read_from_file_2()的打印语句不会被打印。这意味着这些功能甚至没有被执行。原因是，在 Rust 中，异步函数是惰性的，因为它们仅在使用.await 关键字激活时才会执行。

再尝试一次，并在对这两个函数的调用中添加.await 关键字。更改 src/main.rs 中的代码，如下所示。

```
use std::thread::sleep;
use std::time::Duration;

#[tokio::main]
async fn main(){
    println!("Hello before reading file!");

    let h1 = tokio::spawn(async {
        let file1_contents = read_from_file1().await;
        println!("{:?}", file1_contents);
    });

    let h2 = tokio::spawn(async {
        let file2_contents = read_from_file2().await;
```

添加.await 关键字触发函数

```
            println!("{:?}", file2_contents);
        });
        let _ = tokio::join!(h1, h2);
    }

    // 模拟从文件中读取数据的函数
    async fn read_from_file1()-> String {
        sleep(Duration::new(4, 0));
        println!("{:?}", "Processing file 1");
        String::from("Hello, there from file 1")
    }

    // 模拟从文件中读取数据的函数
    async fn read_from_file2()-> String {
        sleep(Duration::new(2, 0));
        println!("{:?}", "Processing file 2");
        String::from("Hello, there from file 2")
    }
```

再次运行程序。可在终端上看到以下输出。

```
Hello before reading file!
"Processing file 2"
"Hello, there from file 2"
"Processing file 1"
"Hello, there from file 1"
```

看看刚刚发生了什么。从 main()调用的两个函数都作为单独的异步任务在 Tokio 运行时生成，它同时调度这两个函数的执行(类似于在两个单独的线程上运行这两个函数)。不同之处在于，这两个任务可以调度在当前线程上，也可以调度在不同线程上，具体取决于如何配置 Tokio 运行时。另外，read_from_file2()函数会在 read_from_file1()之前完成执行。这是因为前者的睡眠时间间隔是两秒，而后者的睡眠时间间隔是四秒。所以，即使 read_from_file1()在 main()函数中的 read_from_file2()之前生成，异步运行时也会首先执行 read_from_file2()，毕竟它从睡眠间隔中唤醒的时间早于 read_from_file1()。

本节已经了解了如何在 Rust 中编写同步、多线程和异步程序的简单示例。10.3 节深入研究异步 Rust。

10.3　深入研究异步 Rust

正如你所看到的，异步编程允许在单个操作系统线程上同时处理多个任务。但这怎么可能呢？CPU 一次只能处理一组指令，对吗？

实现此目的的技巧是利用代码执行的情况，即 CPU 等待某些外部事件或操作完成的情况。示例可能是等待读取文件或将文件写入磁盘、等待字节到达网络连接或等待计时器完成(就像上一个示例中的那样)。当一段代码或一个函数在磁盘子系统或网络套接字上等待数据时，异步运行时(如 Tokio)可以在处理器上调度其他可以继续执行的异步任务。当来自磁盘或输入/输出(I/O)子系统的系统中断发生时，异步运行时会识别到这一点并安排原始任务继续处理。

一般准则是，I/O 绑定的程序(进度通常取决于 I/O 子系统的速度)可能是异步任务执行的良好候选者，而非 CPU 绑定的程序(进度取决于 CPU 的速度，如复杂的数字计算示例)。这是一个广泛而普遍的指导方针，但肯定存在例外情况。

由于 Web 开发涉及大量网络、文件和数据库 I/O，因此异步编程如果做得正确，则可以加快整体程序的执行速度并缩短最终用户的响应时间。想象一下 Web 服务器必须处理 10000 个或更多并发连接的情况。从系统资源消耗的角度来看，为每个连接生成一个单独的操作系统线程的代价非常昂贵。早期的网络服务器使用这种模型，但后来在网络规模方面遇到了限制。这就是 Actix Web(以及许多其他 Rust 框架)在框架中内置异步运行时的原因。事实上，Actix Web 使用底层的 Tokio 库来执行异步任务(进行了一些修改和增强)。

async 和.await 关键字代表 Rust 标准库中用于异步编程的核心内置原语集。它们只是 Rust 语法的特殊部分，支持 Rust 开发人员更轻松地编写看起来像同步代码的异步代码。

然而，Rust 异步的核心是一个称为 future 的概念。future 是由异步计算(或函数)产生的单个最终值。future 基本上代表延迟计算。Rust 中的 async 函数返回一个 future。

JavaScript 中的 Promise

在 JavaScript 中，与 Rust future 类似的概念是 promise。当 JavaScript 代码在浏览器中执行时，当用户发出获取 URL 或加载图像的请求时，它不会阻塞当前线程。用户可以继续与网页交互。这是通过 JavaScript 引擎使用异步处理网络获取请求来实现的。

注意，Rust future 是一个比 JavaScript 中的 Promise 更低级别的概念。Rust 的 future 是一个可以轮询其就绪状态的对象，而 JavaScript Promise 具有更高的语义(例如，可以拒绝 Promise)。然而，在本次讨论的背景下，这是一个有用的类比。

这是否意味着之前的程序实际上使用了 future？是的，下面重写程序来展示 future 的使用。

```
use std::thread::sleep;
use std::time::Duration;
use std::future::Future;

#[tokio::main]
async fn main(){
    println!("Hello before reading file!");

    let h1 = tokio::spawn(async {
        let file1_contents = read_from_file1().await;
        println!("{:?}", file1_contents);
    });

    let h2 = tokio::spawn(async {
        let file2_contents = read_from_file2().await;
        println!("{:?}", file2_contents);
    });
```

```
    let _ = tokio::join!(h1, h2);
}

// 模拟从文件中读取数据的函数
fn read_from_file1()-> impl Future<Output=String> {
  async { sleep(Duration::new(4, 0));
        println!("{:?}", "Processing file 1");
        String::from("Hello, there from file 1")
  }
}

// 模拟从文件中读取数据的函数
fn read_from_file2()-> impl Future<Output=String> {
    async {
    sleep(Duration::new(3, 0));
    println!("{:?}", "Processing file 2");
    String::from("Hello, there from file 2")
    }
}
```

函数体包裹在 async 块中
函数的返回值实现了 Future trait

运行程序。可看到与之前相同的结果。

```
Hello before reading file!
"Processing file 2"
"Hello, there from file 2"
"Processing file 1"
"Hello, there from file 1"
```

对程序所做的主要改动集中在两个函数中：read_from_file1()和 read_from_file2()。第一个区别是函数的返回值已从 String 更改为 impl Future<Output=String>。这表示该函数返回一个 future，或者更具体地说，返回一个实现了 Future trait 的对象。

async 关键字定义异步块或函数。在函数或代码块上指定此关键字会指示编译器将代码转换为生成 future 的代码。这就是为什么以下的函数签名

```
async fn read_from_file1()-> String {
    sleep(Duration::new(4, 0));
    println!("{:?}", "Processing file 1");
    String::from("Hello, there from file 1")
}
```

和以下的签名类似。

```
fn read_from_file1()-> impl Future<Output=String> {
  async { sleep(Duration::new(4, 0));
    println!("{:?}", "Processing file 1");
    String::from("Hello, there from file 1")
  }
}
```

第一个示例中的 async 关键字只是用于编写第二个示例中所示代码的语法糖。

来看看 Future trait 是什么样的：

```
pub trait Future {
    type Output;
```

```
    fn poll(self: Pin<&mut Self>, cx: &mut Context<'_>)-> Poll<Self::Output>;
}
```

future 代表异步计算。Output 类型表示 future 成功完成时返回的数据类型。在此处的示例中，从函数返回 String 数据类型，因此将函数返回值指定为 impl Future<Output=String>。

poll 方法对于异步程序的运行至关重要。异步运行时调用此方法来检查异步计算是否已完成。poll 函数返回一个 enum 数据类型，它可以有两个可能的值之一。

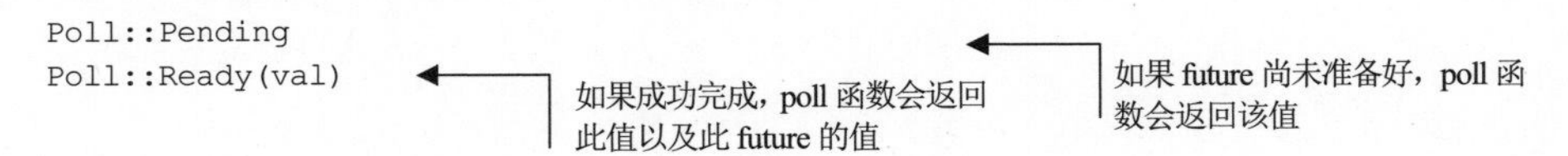
Poll::Pending
Poll::Ready(val)
如果成功完成，poll 函数会返回此值以及此 future 的值
如果 future 尚未准备好，poll 函数会返回该值

下一个问题是，谁调用 poll 函数？Rust future 是惰性的，正如之前看到的，当以下语句没有执行时：

```
let h1 = tokio::spawn(async {
   let _file1_contents = read_from_file1();
});
```

Rust future 需要有人不断跟进以完成，就像进行微观管理的项目经理！此角色由 async executor 执行，该执行器是异步运行时的一部分。executor 拿到一组 future，并通过调用它们来完成。

在此处的例子中，Tokio 库有一个 future 的 executor 来执行此功能。这就是我们用 async 关键字注解该函数的原因。

```
async fn read_from_file1()-> String {
     sleep(Duration::new(4, 0));
     println!("{:?}", "Processing file 1");
     String::from("Hello, there from file 1")
}
```

或者可以在函数中编写异步代码块来达到相同的效果。

```
fn read_from_file1()-> String {
  async {
       sleep(Duration::new(4, 0));
       println!("{:?}", "Processing file 1");
       String::from("Hello, there from file 1")
  }
}
```

函数或代码块前面的 async 关键字告诉 Tokio executor 返回了一个 future，并且需要驱动它完成。但是 Tokio executor 如何知道异步函数何时准备好产生值呢？它是否会重复 pool 异步函数？为了了解 Tokio executor 是如何做到这一点的，先来仔细看看 future。

10.4　了解 future

为了更好地理解 future，可先行使用 Tokio 异步库的具体示例。图 10.6 显示了 Tokio 运行时、生成的任务和 future 之间的关系。

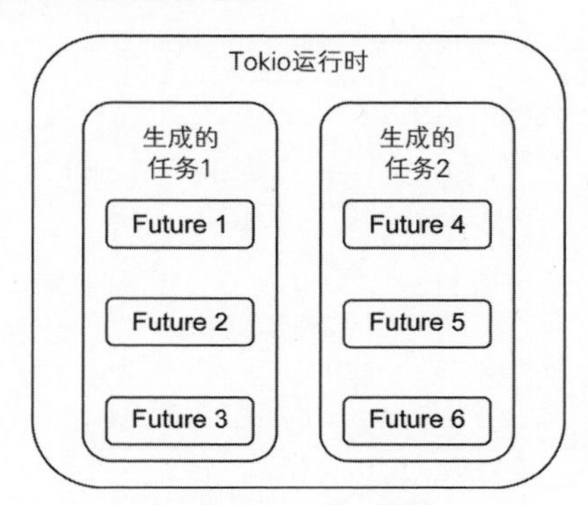

图 10.6　Tokio executor

Tokio 运行时是管理异步任务并将其安排在处理器上执行的组件。一个给定的程序可以生成多个异步任务，并且每个异步任务可能包含一个或多个 future。当 future 准备好执行时，它们返回 Poll::Ready，或者当等待外部事件时返回 Poll:Pending(例如网络数据包到达或数据库返回值)。

10.3 节编写了一个 main()程序，生成两个模拟 future 的异步任务。本节和 10.5 节将编写代码来帮助更好地理解 future 是如何运作的。本节先了解 future 的结构，10.5 节将编写一个自定义异步计时器作为 future。程序结构如图 10.7 所示。

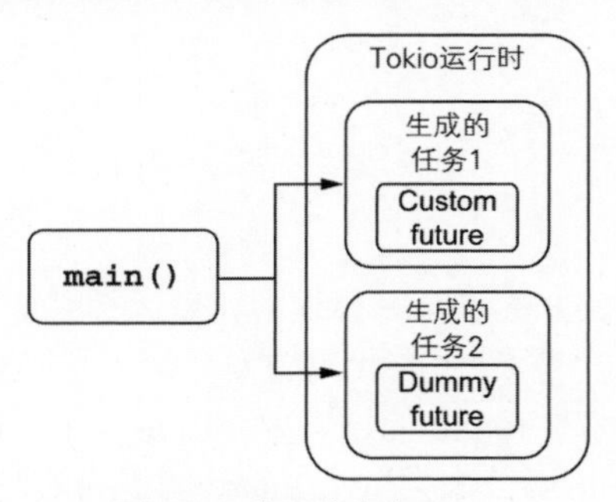

图 10.7　实现自定义 future

编写自定义 future 是了解 future 运作的最佳方式，下面先来编写一个。修改 src/main.rs，如下所示。

```
use std::future::Future;
use std::pin::Pin;
use std::task::{Context, Poll};
use std::thread::sleep;
use std::time::Duration;
```

为了 poll future，应该使用 Pin<T>的特殊类型来固定

Context 包含异步任务的上下文，可用于唤醒当前任务。Poll 是一个枚举类型，指示某个值是否可用

```
struct ReadFileFuture {}          // 创建一个实现 Future trait 的自定义结构体

impl Future for ReadFileFuture {          // 在自定义结构体上实现 Future trait

    type Output = String;          // 当 future 值可用时，指定 future 返回值的数据类型

    fn poll(self: Pin<&mut Self>, _cx: &mut Context<'_>)->
        Poll<Self::Output> {          // 实现 poll()函数，这是 Future trait 的一部分
            println!("Tokio! Stop polling me");
            Poll::Pending
    }
}

#[tokio::main]
async fn main(){
    println!("Hello before reading file!");

    let h1 = tokio::spawn(async {
        let future1 = ReadFileFuture {};
        future1.await
    });          // 在 main()函数中，调用 future 的自定义实现

    let h2 = tokio::spawn(async {
        let file2_contents = read_from_file2().await;
        println!("{:?}", file2_contents);
    });
    let _ = tokio::join!(h1, h2);
}

// 模拟从文件中读取数据的函数
fn read_from_file2()-> impl Future<Output = String> {
    async {
        sleep(Duration::new(2, 0));
        println!("{:?}", "Processing file 2");
        String::from("Hello, there from file 2")
    }
}
```

这里引入了一个新概念：Pin。future 必须由异步运行时重复轮询(pool)，因此将 future 固定到内存中的特定位置对于异步块内代码的安全运行是必要的。这是一个高级概念，因此现在将其视为 Rust 中编写 future 的技术要求就足够了，即使你不完全理解它。

Tokio executor 调用 poll()函数来尝试将 future 解析为最终值(示例中为 String 类型)。如果 future 值不可用，则将当前任务注册到 Waker 组件，以便当 future 值可用时，Waker 组件可以告诉 Tokio 运行时 future 再次调用 poll()函数。poll()函数返回两个值之一：如果 future 尚未准备好，则返回 Poll::Pending；如果可以从函数中获取 future_value，则返回 Poll::Ready(future_value)。图 10.8 说明了程序执行的步骤。

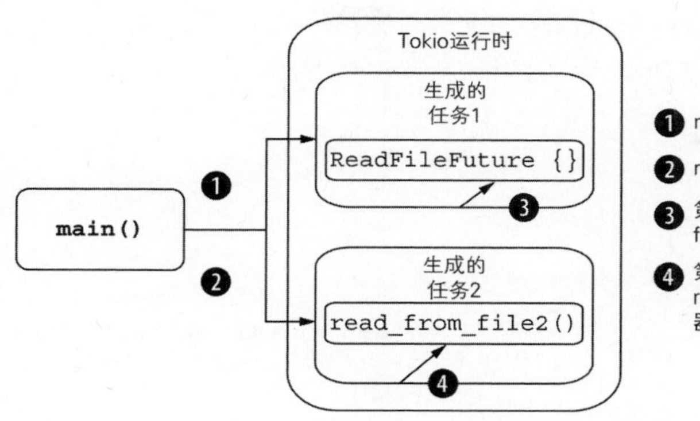

图 10.8　生成带 future 的异步任务，第 1 步

future 与 Future

若不太清楚 future 和 Future 之间的区别，请记住，future 是一种异步计算，可以在未来时间点返回值。它返回一个 Future 类型(或实现 Future trait 的对象)。但要返回一个值，future 必须由异步运行时执行器进行 poll。

注意与 10.3 节中的代码相比，我们对 main()函数所做的改动。主要变化是替换了对 read_from_file1()异步函数的调用，该函数返回 impl Future <Output=String>类型的 future，并使用返回具有相同返回类型的 future 的自定义实现：impl Future<Output=String>。

运行该程序，终端上会进行以下输出。

```
Hello before reading file!
Tokio! Stop polling me
"Processing file 2"
"Hello, there from file 2"
```

此时，程序不会终止，而是继续挂起，就好像在等待某些东西一样。

回到图 10.8，看看这里刚刚发生了什么。main()函数调用两个异步计算(返回 Future 的代码)：ReadFileFuture {}和 read_from_file2()。它在 Tokio 运行时环境中，将这些任务逐一作为异步任务来启动。Tokio executor(Tokio 运行时的一部分)poll 第一个 future，返回 Poll::Pending。然后 poll 第二个 future，在睡眠定时器到期后生成一个 Poll::Ready 值，并将相应的语句打印到终端。Tokio 运行时继续等待第一个 future 准备好被安排执行，但这永远不会发生，因为 poll 函数无条件返回 Poll::Pending。

另注意，一旦 future 完成，Tokio 运行时将不会再次调用它。这就是为什么第二个函数只执行一次。

Tokio executor 如何知道何时再次 poll 第一个 future？它会反复 poll 吗？答案是不会，否则就会在终端上多次看到 poll 函数中的 print 语句，但只看到 poll 函数执行了一次。

Tokio(和 Rust 异步设计)通过使用 Waker 组件来处理这个问题。当异步 executor poll 的任务尚未准备好产生值时，该任务将注册到 Waker，并且 Waker 的句柄存储在与该任务关联的 Context 对象中。Waker 有一个 wake()方法，可用来告诉异步 executor 关联的任务应该被唤醒。调用 wake()方法时，Tokio executor 会被告知是时候再次 poll 异步任务了。

来看看实际效果。修改 src/main.rs 中的 poll()函数，如下所示。

```
impl Future for ReadFileFuture {
    type Output = String;

    fn poll(self: Pin<&mut Self>, cx: &mut Context<'_>)->
      Poll<Self::Output> {
          println!("Tokio! Stop polling me");
          cx.waker().wake_by_ref();
          Poll::Pending
    }
}
```

与任务关联的 Context 对象可被 poll 函数使用

调用 Waker 实例上的 wake_by_ref()函数，该函数依次通知 Tokio 运行时，异步任务现已准备好再次调度执行

图 10.9 说明了该流程。

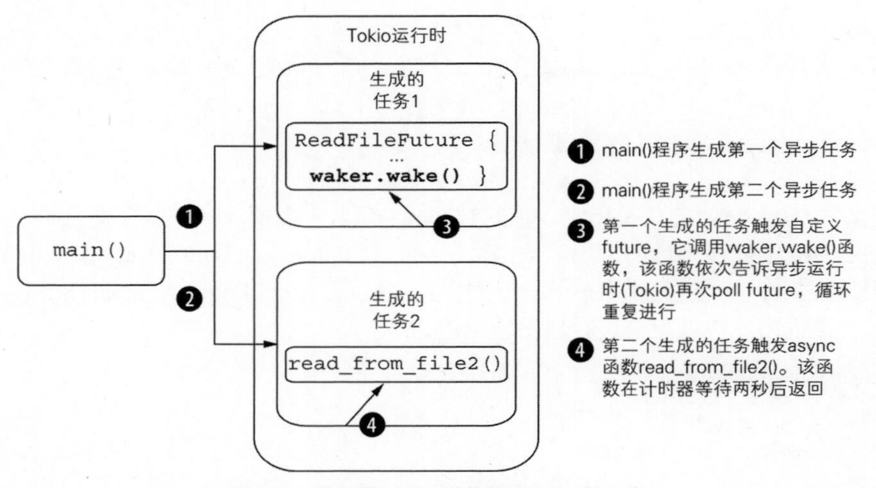

图 10.9 编写带 waker 组件的 future，第 2 步

再次运行程序，可看到 poll()函数被不断调用。这是因为在 poll 函数中，会在 Waker 实例上调用 wake_by_ref()函数，该函数又告诉异步 executor 再次 poll 函数，然后重复循环。wake_by_ref()函数唤醒与 Waker 相关的任务。

当运行该程序时，会看到打印语句不断地打印到终端，直到程序终止。

```
Tokio! Stop polling me
Tokio! Stop polling me
Tokio! Stop polling me
Tokio! Stop polling me
Tokio! Stop polling me
Tokio! Stop polling me
Tokio! Stop polling me
Tokio! Stop polling me
...
```

Waker 组件是什么，它是如何融入 Tokio 生态的？图 10.10 展示了 Tokio 在底层硬件和操作系统环境中的各个组件。

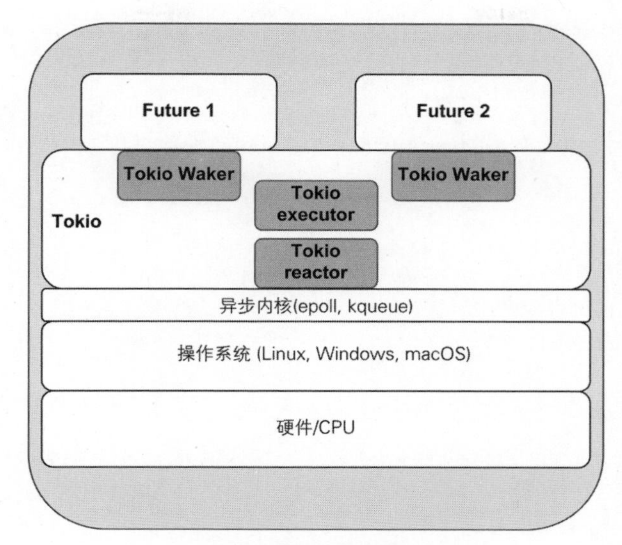

图 10.10　Tokio 组件

Tokio 运行时需要了解操作系统(内核)方法，例如 epoll 启动 IO 操作，例如从网络读取或写入文件。

在事件发生时，Tokio 运行时将调用的异步处理程序注册为 I/O 操作的一部分。从内核监听这些事件的组件并与其余部分通信的是 reactor。

Tokio executor 是一个组件，可接受 future 并在 future 取得进展时通过调用 future 的 poll()函数来驱动其完成。

future 如何向 executor 表明其已准备好取得进展？答案是调用 Waker 组件的 wake()函数。Waker 组件通知 executor，然后 executor 将 future 放回队列并再次调用 poll()函数，直到 future 完成。

下面是一个简化的流程，展示了各种 Tokio 组件如何协同工作来读取文件。

(1) 程序的 main 函数在 Tokio 运行时生成异步任务 1。

(2) 异步任务 1 有一个从大文件中读取数据的 future。

(3) 将读取文件的请求交给内核的文件子系统。

(4) 同时，异步任务 2 被安排由 Tokio 运行时处理。

(5) 当与异步任务 1 关联的文件操作完成时，文件子系统会触发操作系统中断，该中断会转换为 Tokio reactor 可识别的事件。

(6) Tokio reactor 通知异步任务 1 文件操作的数据已准备就绪。

(7) 异步任务 1 通知向其注册的 Waker 组件，它已准备好生成一个值。

(8) Waker 组件通知 Tokio executor 调用与异步任务 1 关联的 poll()函数。

(9) Tokio executor 调度异步任务 1 进行处理并调用 poll()函数。

(10) 异步任务 1 产生(yield)一个值。

总之，future 以异步方式执行 I/O 操作，由 Tokio reactor 通知 I/O 事件。收到 I/O 事件后，future 准备好取得进展并调用 Tokio Waker 组件。然后，Waker 组件告诉 Tokio executor future 已准备好取得进展，这会触发 Tokio executor 安排 future 的执行，并在 future 上调用 poll()函数。

有了这个背景知识，就可以继续编码练习了。修改之前的程序，从 poll()函数返回一个有效值，看看会发生什么。将 src/main.rs 中的 poll()函数进行如下修改，然后重新运行程序。

```
use std::future::Future;
use std::pin::Pin;
use std::task::{Context, Poll};
use std::thread::sleep;
use std::time::Duration;

struct ReadFileFuture {}

impl Future for ReadFileFuture {
     type Output = String;

     fn poll(self: Pin<&mut Self>, cx: &mut Context<'_>)->
       Poll<Self::Output> {
          println!("Tokio! Stop polling me");
          cx.waker().wake_by_ref();
          Poll::Ready(String::from("Hello, there from file 1"))
     }
}

#[tokio::main]
async fn main(){
     println!("Hello before reading file!");

     let h1 = tokio::spawn(async {
          let future1 = ReadFileFuture {};
          println!("{:?}", future1.await);
     });

     let h2 = tokio::spawn(async {
          let file2_contents = read_from_file2().await;
          println!("{:?}", file2_contents);
     });
     let _ = tokio::join!(h1, h2);
}

// 模拟从文件中读取数据的函数
fn read_from_file2()-> impl Future<Output = String> {
     async {
          sleep(Duration::new(2, 0));
          String::from("Hello, there from file 2")
     }
}
```

不返回 Poll::Pending，而是从 poll()返回带有合法字符串值的 Poll::Ready

图 10.11 说明了前面的代码。

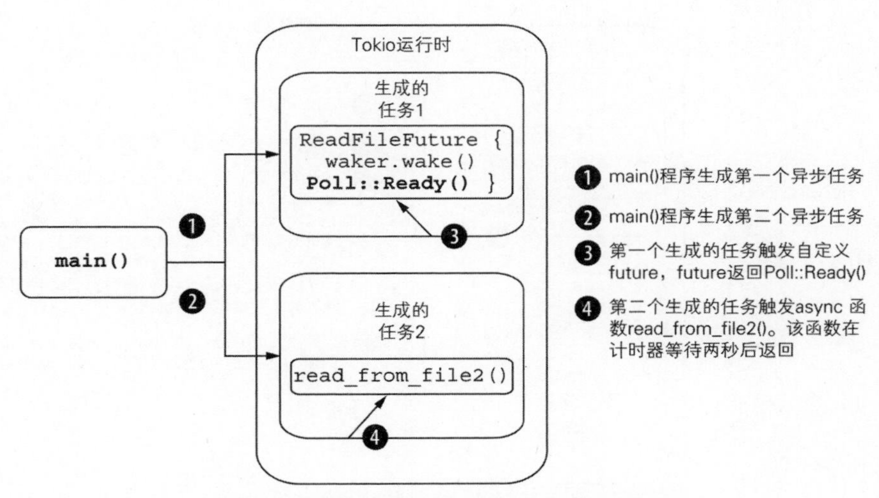

图 10.11　带 Poll::Ready 的自定义 future，第 3 步

终端上将打印以下输出：

```
Hello before reading file!
Tokio! Stop polling me
"Hello, there from file 1"
"Hello, there from file 2"
```

程序不再挂起，成功执行了两个异步任务。

10.5 节将进一步改进该程序并增强 future 以实现异步计时器。随着时间推进，Waker 会通知 Tokio 运行时：与其关联的任务已准备好再次 poll。当 Tokio 运行时第二次 poll 该函数时，它将从该函数接收一个值。这应该有助于我们更好地理解 future 是如何运作的。

10.5　实现自定义 future

接下来创建一个新的 future 以表示执行以下操作的异步计时器。

(1) 计时器接受到期时间。

(2) 每当运行时 executor poll 时，都会执行以下检查。

- 如果当前时间晚于到期时间，则返回带有 String 值的 Poll::Ready。
- 如果当前时间早于到期时间，则会进入休眠状态，直到到期时间，然后触发 Waker 上的 wake()调用，通知异步运行时 executor 再次调度并执行任务。

图 10.12 说明了这个自定义 future 的逻辑。

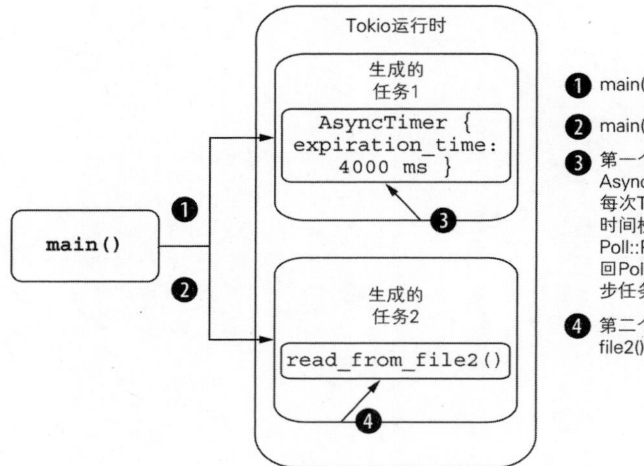

图 10.12 带到期时间的自定义 future，第 4 步

修改 src/main.rs，如下所示。

```
use std::future::Future;
use std::pin::Pin;
use std::task::{Context, Poll};

use std::thread::sleep;
use std::time::{Duration, Instant};

struct AsyncTimer {                          ← 定义一个名为 AsyncTimer 的
    expiration_time: Instant,                  future 类型，包含一个用于存
}                                              储过期时间的变量

impl Future for AsyncTimer {                 ← 在 AsyncTimer 上实现 Future trait
    type Output = String;                    ← 指定future的输出值为 String 类型

    fn poll(self: Pin<&mut Self>, cx: &mut Context<'_>)->
     Poll<Self::Output> {                    ← 实现 poll()函数
        if Instant::now()>= self.expiration_time {
            println!("Hello, it's time for Future 1");
            Poll::Ready(String::from("Future 1 has completed"))
        } else {
          println!("Hello, it's not yet time for Future 1. Going to sleep");
          let waker = cx.waker().clone();
          let expiration_time = self.expiration_time;
          std::thread::spawn(move || {
            let current_time = Instant::now();
            if current_time < expiration_time {
               std::thread::sleep(expiration_time - current_time);
            }
            waker.wake();                    ← 触发 wake()函数，告诉异步
        });                                    executor 再次调度任务
        Poll::Pending
      }
   }
```

如果 current_time < expiration_time，则将线程休眠所需的时间初始化为所需的时间

在 poll()函数中，首先检查是否 current_time >= expiration_time，如果是，则返回 Poll::Ready 的 String 值

```
}

#[tokio::main]
async fn main(){
     let h1 = tokio::spawn(async {
          let future1 = AsyncTimer {
             expiration_time: Instant::now()+ Duration::from_millis(4000),
          };
          println!("{:?}", future1.await);
     });

     let h2 = tokio::spawn(async {
          let file2_contents = read_from_file2().await;
          println!("{:?}", file2_contents);
     });
     let _ = tokio::join!(h1, h2);
}

// 模拟从文件中读取数据的函数
fn read_from_file2()-> impl Future<Output = String> {
     async {
          sleep(Duration::new(2, 0));
          String::from("Future 2 has completed")
     }
}
```

在 main()函数中，使用定时器的过期时间来初始化 future 类型

到此，已经实现一个自定义 future 并在 main 函数中调用它。还保留了对 main 函数中第二个 future read_from_file2()的调用，这是之前实现的。注意，两个 future 最终都实现了一个计时器，但第一个 future 是实现计时器功能的完全异步方式，而第二个 future 模拟了一个异步计时器(但是在内部会同步调用 std::thread::sleep()函数)。

运行该程序，可在终端上看到以下输出。

```
Hello, it's not yet time for Future 1. Going to sleep
"Future 2 has completed"
Hello, it's time for Future 1
"Future 1 has completed"
```

我们来分析一下这里刚刚发生了什么。图 10.13 说明了事件的顺序。

(1) 在 main()函数中，要在异步运行时上安排的第一个异步计算是对 future AsyncTimer 的调用，这是自定义的 future 实现，可称之为 future 1。

(2) 异步执行器在 future 1 上调用 poll()函数。由于尚未到达到期时间，因此语句“Hello, it’s not yet time for Future 1. Going to sleep”被打印到终端。然后，poll()函数生成一个新线程并启动线程睡眠。poll()函数返回 Poll::Pending__，告知执行器可以安排其他任务执行，因为此异步函数尚未准备好 yield 值。

(3) 与此同时，异步运行时安排任务 read_from_file2()的执行。该函数将当前线程暂停两秒，然后返回带有 String 值的 Poll::Ready。“Future 2 has completed”语句被打印到终端。

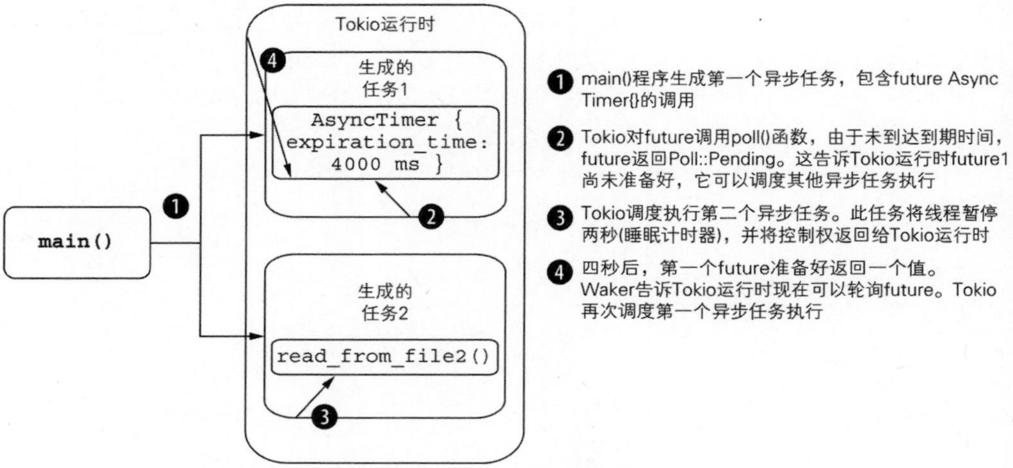

Tokio运行时

生成的任务1

AsyncTimer { expiration_time: 4000 ms }

main()

生成的任务2

read_from_file2()

❶ main()程序生成第一个异步任务，包含future AsyncTimer{}的调用

❷ Tokio对future调用poll()函数，由于未到达到期时间，future返回Poll::Pending。这告诉Tokio运行时future1尚未准备好，它可以调度其他异步任务执行

❸ Tokio调度执行第二个异步任务。此任务将线程暂停两秒(睡眠计时器)，并将控制权返回给Tokio运行时

❹ 四秒后，第一个future准备好返回一个值。Waker告诉Tokio运行时现在可以轮询future。Tokio再次调度第一个异步任务执行

图 10.13　带到期定时器和 waker 组件的自定义 future，第 5 步

(4) 与此同时，第一个 future 已准备好返回一个值。它调用与此异步任务关联的 Waker 上的 wake()函数，该函数依次通知异步执行器 future 1 已准备好再次调度执行。执行器在 future 1 上调用 poll()函数，现在返回 Poll::Ready。以下两条打印语句将打印到终端："Hello, it's time for Future 1"和"Future 1 has completed"。

关于编写自定义 future 的部分就到此结束。希望本章中的练习能帮你更好地理解异步函数如何工作以及它们如何在 Rust 中实现。在许多情况下，你甚至可能不会实现自己的 future，而是使用异步运行时(例如 Tokio)或更高级别的框架(例如 Actix Web)提供的开发人员友好的 API。但本练习有助于理解异步和 future 在幕后是如何工作的。

Future 和异步编程是实现高效、稳定可靠的分布式应用程序的关键机制。现在，你已经有了一个非常好的基础，已可以在此基础上以标准且可读(可维护)的方式构建各种异步应用程序或组件！

第 11 章将用异步 Rust 实现一个网络项目。

10.6　本章小结

- 并发是指程序的不同部分能无序执行或同时执行而不影响最终结果。另一方面，同时执行多个任务就是并行。
- 多线程和异步是两种并发编程模型。前者使用本机操作系统线程，CPU 上的任务调度由操作系统处理。后者使用异步运行时(本章使用 Tokio)，它负责在操作系统线程上调度多个任务。Tokio 使用自己的线程实现(也称为绿色线程)来达到此目的，与操作系统线程相比，它是轻量级的。

- future 是一种异步计算，可以返回未来时间点的值。Future 是由 future 返回的类型，它可以采用以下两个值之一：Poll:Pending 或 Poll::Ready(future_value)。
- 当 Tokio 异步执行器(Tokio 运行时)poll(轮询)的任务尚未准备好返回值时，该任务将注册到 Waker。Waker 有一个 wake()方法，用于告诉异步执行器应该唤醒关联的任务。当调用 wake()方法时，Tokio 执行器会被告知是时候再次 poll 异步任务了。

第11章 使用异步 Rust 构建 P2P 节点

本章内容

- 介绍点对点网络
- 了解 libp2p 网络的核心架构
- 在一对节点之间交换 ping 命令
- 发现 P2P 网络中的对等点

前面章节介绍了异步编程的基础知识以及如何使用 Rust 编写异步代码。本章将使用底层 P2P 网络库和 Rust 异步编程构建一些简单的点对点(P2P)应用程序示例。

为什么要学习 P2P？P2P 是一种网络技术，可以在不同的计算机之间共享各种计算资源，例如 CPU、网络带宽和存储。P2P 是一种非常常用的在线用户之间共享文件(例如音乐、图像和其他数字媒体)的方法。BitTorrent 和 Gnutella 是流行的文件共享 P2P 应用程序的示例。它们不依赖中央服务器或中介来连接多个客户端。而最重要的是，它们利用用户的计算机作为客户端和服务器，从而减轻中央服务器的计算负担。

P2P 网络如何运作，它们有何不同？接下来便深入研究点对点网络背后的基本概念。

注意：本章大量引用了 libp2p 文档中的材料：https://libp2p.io/。代码示例使用 libp2p 协议的 Rust 实现，可以在 GitHub 上找到：https://github.com/libp2p/rust-libp2p。

11.1 介绍点对点网络

传统部署在企业内部或网络上的分布式系统采用客户端/服务器(Client/Server)范式。Web 浏览器和 Web 服务器便是客户端/服务器系统的一个很好的示例，其中 Web 浏览器(客户端)在 Web 服务器(服务器)上托管的特定资源上请求信息(例如使用 GET 请求)或操作(POST、PUT 和 DELETE 请求)。然后，Web 服务器检查客户端是否有权接收该信息或执行该计算，如果是，则满足该请求。

P2P 网络是另一种类型的分布式系统。在 P2P 中，一组节点(或对等点)直接相互交互以共同提供公共服务，而无需中央协调员或管理员。点对点系统的示例包括 IPFS 和

BitTorrent 等文件共享网络以及比特币和以太坊等区块链网络。P2P 系统中的每个节点(或对等点)都可以充当客户端(从其他节点请求信息)和服务器(存储和检索数据并响应客户端请求执行必要的计算)。虽然 P2P 网络中的节点不必相同，但客户端/服务器网络与 P2P 网络的一个关键特征是不存在具有独特权限的专用服务器。在开放的、无需许可的 P2P 网络中，任何节点都可以决定提供与 P2P 节点相关的完整或部分服务集。

与客户端/服务器网络相比，P2P 网络允许在其上构建不同类别的应用程序，这些应用程序无需许可、容错且抗审查。

- 无许可——没有服务器可以切断客户端对信息的访问，因为数据和状态是跨多个节点复制的。
- 容错——不存在单点故障，例如中央服务器。
- 抗审查——由于 P2P 网络中的数据是跨节点复制的，因此很难审查(与存储在集中式服务器上的数据相比)。

P2P 计算还可以更好地利用资源。想象一下网络边缘客户端可用的所有网络带宽、存储和处理能力。这些资源在客户端/服务器计算中没有得到充分利用。

图 11.1 说明了客户端/服务器网络和 P2P 网络之间的差异。请注意，我们将在 P2P 网络上下文中交替使用术语“节点”(node)和“对等点”(peer node)。

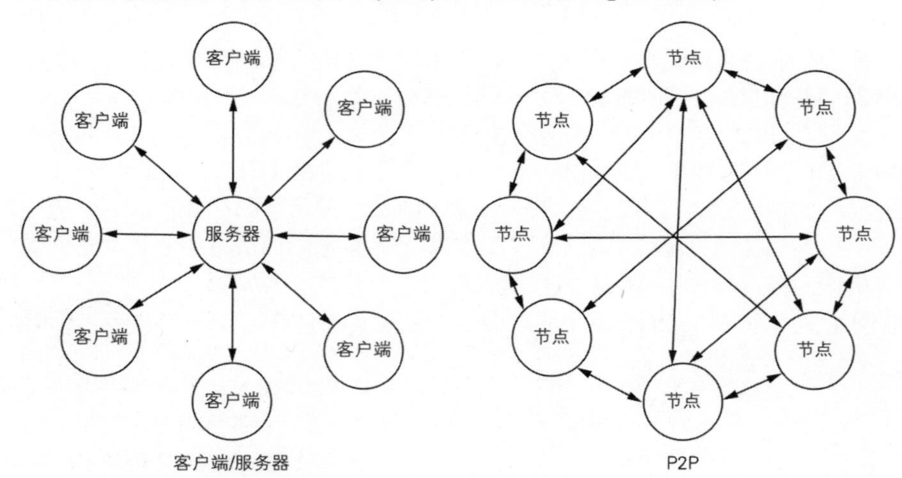

图 11.1　客户端/服务器和 P2P 计算

构建 P2P 系统可能比构建传统的客户端/服务器系统更为复杂。构建 P2P 系统有以下几个相关的技术要求。

- 传输——P2P 网络中的每个对等点都可以使用不同的协议，例如 HTTP(s)、TCP、UDP 等。
- 对等身份——每个对等点都需要知道它想要连接并发送消息的对等点的身份。
- 安全性——每个对等点应该能够以安全的方式与其他对等点进行通信，而不会有第三方拦截或修改消息的风险。

- 对等路由——每个对等点都可以通过多种路由接收来自其他对等点的消息(就像数据包在 IP 协议中的分发方式一样)，这意味着每个对等点都应该有能力将消息路由到其他对等点。
- 消息传递——P2P 网络应支持以发布/订阅模式发送点对点消息或组消息。
- 流复用——P2P 网络应支持公共通信链路上的多个信息流，以便可与多个节点进行并发通信。

接下来仔细看看这些要求。

11.1.1　传输

TCP/IP 和 UDP 协议无处不在，并且在编写网络应用程序时很流行。但是，还有其他更高级别的协议，例如 HTTP(基于 TCP 分层)和 QUIC(基于 UDP 分层)。由于网络中对等点的多样性，P2P 网络中的每个对等点都应该能够发起到另一个节点的连接，并且能够监听通过多种协议传入的连接。

11.1.2　对等身份

与 Web 开发域名不同，服务器由唯一的域名(例如，www.rust-lang.org 通过域名服务解析为服务器的 IP 地址)标识，对等网络中的节点需要唯一的身份，以便其他节点可以访问它们。对等网络中的节点使用公钥和私钥对(非对称公钥加密)与其他节点建立安全通信。对等网络中节点的身份称为 PeerId，它是节点公钥的加密哈希值。

11.1.3　安全性

加密密钥对和 PeerId 使节点能够与其对等点建立安全、经过身份验证的通信通道。但这只是安全的一方面。节点还需要实现授权框架，该框架为“哪个节点可以执行哪些类型的操作”建立规则。还有网络级安全威胁需要解决，例如 Sybil 攻击(其中一个节点运营商启动大量具有不同身份的节点，以在网络中获得有利地位)或 eclipse 攻击(在这种场景中，一群恶意节点勾结起来针对一个特定节点，使得该特定节点无法到达任何合法节点)。

11.1.4　对等路由

P2P 网络中的节点首先需要找到其他对等点才能进行通信。这是通过维护对等路由表来实现的，其中包含对网络中其他对等点的引用。但在拥有数千个甚至更多节点且动态变化(即节点频繁加入和离开网络)的 P2P 网络中，任何单个节点都很难为网络中的所有节点维护完整且准确的路由表。对等路由支持节点将不适合它们的消息路由到目标节点。

11.1.5 消息传递

P2P 网络中的节点不但可以向特定节点发送消息，而且还可以参与广播消息协议。一个示例是发布/订阅，其中节点注册对特定主题的兴趣(订阅)，并且任何节点都可以发送有关该主题的消息(发布)，该消息由订阅该主题的所有节点接收。该技术通常用于将消息的内容传输到整个网络。发布/订阅是分布式系统中发送者和接收者之间消息传递的一种众所周知的架构模式。

11.1.6 流复用

之前已经了解(11.1.1 节)P2P 网络中的节点如何支持多种传输方式。流复用是一种通过公共通信链路发送多个信息流的方法。就 P2P 而言，它允许多个独立的“逻辑”流共享公共 P2P 传输层。当节点可能与不同对等点有多个通信流或两个远程节点之间可能存在许多并发连接时，这一点变得很重要。流复用可帮助优化对等点之间建立连接的开销。多路复用在后端服务开发中很常见，客户端可以与服务器建立底层网络连接，然后通过底层网络连接多路复用不同的流(每个流都有唯一的端口号)。

本节研究了点对点系统设计中涉及的一些基本概念。接下来，将仔细研究一个用于 P2P 网络的流行的 Rust 库，本章后面会使用该库编写一些异步 Rust 代码。

11.2 了解 libp2p 网络的核心架构

为 P2P 应用程序编写自己的网络层是一项艰巨的任务。如果有人已经完成了这项艰巨的工作，我们就可以坐享其成了。将使用一个名为 libp2p 的底层 P2P 网络库，这使得构建 P2P 应用程序变得更加容易。

libp2p 库是一个由协议、规范和库组成的模块化系统，可用于开发点对点应用程序。在撰写本文时，libp2p 支持三种编程语言：Go、JavaScript 和 Rust。libp2p 被许多流行的项目使用，例如 IPFS、Filecoin 和 Polkadot。

图 11.2 突出显示了 libp2p 中用于构建稳定可靠的对等网络的关键模块。

- 传输——负责从一个对等节点到另一个对等节点的实际数据传输和接收。
- 身份——libp2p 使用公钥加密(PKI)作为对等节点身份的基础。使用加密算法为每个节点生成唯一的对等 ID。
- 安全性——节点使用私钥对消息进行签名。此外，节点之间的传输连接可以升级为安全加密通道，以便远程对等点可以相互信任，并且没有第三方可以拦截它们之间的通信。
- 对等点发现——使对等点能够在 libp2p 网络中查找彼此并进行通信。
- 对等路由——使用其他对等点的知识实现与对等节点的通信。

- 内容发现——使对等节点能够从其他对等点获取一段内容，而无须知道哪个对等点拥有该内容。
- 消息传递——允许向对某个主题感兴趣的一组对等方发送消息。

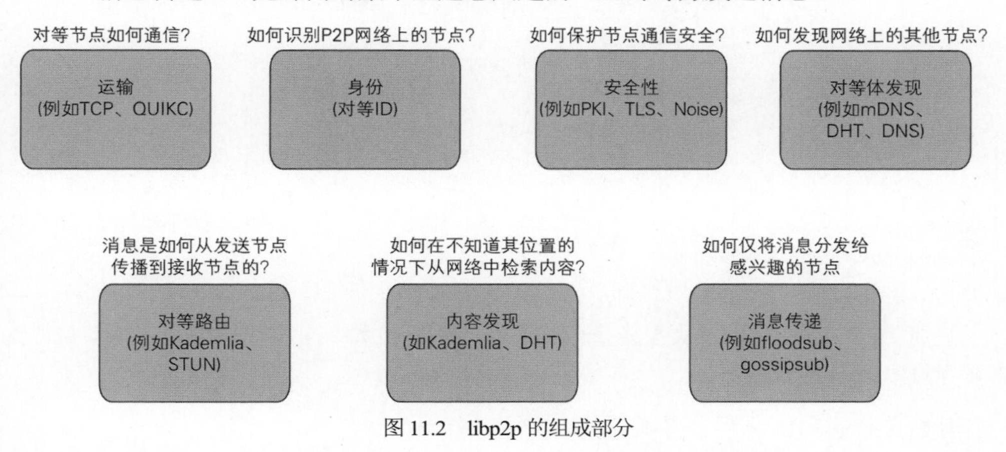

图 11.2　libp2p 的组成部分

本章学习如何利用 libp2p 协议的部分功能来使用 Rust 构建 P2P 应用程序。首先使用代码示例来了解 Rust libp2p 库的一些核心原语。

11.2.1　对等 ID 和密钥对

下面从为 P2P 节点生成对等 ID 和密钥对开始。P2P 节点使用加密密钥对来签署消息，对等 ID 代表唯一的对等身份，可以唯一标识 P2P 网络上的节点，如图 11.3 所示。

p2p节点

对等ID: 12D3KooWBu3fmjZgSMLkQ2p1DG35UmEayYBrhsk6WEe1xco1JFbV

P2P节点由加密生成的一对唯一ID标识

图 11.3　P2P 节点的标识

使用 cargo new p2p-learn 启动一个新项目。然后，在 Cargo.toml 中添加以下条目。

```
libp2p = "0.42.2"
tokio = { version = "1.16.1", features = ["full"] }
```

阅读本书时，请使用最新版本的库

在 src 目录下创建一个 bin 目录。创建一个新的 src/bin/iter1.rs 文件，并添加以下代码。

此编译器注解指定 Tokio 为异步运行时

身份模块包含为节点生成新的随机密钥对的函数。PeerId 结构体包含从节点公钥生成对等 ID 的方法

```
use libp2p::{identity, PeerId};

#[tokio::main]
async fn main(){
    let new_key = identity::Keypair::generate_ed25519();
    let new_peer_id = PeerId::from(new_key.public());
    println!("New peer id: {:?}", new_peer_id);
}
```

async 关键字表示 main()函数具有 Tokio 执行的异步代码

从公钥生成对应 ID。在 libp2p 中，公钥不直接用于识别对等点，而是使用其哈希版本作为对等点 ID

生成 ED25519 类型的密钥对。密钥对由公钥和私钥组成，私钥永远不会被共享

注意：ED25519 密钥对类型是基于椭圆曲线的公钥系统，常用于 SSH 身份验证，无需密码即可连接到服务器。

什么是公钥和私钥？

加密身份使用公钥基础设施(Public Key Infrastructure)，其广泛用于为用户、设备和应用程序提供唯一身份，并确保端到端通信的安全。它的工作原理是创建两个不同的加密密钥，也称为包含私钥和公钥的密钥对，它们之间具有数学关系。密钥对有很多应用，但在 P2P 网络中，节点使用密钥对相互识别和验证自己。公钥可以与网络中的其他人共享，但节点的私钥绝不能泄露。

使用密钥对的一个很好的例子是传统的服务器访问。例如，如果想要连接到数据中心或云中托管的远程服务器(使用 SSH)，则可以配置密钥对，而非使用密码进行访问。在此示例中，用户可以生成密钥对并在远程服务器上配置公钥，从而授予用户访问权限。但是远程服务器如何知道哪个用户是该公钥的所有者呢？要启用此功能，当(通过 SSH)连接到远程服务器时，用户必须指定与服务器上存储的公钥关联的私钥。私钥永远不会发送到远程服务器，但 SSH 客户端(在本地服务器上运行)使用用户的私钥向远程 SSH 服务器验证自身身份。

私钥和公钥还有许多其他用途，例如加密、解密和数字签名，本章不再赘述。

使用 cargo run --bin iter1 运行程序，终端上将显示以下类似的内容。

```
New peer id:PeerId("12D3KooWBu3fmjZgSMLkQ2p1DG35UmEayYBrhsk6WEe1xco1JFbV")
```

在 libp2p 中，对等点的身份在其整个生命周期内都是稳定且可验证的。然而，libp2p 区分了对等点的身份及其位置。如前所述，对等点的身份是对等 ID。对等点的位置是可以到达对等点的网络地址。例如，可以通过 TCP、WebSockets、QUIC 或任何其他协议来访问对等点。libp2p 以称为多地址(multiaddr)的自描述格式对这些网络地址进行编码。因此，在 libp2p 中，多地址代表对等点的位置。接下来讨论多地址的使用。

11.2.2　多地址

当人们共享联系信息时，会使用电话号码、社交媒体资料或实际位置地址(在接收货物时)。当 P2P 网络上的节点共享其联系信息时，它们会发送包含网络地址及其对等 ID 的多地址。

节点的多地址的对等 ID 组件表示如下：

```
/p2p/12D3KooWBu3fmjZgSMLkQ2p1DG35UmEayYBrhsk6WEe1xco1JFbV
```

字符串 12D3KooWBu3fmjZgSMLkQ2p1DG35UmEayYBrhsk6WEe1xco1JFbV 表示节点的对等 ID。11.2.1 节中学习了如何为节点生成对等 ID。

多地址的网络地址部分(也称为传输地址)如下所示：

```
/ip4/192.158.1.23/tcp/1234
```

这表示使用的传输协议是 IPv4，IP 地址是 192.158.1.23，监听的 TCP 端口是 1234。

节点的完整多地址只是对等 ID 和网络地址的组合，如下所示：

```
/ip4/192.158.1.23/tcp/1234/p2p/
   12D3KooWBu3fmjZgSMLkQ2p1DG35UmEayYBrhsk6WEe1xco1JFbV
```

对等方以此格式与其他对等方交换此多地址。

libp2p 库在内部使用 DNS 协议将这个“基于名称”的地址/ip4/192.158.1.23 转换为常规 IP 地址，如图 11.4 所示。

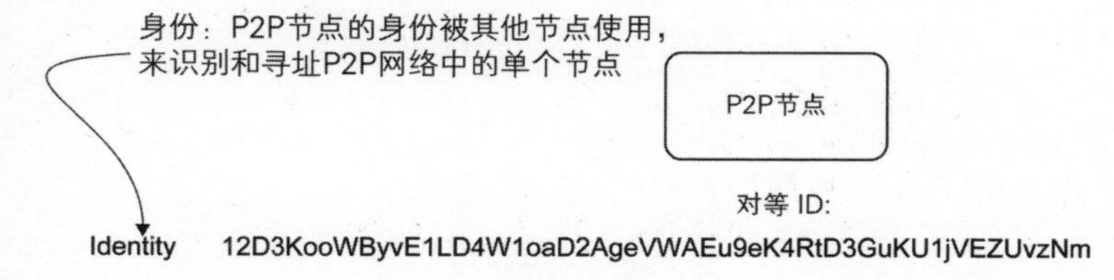

图 11.4　P2P 节点的多地址

11.2.3 节的代码中将使用多地址。

11.2.3　Swarm 和网络行为

Swarm(群体)是 libp2p 中给定 P2P 节点内的网络管理模块。它维护从给定节点到远程节点的所有活动和挂起连接，并管理所有已打开的流的状态。

Swarm 的结构和上下文如图 11.5 所示，本节稍后将详细解释。

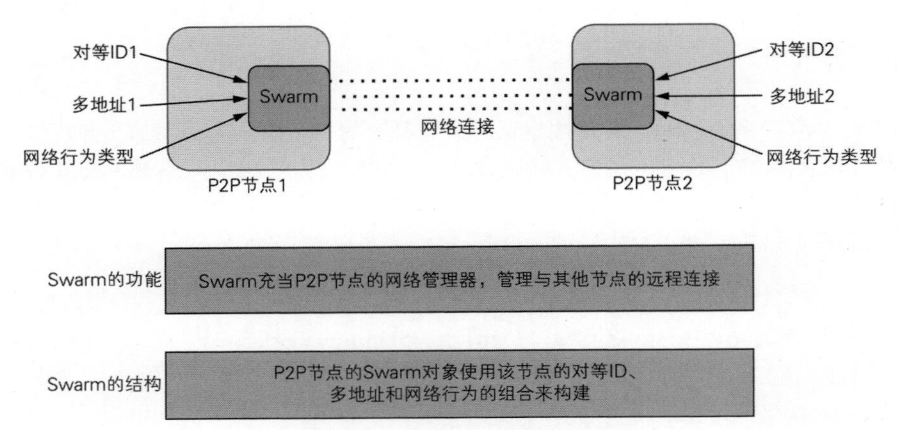

图 11.5　P2P 节点的网络管理

接下来扩展前面的例子。创建一个新的 src/bin/iter2.rs 文件，并添加以下代码。

```
use libp2p::swarm::{DummyBehaviour, Swarm, SwarmEvent};
use libp2p::futures::StreamExt;
use libp2p::{identity, PeerId};
use std::error::Error;

#[tokio::main]
async fn main()-> Result<(), Box<dyn Error>> {
    let new_key = identity::Keypair::generate_ed25519();
    let new_peer_id = PeerId::from(new_key.public());
    println!("local peer id is: {:?}", new_peer_id);
    let behaviour = DummyBehaviour::default();
    let transport = libp2p::development_transport(new_key).await?;
    let mut swarm = Swarm::new(transport, behaviour, new_peer_id);
    swarm.listen_on("/ip4/0.0.0.0/tcp/0".parse()?)?;

    loop {
        match swarm.select_next_some().await {
            SwarmEvent::NewListenAddr { address, .. } => {
                println!("Listening on local address {:?}", address)
            }
            _ => {}
        }
    }
}
```

Swarm 就是与 libp2p 节点关联的网络管理组件

用于在节点之间交换数据流

监听多地址上的传入连接

构建与 swarm 关联的仿制的网络行为

使用传输、网络行为和对等 ID 构建新的 Swarm

Swarm 需要不断轮询来检查事件

监听创建新监听地址的事件

在与其他节点通信之前，需要构建一个 Swarm 网络管理器。Swarm 代表一个底层接口，它提供对 libp2p 网络的细粒度控制。Swarm 是使用节点传输、网络行为和对等 ID 的组合来构建的。之前讲解了什么是传输和对等 ID。现在来看看什么是网络行为。

传输指定如何通过网络发送字节，而网络行为指定发送哪些字节以及发送给谁。libp2p 中的网络行为示例包括 ping(节点发送并响应 ping 消息)、mDNS(用于发现网络上的其他对等节点)以及 Kademlia(用于对等路由和内容路由功能)。为了简化这个示例，在此使用仿制的网络行为。多个网络行为可以与单个运行节点关联。

前面的代码末尾是 swarm.select_next_some().await。await 关键字用于调度异步任务来轮询协议和连接，当准备就绪时，便接收 Swarm 事件。当没有什么可处理的时候，任务就会空闲，Swarm 会输出 Poll::Pending。这是异步 Rust 的另一个例子。

注意，相同的代码在 libp2p 网络的所有节点上运行，这与具有不同代码库的客户端/服务器模型不同。

接下来运行代码。在计算机上创建两个终端会话。在第一个终端的项目根目录中，运行以下命令。

```
cargo run --bin iter2
```

可看到第一个节点的终端输出类似于以下内容：

```
local peer id is: PeerId("12D3KooWByvE1LD4W1oaD2AgeVWAEu9eK4RtD3GuKU1jVEZUvzNm")
Listening on local address "/ip4/127.0.0.1/tcp/
        55436"
Listening on local address "/ip4/192.168.1.74/tcp/55436"
```

打印该节点正在监听传入连接和流的本地地址

打印节点生成的新对等 ID

在第二个终端的项目根目录中，运行以下命令。

```
cargo run --bin iter2
```

可看到第二个节点的终端输出与此类似：

```
local peer id is: PeerId("12D3KooWQiQZA5zcLzhF86kuRoq9f6yAgiLtGqD5bDG516kVzW46")
Listening on local address "/ip4/127.0.0.1/tcp/55501"
Listening on local address "/ip4/192.168.1.74/tcp/55501"
```

同样，可以看到 node2 正在监听的本地地址(打印到终端)。

如果已经走到这一步，那就是一个好的开始。然而，这段代码中没有发生任何有趣的事情。可以启动两个节点并要求它们相互连接，但鉴于不知道连接是否已正确建立或者两者是否可以通信。可先行强化此代码以在节点之间交换 ping 命令。

11.3　在对等节点之间交换 ping 命令

新建 src/bin/iter3.rs 文件，添加以下代码：

```
use libp2p::swarm::{Swarm, SwarmEvent};
use libp2p::futures::StreamExt;
use libp2p::ping::{Ping, PingConfig};
use libp2p::{identity, Multiaddr, PeerId};
use std::error::Error;

#[tokio::main]
async fn main()-> Result<(), Box<dyn Error>> {
    let new_key = identity::Keypair::generate_ed25519();
    let new_peer_id = PeerId::from(new_key.public());
    println!("local peer id is: {:?}", new_peer_id);
```

```
    let transport = libp2p::development_transport(new_key).await?;
    let behaviour = Ping::new(PingConfig::new().with_keep_alive(true));
    let mut swarm = Swarm::new(transport, behaviour, new_peer_id);
    swarm.listen_on("/ip4/0.0.0.0/tcp/0".parse()?)?;

    if let Some(remote_peer)= std::env::args().nth(1){
        let remote_peer_multiaddr: Multiaddr = remote_peer.parse()?;
        swarm.dial(remote_peer_multiaddr)?;
        println!("Dialed remote peer: {:?}", remote_peer);
    }

    loop {
        match swarm.select_next_some().await {
            SwarmEvent::NewListenAddr { address, .. } => {
                println!("Listening on local address {:?}", address)
            }
            SwarmEvent::Behaviour(event)=> println!
            ➥("Event received from peer is {:?}", event),
            _ => {}
        }
    }
}
```

实例化一个新的网络行为，以在节点之间启用 ping 消息。ping 是 libp2p 的内置网络行为

/ip4/0.0.0.0.tcp/0 是已配置的 TCP 应该监听的地址

此代码块显示了本地节点到远程节点的传出连接

Swarm 在循环中轮询触发配置的网络行为

当本地节点发送 ping 消息时，远程节点响应 pong 消息。此事件被接收并打印到终端

在 listen_on()方法中，0.0.0.0 表示将监听本地计算机上的所有 IPv4 地址。例如，如果主机有两个 IP 地址：192.168.1.2 和 10.0.0.1，并且该主机上运行的服务器监听 0.0.0.0，则这两个 IP 都可以访问。0 端口意味着它将选择一个随机的可用端口。

另注意，远程节点多地址是从命令行参数解析的。然后，本地节点在此多地址上建立到远程节点的连接。

接着使用两个节点构建并测试这个 P2P 示例。在计算机上创建两个终端会话。在第一个终端的项目根目录中，运行以下命令：

```
cargo run --bin iter3
```

可看到第一个节点(我们将其称为节点 1)类似于以下内容的输出打印到终端：

```
local peer id is: PeerId("12D3KooWByvE1LD4W1oaD2AgeVWAEu9eK4RtD 3GuKU1jVEZUvzNm")
Listening on local address "/ip4/127.0.0.1/tcp/55872"
Listening on local address "/ip4/192.168.1.74/tcp/55872"
```

此时，没有可连接的远程节点，因此本地节点仅打印监听事件以及监听新连接的多地址。即使已在本地节点中配置了 ping 网络行为，但尚未激活。为此，需要启动第二个节点。

在第二个终端的项目根目录中，运行以下命令。确保在命令行参数中指定第一个节点的多地址。

```
cargo run --bin iter3 /ip4/127.0.0.1/tcp/55872
```

我们称此为节点 2，此时它已经启动了。它也会类似地打印出它正在监听的本地地址。

由于已指定远程节点多地址，节点 2 与节点 1 建立连接并开始监听事件。收到来自节点 2 的传入连接后，节点 1 向节点 2 发送 ping 消息，节点 2 用 pong 消息进行响应。这些消息应逐一出现在节点 1 和节点 2 的终端上，并且在一段时间间隔后(大约每 15 秒)继续循环。另注意，P2P 节点使用异步 Tokio 运行时来执行并发任务，以处理来自远程节点的多个数据流和事件。

本节讲解了如何让两个 P2P 节点相互交换 ping 消息。此示例通过指定节点 1 正在监听的多地址将节点 2 连接到节点 1。然而，在 P2P 网络中，节点的加入和离开是动态的。11.4 节讲解对等节点如何在 P2P 网络上发现彼此。

11.4　发现对等节点

先编写一个 P2P 节点以在启动时自动检测网络上的其他节点。将以下代码放入 src/bin/iter4.rs 中：

```
use libp2p::{
   futures::StreamExt,
   identity,
   mdns::{Mdns, MdnsConfig, MdnsEvent},
   swarm::{Swarm, SwarmEvent},
   PeerId,
};
use std::error::Error;

#[tokio::main]
async fn main()-> Result<(), Box<dyn Error>> {
     let id_keys = identity::Keypair::generate_ed25519();
     let peer_id = PeerId::from(id_keys.public());
     println!("Local peer id: {:?}", peer_id);

     let transport = libp2p::development_transport(id_keys).await?;

     let behaviour = Mdns::new(MdnsConfig::default()).await?;

     let mut swarm = Swarm::new(transport, behaviour, peer_id);
     swarm.listen_on("/ip4/0.0.0.0/tcp/0".parse()?)?;

     loop {
          match swarm.select_next_some().await {
               SwarmEvent::NewListenAddr { address, .. } => {
                  println!("Listening on local address {:?}", address)
               }
               SwarmEvent::Behaviour(MdnsEvent::Discovered(peers))=> {
                    for(peer, addr)in peers {
                       println!("discovered {} {}", peer, addr);
                    }
               }
```

为节点生成 PeerId

创建一个传输

创建一个 mDNS 网络行为

创建一个 Swarm，通过给定的传输建立连接。注意，mDNS 行为自身不会发起任何连接，仅使用 UDP

```
                SwarmEvent::Behaviour(MdnsEvent::Expired(expired))=> {
                    for(peer, addr)in expired {
                        println!("expired {} {}", peer, addr);
                    }
                }
                _ => {}
            }
        }
    }
```

组播 DNS(mDNS)是 RFC6762 定义的协议(https://datatracker.ietf.org/doc/html/rfc6762)，将主机名解析为 IP 地址。libp2p 中实现的 mDNS 网络行为将自动发现本地网络上的其他 libp2p 节点。

先通过构建和运行代码来查看它的工作原理：

```
cargo run --bin iter4
```

将此称为节点 1，可看到类似以下的内容打印到节点 1 的终端窗口中。

```
Local peer id: PeerId("12D3KooWNgYbVg8ZyJ4ict2N1hdJLKoydB5sTqwiWN2SHtC3HwWt")
Listening on local address "/ip4/127.0.0.1/tcp/50960"
Listening on local address "/ip4/192.168.1.74/tcp/50960"
```

注意，在此示例中，节点 1 正在监听 TCP 端口 50960。

从终端 2，使用相同的命令运行该程序。注意，与之前不同的是，未指定节点 1 的多地址。

```
cargo run --bin iter4
```

将此称为节点 2，可看到类似以下的消息打印到其终端。

```
Local peer id: PeerId("12D3KooWCVVb2EyxB1WdAcLeMuyaJ7nnfUCq45YNNuFYcZPGBY1f")
Listening on local address "/ip4/127.0.0.1/tcp/50967"
Listening on local address "/ip4/192.168.1.74/tcp/50967"
discovered 12D3KooWNgYbVg8ZyJ4ict2N1hdJLKoydB5sTqwiWN2SHtC3HwWt /ip4/
    192.168.1.74/tcp/50960
discovered 12D3KooWNgYbVg8ZyJ4ict2N1hdJLKoydB5sTqwiWN2SHtC3HwWt /ip4/
    127.0.0.1/tcp/50960
```

注意，节点 2 能够发现节点 1 正在监听端口 50960，而节点 2 正在监听端口 50967 上的新事件和消息。

从另一个终端启动第三个节点(节点 3)：

```
cargo run --bin iter4
```

可在节点 3 的终端上看到以下消息：

```
Local peer id: PeerId("12D3KooWC95ziPjTXvKPNgoz3CSe2yp6SBtKh785eTdY5L2YK7Tc")
Listening on local address "/ip4/127.0.0.1/tcp/50996"
Listening on local address "/ip4/192.168.1.74/tcp/50996"
discovered 12D3KooWCVVb2EyxB1WdAcLeMuyaJ7nnfUCq45YNNuFYcZPGBY1f /ip4/
    192.168.1.74/tcp/50967
discovered 12D3KooWCVVb2EyxB1WdAcLeMuyaJ7nnfUCq45YNNuFYcZPGBY1f /ip4/
    127.0.0.1/tcp/50967
```

```
discovered 12D3KooWNgYbVg8ZyJ4ict2N1hdJLKoydB5sTqwiWN2SHtC3HwWt /ip4/
    192.168.1.74/tcp/50960
discovered 12D3KooWNgYbVg8ZyJ4ict2N1hdJLKoydB5sTqwiWN2SHtC3HwWt /ip4/
    127.0.0.1/tcp/50960
```

注意，节点 3 已发现节点 1 监听端口 50960 和节点 2 监听端口 50967。

这看似微不足道，但若意识到未告诉节点 3 其他两个节点正在哪里运行就大不一样了。使用 mDNS 协议，节点 3 能够检测并连接到本地网络上的其他 libp2p 节点。

练习

如果你正在寻找其他代码练习，这里有一些可以使用 libp2p 构建 P2P 程序的建议：

- 实现一个简单的 P2P 聊天应用程序。
- 实现分布式 P2P 键/值存储。
- 实现分布式文件存储网络(如 IPFS)。

libp2p 库有几个预构建的代码示例，可以参考它们来实现这些练习。libp2p 代码仓库地址为：https://libp2p.io/。

第 12 章(也是最后一章)将介绍如何为生产部署准备 Rust 服务器和应用程序。

11.5　本章小结

- 在客户端/服务器计算模型中，客户端和服务器代表两个不同的软件：服务器是数据和相关计算的保管者，客户端请求服务器发送数据或对服务器管理的资源执行计算。在 P2P 网络中，通信发生在对等节点之间，每个节点都可以扮演客户端和服务器的角色。区分客户端/服务器网络与 P2P 网络的一项关键特征是不存在具有独特权限的专用服务器。
- libp2p 是一个由协议、规范和库组成的模块化系统，可用于开发点对点应用程序。它被用于许多著名的 P2P 项目。libp2p 的关键架构组件包括传输、身份、安全、对等发现、对等路由、内容路由和消息传递。
- 本章通过代码示例讲解了如何为节点生成唯一的对等 ID，其他节点可以使用该 ID 来唯一标识该节点。
- 本章还深入研究了多地址的基础知识以及它们如何表示通过 P2P 网络与节点通信的完整路径。节点的对等 ID 是节点整体多地址的一部分。
- 编写了一个 Rust 程序，其中节点之间交换简单的 ping-pong 消息。此示例演示了为节点配置 Swarm 网络管理对象以监听 P2P 网络上的特定事件并采取行动。
- 本章最后使用 libp2p 库编写了另一个 Rust 程序。该库展示了对等节点如何使用 mDNS 协议在 P2P 网络上发现彼此。

第 12 章

使用 Docker 部署 Web 服务

本章内容

- 介绍 Rust 服务器和应用程序的生产部署
- 编写第一个 Docker 容器
- 构建数据库容器
- 使用 Docker 打包 Web 服务
- 使用 Docker Compose 编排 Docker 容器

前面的章节学习了如何使用 Rust 构建 Web 服务和 Web 应用程序，研究了异步编程，甚至研究了 P2P 架构，在本地开发环境中测试了自行编写的应用程序。但这些只是第一步。最终目标通常是在生产环境中部署。

本章将重点讨论使用一种流行的生产部署方法(称为容器化)来打包软件。它涉及将应用程序的组件及其依赖项打包在容器中。然后可以将该容器部署在多个环境中，包括云。使用容器的一个优点是应用程序与其他容器完全分离，避免了库不兼容的风险。

本章将详细了解容器化 Rust Web 服务所需的步骤。一旦 Web 服务作为 Docker 容器提供，从生产部署的角度来看，它与用任何其他编程语言编写的任何 Web 服务或应用程序没有什么不同。用于部署 Docker 容器的所有标准指南和选项都适用。

注意： 生产部署涉及本书范围之外的许多方面，例如选择基础设施提供商、打包软件、配置密文、添加用于监视和调试的可配置日志、向 Web 服务 API 端点添加应用程序级安全性、添加服务器级安全性(使用 TLS 和 CORS)、保护访问凭证和密钥等密文、配置监控工具和警报、添加数据库备份等。准备应用程序或服务并将其部署到生产环境中涉及的注意事项，本书无法全部涵盖。因为这不是 Rust 的专属主题。有很多公开的材料(和其他书籍)很好地阐释了这个主题。

将软件打包到容器中本身就是一个主题，此处仅简略介绍。要更深入地了解容器的迷人世界，请查看 Jeff Nickoloff 和 Stephen Kuenzli 编著的 *Docker in Action,* 2nd ed. (Manning，2019)以及 Elton Stoneman 编著的 *Learn Docker in a Month of Lunches*(Manning，2020)。

容器逐渐倾向于不再单独部署，而是部署在需要精心编排的集群中，而 Kubernetes 可能是当今最流行的容器编排器。Manning 出版社的一些书籍可以帮你快速了解 Kubernetes 的最新动态，例如 Marko Lukša 的 *Kubernetes in Action,* 2nd ed.或 William Denniss 的 *Kubernetes for Developers*。

本章不使用 Kubernetes(其需要很多解释，并已超出本例的需要)，而是采用一种更简单(但功能较弱)的解决方案，称为 Docker Compose。Docker Compose 是一个有趣的解决方案，适用于不需要容器编排器所有功能的开发环境。

首先概述生产部署生命周期。

12.1 介绍服务器和应用程序的生产部署

本节介绍两个主题，概述生产部署在软件生命周期中的位置以及 Docker 作为部署容器技术的作用。

12.1.1 软件部署周期

软件部署周期涉及多个级别的开发人员和集成测试，然后是 release 版本的准备和部署。一旦 release 版本部署并运行，系统就会受到监控，关键参数会被测量，并进行优化。

虽然生产部署生命周期中的具体步骤因团队和 DevOps 技术而异，但却有一组类似图 12.1 显示的通常执行的代表性步骤。

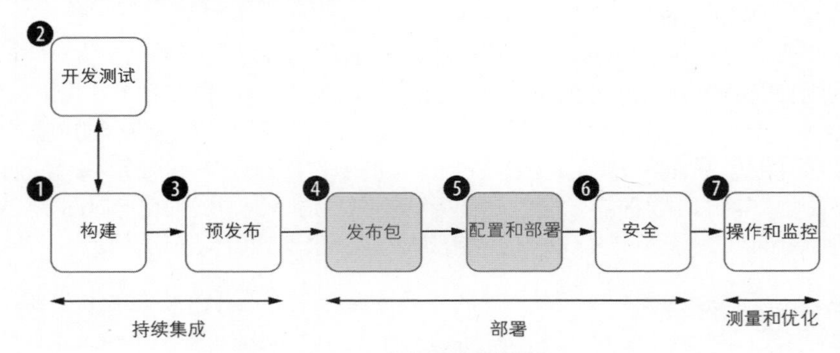

图 12.1 生产部署生命周期

不同组织使用的实际开发步骤和术语差异很大，但阶段大致如下。

(1) 构建——软件已编写(或修改)，开发人员在本地构建二进制文件。在大多数情况下，这是开发构建(有利于调试并花费更少的时间构建)，而非生产构建(优化了二进制大小，但在大多数编程语言中通常需要更长的时间构建)。

(2) 开发测试——开发人员在本地开发环境中进行单元测试。

(3) 预发布——代码与计划作为 release 版本的其他分支合并，并部署在预发布环境中。在这里，执行其他开发人员编写的代码和模块的集成测试。

(4) 发布包——集成测试成功后，构建最终的生产版本。打包方法取决于二进制文件的部署方式(例如，作为独立的二进制文件或在容器或公共云服务中)。

本章将重点介绍如何为 Rust Web 服务使用 Docker 构建。

(5) 配置和部署——将生产二进制文件部署到目标环境(例如虚拟机)，并设置必要的配置和环境参数。这也是与生产基础设施中的其他组件建立任何连接的阶段。例如，二进制文件可能需要与负载均衡器或反向代理一起使用。

本章将使用 Docker Compose 简化配置、自动化构建以及启动和停止运行 Web 服务所需的 Docker 容器集的过程。

(6) 安全——这是配置附加安全要求的地方，例如身份验证(例如，用于用户和 API 身份验证)、授权(设置用户和组权限)以及网络和服务器安全(例如，防火墙、加密、机密存储、TLS 终止、证书、CORS、IP 端口启用等)。

(7) 操作和监控——这是服务器启动以接收网络请求的地方，并且使用网络、服务器、应用程序和云监控工具来监控服务器的性能。此类工具的示例包括 Nagios、Prometheus、Kibana 和 Grafana 等。

在部署 DevOps 工具的组织中，持续集成、持续交付以及持续部署实践和工具用于自动化其中许多步骤。如果想更详细地了解这些术语，可以找到大量公开信息。

本章仅关注这些主题的子集，并展示如何在 Rust 编程语言的上下文中执行它们。具体介绍步骤(4)和(5)：发布包以及配置和部署步骤。后续步骤只关注在 Linux Ubuntu 虚拟机(VM)上部署 Docker 容器，但 Docker 容器可以部署到任何云提供商(尽管部署时可能需要特定于提供商的步骤)。

本章具体讲解以下内容。

- 构建发布二进制文件和打包——讲解如何将 Rust 服务器构建为 Docker 映像，该映像可以部署到具有容器运行时的任何主机。讲解如何编写 Dockerfile、创建 Docker 卷和网络、配置环境变量、执行多步骤 Docker 构建以及减小最终 Docker 镜像的大小。
- 配置和部署 Web 服务——讲解如何使用 Docker Compose 定义 Web 服务和 Postgres 数据库容器的运行时配置、定义它们之间的依赖关系、配置运行时环境变量、启动 Docker 构建以及通过简单的命令启动和停止 Docker 容器。

首先简单介绍 Docker。

12.1.2 Docker 容器的基础知识

容器技术改变了软件的构建、部署和管理方式，通过融合开发和 IT 运营团队之间的差异来实现 DevOps 自动化。Docker 既是在普及容器技术方面发挥重要作用的公司的名称，也是软件产品的名称(www.docker.com)。

Docker 容器是完全隔离的环境，拥有自己的进程、网络接口和卷挂载。Docker 容器的一个重要方面是它们最终共享相同的操作系统内核。传统虚拟机(Virtual Machines，VMs)是对物理硬件的一种抽象化，将一台物理服务器转变为多个逻辑服务器。虚拟机管理程序允许多个虚拟机在一台机器上运行，并且每个虚拟机都包含操作系统的完整副本。另一方面，容器是应用程序层的抽象化技术，它将代码和依赖项打包在一起。多个容器运行在同一台物理机上，并与其他容器共享操作系统内核。(更多详情参阅 Docker 站点：www.docker.com/resources/what- container/)

图 12.2 显示了 Docker 容器如何适应硬件基础设施的简单分层视图。Docker 容器可以包含任何软件应用程序：Web 服务、Web 应用程序、数据库或消息传递系统等。Docker 容器是轻量级的(与虚拟机相比)，可以非常快速地启动和关闭，并且在软件应用程序和所有相关依赖项(例如第三方包和其他库)方面是独立的。

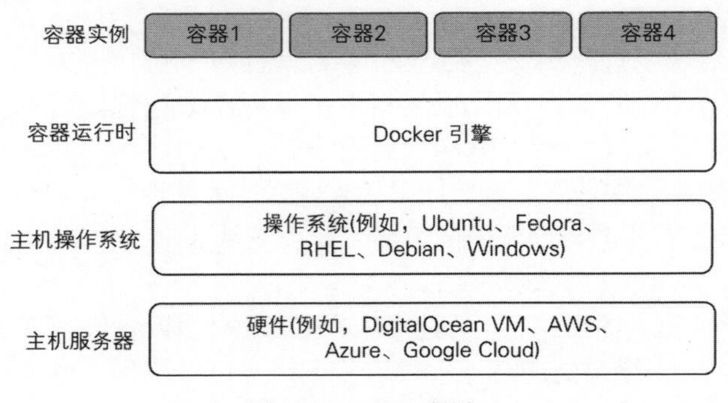

图 12.2 Docker 概览

Docker 容器的一个有趣的方面是，尽管 Docker 主机可能运行 Ubuntu 操作系统，但 Docker 容器可以封装在 Debian 操作系统上运行的 Web 服务进程。这为开发和部署过程提供了巨大的灵活性。

如何促进软件开发人员和运营团队之间的合作？在传统的软件部署中，开发团队会交接软件组件和相关配置(在我们的例子中，是 Web 服务代码仓库、构建指令、要设置的先决条件的指令、Postgres 数据库脚本、包含机密的环境文件等)。然后，运营团队必须按照说明，在生产环境中构建和部署 Web 服务。开发人员可能会在不同于生产的环境中构建和测试代码。不熟悉软件的运营团队可能会遇到需要开发团队参与解决的问题。

Docker 容器解决了这个问题。开发人员指定基础设施配置和指令来设置环境、下载和链接依赖项，并在 Dockerfile 中构建二进制文件。Dockerfile 是 YAML 语法的文本文件。它允许指定参数，例如基本 Docker 镜像、要使用的环境变量、要挂载的文件系统卷、要公开的端口等。

然后根据 Dockerfile 中指定的规则将 Dockerfile 构建为定制的 Docker 镜像。Docker 镜像是可以实例化多个容器运行时的模板(Docker 镜像和 Docker 容器之间的关系类似于面向对象编程语言中类和对象之间的关系)。

开发人员将 Docker 镜像实例化到 Docker 容器中并测试他们的软件应用程序。然后，将 Docker 镜像移交给软件运营团队进行生产部署。鉴于 Docker 镜像保证在任何 Docker 主机上以相同的方式运行，无论硬件基础设施如何，运营团队在生产环境中部署和实例化软件应用程序要容易得多。因此，Docker 极大地减少了软件应用程序生产部署中的摩擦和人为错误。然而，使用 Docker 的一个要求是需要熟练的 Docker 工程师来配置应用程序的构建规则。

在学习本章代码前，需要在开发计算机或服务器(macOS、Windows 或 Linux)上安装 Docker 开发环境，参阅此处的 Docker 说明：https://docs.docker.com/get-docker/。有关 Docker 的更多信息可以在这里找到：https://docs.docker.com/get-started/overview/。

12.2 节将编写第一个 Docker 容器，并优化其大小。

12.2　编写 Docker 容器

本节检查 Docker 的安装，编写 Dockerfile 并将其构建为 Docker 镜像，并使用多阶段构建优化最终 Docker 镜像的大小。

先从检查 Docker 安装开始。

12.2.1　检查 Docker 安装情况

可以在开发服务器中创建一个项目目录。

在终端中，使用以下命令检查 Docker 是否安装。

```
docker --version
```

之后可在终端上收到类似于以下内容的响应。

```
Docker version 20.10.16, build aa7e414
```

先来测试一下官方的 Docker 镜像：

```
docker pull hello-world
```

可看到与此类似的输出。

```
Using default tag: latest
latest: Pulling from library/hello-world
2db29710123e: Pull complete
Digest: sha256:80f31da1ac7b312ba29d65080fddf797dd76acfb870e677f390d5
➥ acba9741b17
Status: Downloaded newer image for hello-world:latest
docker.io/library/hello-world:latest
```

现在检查 Docker 镜像在本地开发服务器上是否可用：

```
docker images
```

可看到以下内容。

```
REPOSITORY     TAG       IMAGE ID       CREATED        SIZE
hello-world    latest    feb5d9fea6a5   8 months ago   13.3kB
```

之后，可在本地开发服务器中看到一个可用的 hello-world Docker 镜像，并指定了 Docker 镜像 ID。另请注意 Docker 镜像的大小。本章稍后讨论优化 Docker 镜像的大小。

前面曾提及，Docker 镜像是创建 Docker 容器实例的模板。先来实例化 Docker 镜像，看看会发生什么。

```
docker run hello-world
```

如果看到以下消息，则表明 Docker 环境已经准备就绪。

```
Hello from Docker!
This message shows that your installation appears to be working correctly.

To generate this message, Docker took the following steps:

1. The Docker client contacted the Docker daemon.
2. The Docker daemon pulled the "hello-world" image from the Docker Hub.
   (amd64)
3. The Docker daemon created a new container from that image which runs the
   executable that produces the output you are currently reading.
4. The Docker daemon streamed that output to the Docker client, which sent
   it to your terminal.

To try something more ambitious, you can run an Ubuntu container with:
  $ docker run -it ubuntu bash

Share images, automate workflows, and more with a free Docker ID:
  https://hub.docker.com/

For more examples and ideas, visit:
  https://docs.docker.com/get-started/
```

这个官方 Docker 镜像打印出“Hello from Docker!”信息。这就是它的全部作用。

使用其他人创建的 Docker 镜像很有用，但创建自己的 Docker 镜像更有趣。接下来试试吧！

12.2.2 编写一个简单的 Docker 容器

使用以下命令启动一个新项目：

```
cargo new --bin docker-rust
cd docker-rust
```

该 docker-rust 目录将成为项目根目录。将 Actix Web 添加到 Cargo.toml 依赖项。

```
[dependencies]
actix-web = "4.2.1"
```

将以下内容添加到 src/main.rs：

```
use actix_web::{get, web, App, HttpResponse, HttpServer, Responder};

#[get("/")]
async fn gm()-> impl Responder {
   HttpResponse::Ok().body("Hello, Good morning!")
}

async fn hello()-> impl Responder {
   HttpResponse::Ok().body("Hello there!")
```

```
}

#[actix_web::main]
async fn main()-> std::io::Result<()> {
    HttpServer::new(|| {
      App::new()
        .service(gm)
        .route("/hello", web::get().to(hello))
    })
    .bind(("0.0.0.0", 8080))?
    .run()
    .await
}
```

接着以常规方式构建并运行服务器(不使用 Docker)。

```
cargo run
```

在浏览器窗口中，测试以下内容。

```
localhost:8080
localhost:8080/hello
```

可在浏览器窗口中看到以下消息(对应于前两个 GET 请求)。

```
Hello, Good morning!
Hello there!
```

确认 Web 服务正在运行，继续使用 Docker 将此 Web 服务容器化。图 12.3 显示了要构建的内容。

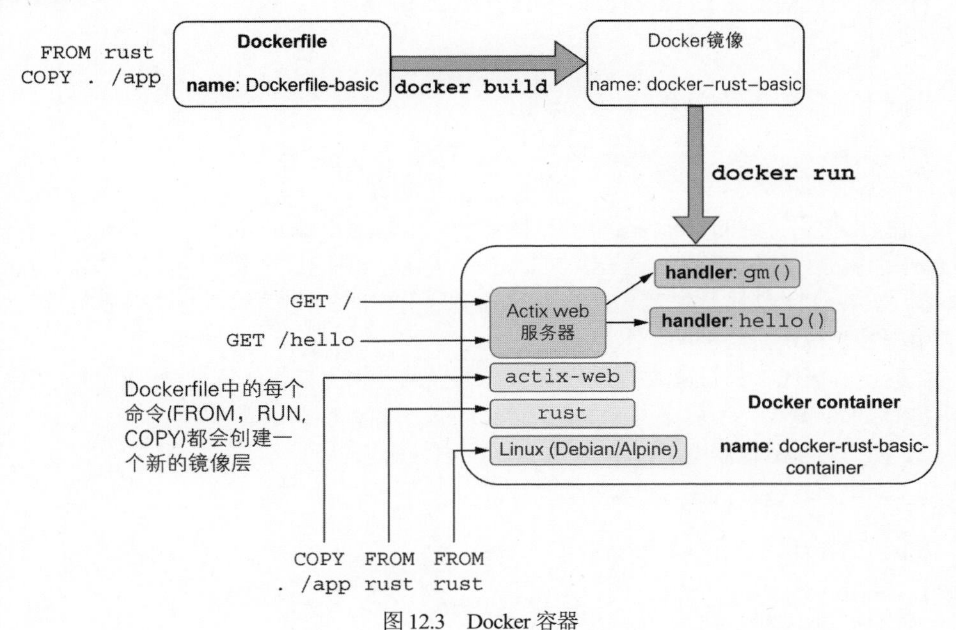

图 12.3　Docker 容器

在项目根目录下新建一个 Dockerfile-basic 文件，并添加以下内容。

```
# Use the main rust Docker image
FROM rust

# copy app into docker image
COPY . /app

# Set the workdirectory
WORKDIR /app

# build the app
RUN cargo build --release

# start the application
CMD ["./target/release/docker-rust"]
```

运行以下命令以构建 Docker 镜像：

```
docker build -f Dockerfile-basic . -t docker-rust-basic
```

将显示一系列以以下内容结尾的消息。

```
=> => exporting layers                                              0.8s
=> => writing image
➡ sha256:
➡ 20fe6699b10e9945a1f0072607da46f726476f82b15f9fbe3102a68becb7e1a3   0.1s
  => => naming to docker.io/library/docker-rust-basic
```

若要检查已构建的 Docker 镜像，可运行以下命令。

```
docker images
```

终端上将显示类似于以下内容的输出。

```
REPOSITORY          TAG     IMAGE ID       CREATED         SIZE
docker-rust-basic   latest  20fe6699b10e   9 seconds ago   1.32GB
```

注意，已使用特定的 Docker 镜像 ID 创建了一个名为 docker-rust-basic 的 Docker 镜像。Docker 镜像大小为 1.32GB；这是因为 Docker 镜像包含所有层及其所有依赖项。例如，在本例中，Rust Docker 镜像包含 Rust 编译器和所有中间构建产物，这些产物对于运行最终应用程序来说不是必需的。

在第一次迭代中获得较大的 Docker 镜像很正常，因为首要任务是以正确的方式定义和构建 Docker 镜像。稍后将讨论如何减小 Docker 镜像。

在这个 Docker 容器中运行 Web 服务器，如下所示。

```
docker run -p 8080:8080 -t docker-rust-basic
```

在浏览器窗口中测试以下内容：

```
localhost:8080
localhost:8080/hello
```

就会看到浏览器窗口中显示相应的消息。

现在已经测试了两个版本的Web服务：带有cargo run的基本版本和Dockerized版本。但工作还没有完成。遇到的问题是Web服务的Docker镜像大小为1.32 GB，并不小。Docker二进制文件预计占用空间较小，但这个非常简单(且琐碎)的 Rust Web 服务的容器化版本却很大。可以修复它吗？12.2.3 节中将讨论这一点。

12.2.3 多阶段 Docker 构建

本节尝试减小 Docker 镜像的大小。图 12.4 显示了本节要做的事情。

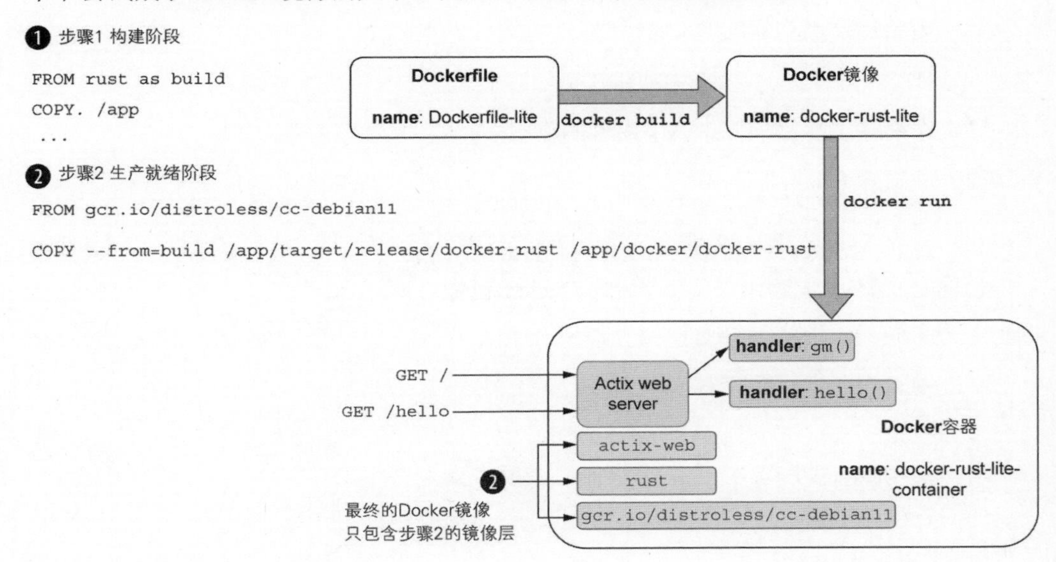

图 12.4　轻量化 Docker 容器

在项目根目录中创建一个新的Dockerfile，名称为Dockerfile-lite，并添加以下内容。

```
# Use the main rust Docker image
FROM rust as build

# copy app into Docker image
COPY . /app

# Set the workdirectory
WORKDIR /app

# build the app
RUN cargo build --release

# use google distroless as runtime image
```

```
FROM gcr.io/distroless/cc-debian11

# copy app from builder
COPY --from=build /app/target/release/docker-rust /app/docker-rust
WORKDIR /app

# start the application
CMD ["./docker-rust"]
```

运行以下命令来构建 Docker 镜像：

```
docker build -f Dockerfile-lite . -t docker-rust-lite
```

若要检查已构建的 Docker 镜像，可运行以下命令。

```
docker images
```

在终端上显示类似于以下内容的输出：

```
REPOSITORY          TAG          IMAGE ID        CREATED          SIZE
docker-rust-lite    latest       40103591baaf    12 seconds ago   31.8MB
```

注意，Docker镜像的大小已减小至31.8 MB。在分析之前，应首先确认一下这个Docker镜像是否有效。使用以下命令运行 Docker 镜像。

```
docker run -p 8080: 8080 -t docker-rust-lite
```

检查正在运行的容器：

```
docker ps
```

应该会看到列表中显示的 docker-rust-lite 容器。

在浏览器窗口中，测试以下内容：

```
localhost:8080
localhost:8080/hello
```

浏览器窗口中将会显示相应的问候消息。

那么，这是如何运作的呢？我们使用了所谓的多阶段构建。多阶段 Docker 构建是创建 Docker 镜像的一系列步骤。多阶段构建的主要好处是，可以在开发构建后进行清理，并通过删除最终 Docker 镜像中的无关文件来减小最终二进制文件。它允许开发人员针对不同的目标操作系统环境自动创建多个版本的二进制文件，并且还提供安全性和缓存优势。

Docker 多阶段构建使用多个 FROM 语句来引用特定阶段的特定镜像。每个阶段都可以使用 AS 关键字命名。前面显示的 Dockerfile-lite 示例中有两个阶段。第一阶段构建发布二进制文件。第二个构建阶段使用 google distroless 作为运行时镜像，并复制之前创建发布的二进制文件，从而生成更小的 Docker 镜像大小。

图 12.5 显示的是 Docker 多阶段构建的示例，其中单个 Dockerfile 定义了两个构建步骤。第一步创建一个开发人员构建 Docker 镜像，其中包含与开发相关的工件。第二步构建一个生产就绪的 Docker 镜像，该镜像通过去除不需要的文件来实现更小的大小。有关

多阶段 Docker 构建的更多详情可访问：https://docs.docker.com/develop/develop-images/multistage-build/。

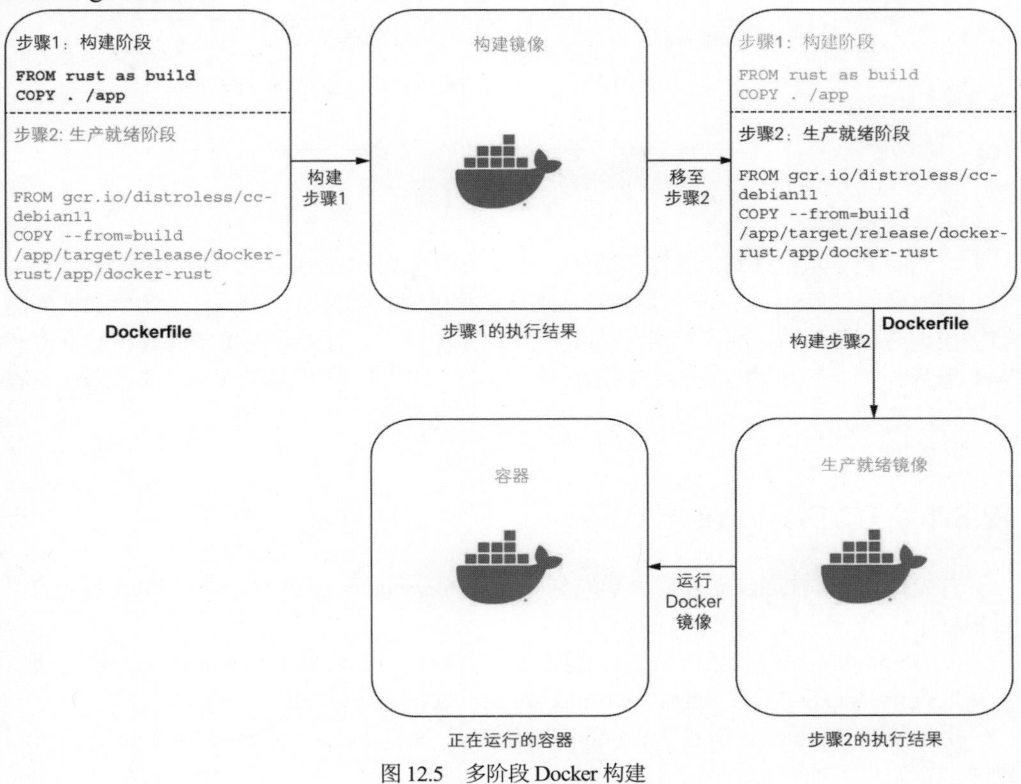

图 12.5　多阶段 Docker 构建

总之，图 12.3 和图 12.4 中所示的主要区别在于，后者分两步构建了 Docker 镜像，第二步(最终)去除了最终 Docker 镜像中的所有开发工具和工件。

现在已经了解了如何使用 Docker 构建和优化基本 Rust Actix 程序，接下来将重点转移到 EzyTutors Web 服务。

12.3　构建数据库容器

EzyTutors Web 后端有两个不同的组件：提供 API 的 Web 服务和 Postgres 数据库。图 12.6 显示了如何将两个组件打包为 Docker 容器，然后让移动和 Web 客户端发送请求。

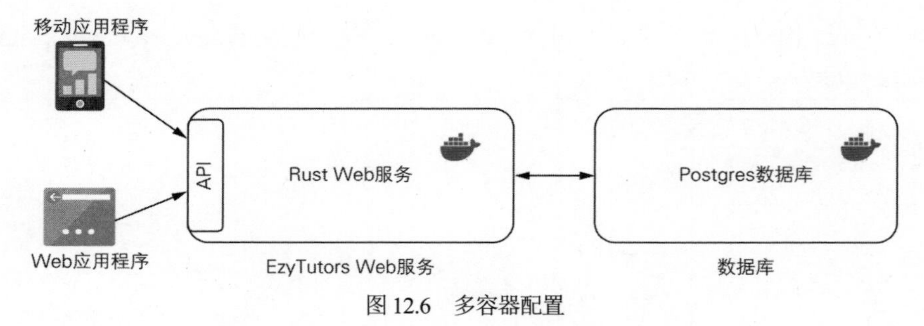

图 12.6 多容器配置

首先对 Postgres 数据库进行容器化。12.4 节中将 EzyTutors Web 服务打包为容器。

将数据库打包为 Docker 容器有什么切实的好处吗？当然有，因为我们希望数据库能够轻松地跨机器移植，而不是绑定到特定的硬件环境。并且最终还希望能够将数据库和 Web 服务作为一个单元一起操作(启动、停止等)，如果数据库也打包为容器，那就更容易了。

开始吧。

12.3.1 打包 Postgres 数据库

首先，克隆本书的 Git 仓库。导航到 Chapter6/ezytutors/tutor-db，这是 Web 服务的项目根目录。

在 Ubuntu 服务器(或任何其他首选配置的虚拟机)上安装 Docker Compose。可访问以下网址查询 Docker 文档：https://docs.docker.com/compose/install/。

用于验证 Ubuntu 上 Docker Compose 安装的命令是 docker compose version。之后可看到类似以下内容的输出。

```
Docker Compose version v2.5.0
```

创建一个新的 Docker 网络来互连导师 Web 服务和 Postgres 数据库容器：

```
docker network create tutor-network
docker ls
```

会显示类似以下内容的输出。

```
6fc670fb70ba     bridge           bridge    local
75d560b02bbe     host             host      local
7d2c59b2f3a5     none             null      local
e230e1a9c55d     tutor-network    bridge    local
```

Docker 卷是保存 Docker 容器生成和使用的数据的首选方式。它们完全由 Docker 管理，易于备份，并且可以使用卷驱动程序将数据存储在远程主机或云提供商上。卷的内容存在于 Docker 容器的生命周期之外。更多详情可以参阅 Docker 文档：https://docs.docker.com/storage/volumes/。

创建一个 Docker 卷，如下所示。

```
docker volume create tutor-data
```

```
docker volume ls
```

可看到如下输出：

```
DRIVER     VOLUME NAME
Local      tutor-data
```

停止 Docker 主机上的 Postgresql 数据库实例(若它正在运行)：

```
systemctl status postgresql
systemctl stop postgresql
```

创建一个名为 docker-compose.yml 的新 Docker Compose 文件。添加以下代码：

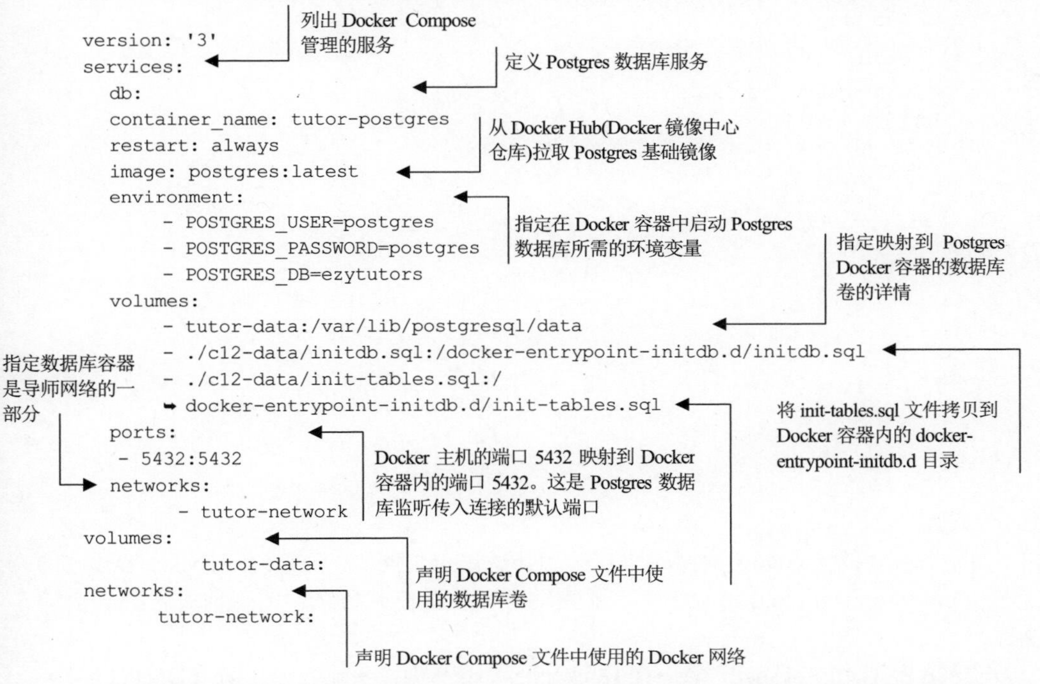

```
version: '3'
services:
  db:
  container_name: tutor-postgres
  restart: always
  image: postgres:latest
  environment:
      - POSTGRES_USER=postgres
      - POSTGRES_PASSWORD=postgres
      - POSTGRES_DB=ezytutors
  volumes:
      - tutor-data:/var/lib/postgresql/data
      - ./c12-data/initdb.sql:/docker-entrypoint-initdb.d/initdb.sql
      - ./c12-data/init-tables.sql:/
      ➥ docker-entrypoint-initdb.d/init-tables.sql
  ports:
   - 5432:5432
  networks:
        - tutor-network
volumes:
        tutor-data:
networks:
      tutor-network:
```


在上面的代码中，services:关键字代表一个单独的 Docker 容器。本例中，要告诉 Docker Compose“db 是服务的名称，并且应该为 db 服务启动一个单独的 Docker 容器”。

在 volumes:关键字下，Docker 主机上的 tutor-data 卷被映射到 Docker 容器内的/var/lib/postgresql/data(Postgres 的默认数据库目录)。initdb.sql 文件包含用于创建数据库和用户的数据库脚本并授予权限。init-tables.sql 文件包含用于创建数据库表和加载初始测试数据的数据库脚本。

下面构建并运行 Postgres Docker 镜像：

```
docker compose up -d
docker ps
```

可看到与此类似的输出。

```
CONTAINER      ID IMAGE        COMMAND                    CREATED        |
```

```
d43b6ae99846    postgres:latest "docker-entrypoint.s…"    4 seconds ago |
| STATUS        PORTS                                    NAMES
| Up 1 second   0.0.0.0:5432->5432/tcp, :::5432->5432/tcp tutor-postgres
```

tutor-postgres Docker 容器已从 postgres:latest Docker 镜像实例化。接着检查数据库和表是否已经创建，测试数据是否已经加载。为此，可连接到 Docker 容器：

```
docker exec -it d43b6ae99846 /bin/bash      ← 连接到 Docker 容器 shell
psql postgres://postgres:postgres@localhost:5432/ezytutors      ← 登录 Postgres Docker 容器内的 psql shell
\list      ← 进入 psql shell 后，列出所有数据库
```

可看到与此类似的终端输出。

```
psql (12.11 (Ubuntu 12.11-0ubuntu0.20.04.1), server 14.3 (Debian 14.3-
     1.pgdg110+1))
WARNING: psql major version 12, server major version 14.
         Some psql features might not work.
Type "help" for help.

ezytutors=# \list
                          List of databases
Name      | Owner    | Encoding | Collate    | Ctype      | Access privileges
---------+---------+----------+-----------+-----------+----------------------
ezytutors| postgres | UTF8     | en_US.utf8| en_US.utf8|
postgres | postgres | UTF8     | en_US.utf8| en_US.utf8|
template0| postgres | UTF8     | en_US.utf8| en_US.utf8| =c/postgres +
         |          |          |           |           | postgres=CTc/postgres
template1| postgres| UTF8      | en_US.utf8| en_US.utf8| =c/postgres +
         |          |          |           |           | postgres=CTc/postgres
(4 rows)
```

可看到列出的 ezytutors 数据库。这是因为已将 initdb.sql 文件放置在 Docker 容器中的 /docker-entrypoint-initdb.d 目录中。容器启动时，放置在此目录中的任何脚本都应自动执行。

输入\q 并退出 psql shell，然后在 Docker bash shell 中接着输入 exit 退出 Docker 容器。

还有另一种访问数据库的方法，即连接到 Docker 容器并在其中执行 psql：

```
docker ps
docker exec -it 0027d5c1cfaf /bin/bash
psql -U postgres
\list
```

可看到如下输出。

```
bash-5.1# psql -U postgres
psql (11.16)
Type "help" for help.
postgres=# \list
                          List of databases
   Name    | Owner    | Encoding | Collate    | Ctype      | Access privileges
---------+---------+-----------+-----------+-----------+----------------------
ezytutors | postgres| UTF8      | en_US.utf8 | en_US.utf8 | =Tc/postgres +
```

```
          |         |          |           |           | postgres=CTc/postgres+
          |         |          |           |           | truuser=CTc/postgres
postgres  | postgres           | UTF8 | en_US.utf8| en_US.utf8|
template0 | postgres           | UTF8 | en_US.utf8| en_US.utf8| =c/postgres +
          |         |          |           |           | postgres=CTc/postgres
template1 | postgres| UTF8 | en_US.utf8| en_US.utf8| =c/postgres +
          |         |          |           |           | postgres=CTc/postgres
(4 rows)
```

这两种方法都是在 tutor-postgres 容器中访问 Postgres 数据库的可接受的方法。到此，ezytutors 数据库已创建。

来检查是否已创建用户 truuser 并确保已将权限分配给该用户。在 Docker 容器内，在命令提示符下执行以下命令。

```
psql -U truuser ezytutors
ezytutors=>\list
```

如果能够看到列出的 ezytutors 数据库，那就太好了。否则，在 psql shell 中执行以下步骤：

```
postgres=# drop database ezytutors
postgres=# \list
```

可看到与此类似的输出。

```
postgres=# drop database ezytutors;
DROP DATABASE
postgres=# \list
                              List of databases
   Name    | Owner    | Encoding | Collate    | Ctype      | Access privileges
---------+---------+-----------+-----------+-----------+----------------------
postgres  | postgres| UTF8     | en_US.utf8| en_US.utf8 |
template0 | postgres| UTF8     | en_US.utf8| en_US.utf8 | =c/postgres +
          |         |          |           |            | postgres=CTc/postgres
template1 | postgres           | UTF8       | en_US.utf8 | en_US.utf8| =c/postgres +
          |         |          |           |            | postgres=CTc/postgres
(3 rows)
```

已删除 ezytutors 数据库，因为想再次完整地执行 initdb.sql 脚本。

现在运行存储在 Postgres Docker 容器中 docker-entrypoint-initdb.d 下的两个初始化脚本。返回到 Docker 容器 bash shell(不是 psql shell)，然后执行以下命令。

```
postgres=# \i /docker-entrypoint-initdb.d/initdb.sql
```

可在终端中看到如下输出：

```
postgres=# \i /docker-entrypoint-initdb.d/initdb.sql
CREATE DATABASE
CREATE ROLE
GRANT
ALTER ROLE
ALTER ROLE
```

initdb.sql 脚本创建数据库，创建新的 truuser 用户，并向该新用户授予 ezytutors 数据库的所有权限。

现在使用\q 退出 psql shell，并使用 truuser ID 从 Docker 容器 bash shell 重新登录。

```
psql -U truuser ezytutors
ezytutors=>\list
```

可在终端上看到以下内容：

```
ezytutors=> \list
                                List of databases
   Name    | Owner    |Encoding  | Collate    | Ctype      |Access privileges
----------+---------+----------+-----------+-----------+------------------
ezytutors |postgres |UTF8      |en_US.utf8 |en_US.utf8 |=Tc/postgres +
          |         |          |           |           |postgres=CTc/postgres+
          |         |          |           |           |truuser=CTc/postgres
postgres  |postgres |UTF8      |en_US.utf8 |en_US.utf8 |
template0 |postgres |UTF8 |en_US.utf8 |en_US.utf8 |=c/postgres +
          |         |          |           |           |postgres=CTc/postgres
template1 |postgres |UTF8      |en_US.utf8 |en_US.utf8 |=c/postgres +
          |         |          |           |           |postgres=CTc/postgres
(4 rows)
```

truuser 现在可以访问 ezytutors 数据库。12.3.2 节讲解如何在 Docker 容器中创建数据库表。

12.3.2 创建数据库表

从 Postgres Docker 容器的命令提示符中检查数据库表是否已创建：

```
ezytutors=> \d
Did not find any relations.
```

如果能显示表格列表，那就一切都好。但是，如果只显示前面的错误消息“Did not find any relations”，则需要手动运行脚本来创建表并加载测试数据。

先在 ezytutors 数据库中创建与导师和课程相关的表，然后列出数据库表(Postgres 术语中称为 relations)。通过执行 init-tables.sql 脚本来完成此操作。可以看到以下内容。

```
ezytutors=> \i /docker-entrypoint-initdb.d/init-tables.sql
psql:/docker-entrypoint-initdb.d/init-tables.sql:4: NOTICE:
➥ table "ezy_course_c6" does not exist, skipping
DROP TABLE
psql:/docker-entrypoint-initdb.d/init-tables.sql:5: NOTICE:
➥ table "ezy_tutor_c6" does not exist, skipping
DROP TABLE
CREATE TABLE
CREATE TABLE
GRANT
GRANT
INSERT 0 1
INSERT 0 1
INSERT 0 1
INSERT 0 1
ezytutors=> \d
```

```
                    List of relations
Schema  |            Name              |   Type   | Owner
--------+------------------------------+----------+---------
public  | ezy_course_c6                | table    | truuser
public  | ezy_course_c6_course_id_seq  | sequence | truuser
public  | ezy_tutor_c6                 | table    | truuser
public  | ezy_tutor_c6_tutor_id_seq    | sequence | truuser
(4 rows)
```

表已创建。继续检查初始测试数据是否已加载到导师和课程表中：

```
ezytutors=> select tutor_id, tutor_name, tutor_pic_url from ezy_tutor_c6;

tutor_id  | tutor_name |         tutor_pic_url
----------+------------+------------------------------
       1 | Merlene    | http://s3.amazon.aws.com/pic1
       2 | Frank      | http://s3.amazon.aws.com/pic2
(2 rows)

ezytutors=> select course_id, tutor_id, course_name, course_format,
course_level, from ezy_course_c6;

course_id | tutor_id | course_name    | course_format       | course_level
-----------+----------+---------------+--------------------+---------+
        1 |        1 | First course  |                     | Beginner
        2 |        2 | Second course | ebook               |
(2 rows)
```

到目前为止一切都很好。是时候进行测试了。当停止容器时会发生什么？容器重启后数据会保留吗？为了检查这一点，可向 tutor 表添加一条新记录，关闭容器，然后重新启动它以检查数据是否已保留。

```
ezytutors=> insert into ezy_tutor_c6 values(
➥ 3,'Johnny','http://s3.amazon.aws.com/pic2',
➥ 'Johnny is an expert marriage counselor');
  ezytutors=> \q
  exit
  root@1dfd3bd87e2c:/# exit
```

使用 q 退出 psql shell，然后在 Docker Postgres 容器的 bash shell 上发出 exit 命令，之后将进入项目主目录。

现在关闭 Docker 容器：

```
docker compose down
docker ps
```

Postgres 容器不应再运行。现在重新启动容器，并进入正在运行的容器 shell。

```
docker compose up -d
docker ps
docker exec -it 7e7c11273911 /bin/bash
```

然后在容器中使用 psql 客户端登录数据库，查看是否有 tutor 表包含之前添加的附加条目。

```
root@7e7c11273911:/# psql -U truuser ezytutors
psql (14.3 (Debian 14.3-1.pgdg110+1))
Type "help" for help.

ezytutors=> \d
                     List of relations
Schema   |         Name                 | Type     | Owner
--------+-----------------------------+----------+---------
public   | ezy_course_c6               | table    | truuser
public   | ezy_course_c6_course_id_seq| sequence | truuser
public   | ezy_tutor_c6                | table    | truuser
public   | ezy_tutor_c6_tutor_id_seq   | sequence | truuser
(4 rows)

ezytutors=> select * from ezy_tutor_c6;
tutor_id | tutor_name   | tutor_pic_url                  | tutor_profile
----------+------------+-------------------------------+------------------
        1 | Merlene     | http://s3.amazon.aws.com/pic1 | Merlene is an ..
        2 | Frank       | http://s3.amazon.aws.com/pic2 | Frank is an ..
        3 | Johnny      | http://s3.amazon.aws.com/pic2 | Johnny is an ..
(3 rows)
```

数据确实被持久化了。

现在已经完成了创建 Postgres 数据库容器、初始化数据库和加载测试数据的任务。Docker Postgres 容器的设置到此结束。

接下来继续对导师 Web 服务进行容器化。

12.4 使用 Docker 打包 Web 服务

12.3 节中，已将 EzyTutors Postgres 数据库打包为 Docker 容器。本节将注意力转向将导师 Web 服务打包为 Docker 容器。

首先创建一个 Dockerfile，为导师 Web 服务创建自定义 Docker 镜像(而不是使用 12.3 节中的标准 Postgres 镜像)。需要自定义 Dockerfile 有以下两个原因。

- Docker Hub 中没有可用于导师 Web 服务的标准 Docker 镜像。这是自定义的代码，需要在 Dockerfile 中给出指令，将其打包为容器。
- 想要指定创建静态独立二进制文件的指令，而不使用共享库。默认情况下，Rust 标准库会动态链接到系统的 libc 实现。由于想要为 Web 服务提供 100%静态二进制文件，因此将在 Web 服务 Docker 容器中使用的 Linux 发行版上使用 musl libc。

为什么将 Rust 与 musl 一起使用？

默认情况下，Rust 静态链接所有 Rust 代码。但如果使用标准库(与本书做法相同)，则将动态链接到系统 libc 实现。遗憾的是，操作系统差异可能会导致 Rust 二进制文件在与编译环境不同的环境中运行时崩溃。例如，如果二进制文件是使用与目标系统(Rust 程序在此部署并运行)相比较新版本的 Glibc 构建的，则将无法运行。避免此问题的一种方法是将 musl 静态编译到二进制文件中。

musl 是 Alpine Linux 中使用的 Glibc 的轻量级替代品。当 musl 静态编译到 Rust 程序中时，可以创建一个独立的可执行文件，该可执行文件将在不依赖 Glibc 的情况下运行。这就是本书中将使用的将 Rust 打包到 Docker 容器中的方法。

首先为导师 Web 服务创建 Dockerfile。创建一个名为 Dockerfile-tutor-webservice 的 Dockerfile，并添加以下内容。

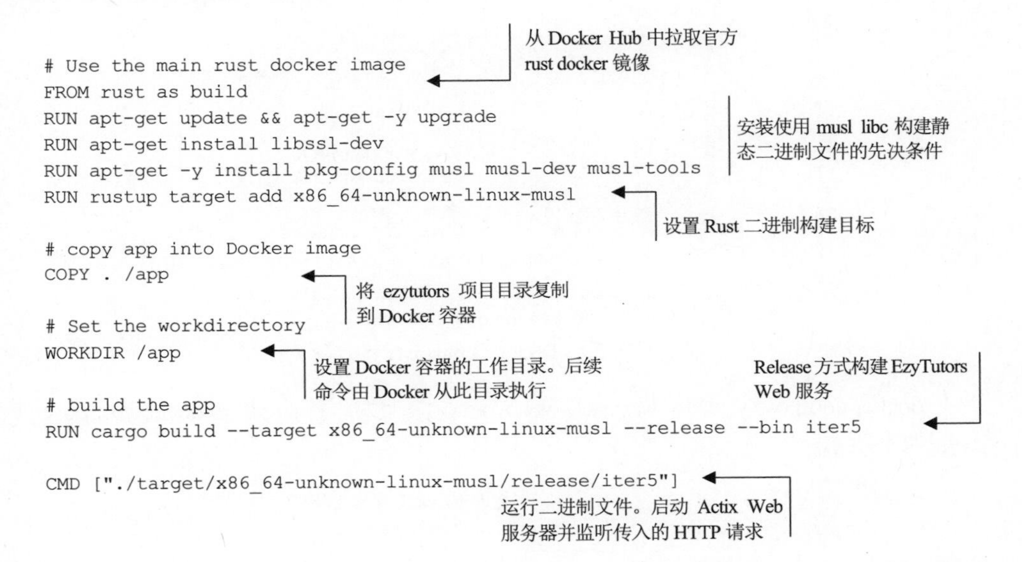


```
# Use the main rust docker image
FROM rust as build
RUN apt-get update && apt-get -y upgrade
RUN apt-get install libssl-dev
RUN apt-get -y install pkg-config musl musl-dev musl-tools
RUN rustup target add x86_64-unknown-linux-musl

# copy app into Docker image
COPY . /app

# Set the workdirectory
WORKDIR /app

# build the app
RUN cargo build --target x86_64-unknown-linux-musl --release --bin iter5

CMD ["./target/x86_64-unknown-linux-musl/release/iter5"]
```

到此已经创建了 Dockerfile。可以直接在这个 Dockerfile 上运行 Docker build 命令。但此处会以不同的方式来做，具体方法参见 12.5 节。

12.5　使用 Docker Compose 编排 Docker 容器

本节将使用 Docker Compose 为 EzyTutors 应用程序创建多容器配置。

为什么使用 Docker Compose？

Docker Compose 是一个客户端工具，可支持运行具有多个容器的应用程序堆栈。Docker 使得为单个服务创建本地开发环境变得很容易，但是当需要为一个应用程序管理多个 Docker 容器时(就像在 EzyTutors 示例中那样)，就变得很麻烦。Docker Compose 通过在单个 YAML 配置文件中指定一个或多个 Docker 容器的配置来解决这一问题。

Docker Compose 可用来为应用程序中的每个 Docker 容器指定构建指令、存储配置、环境变量和网络参数。一旦定义了这些，Docker Compose 便支持使用一组命令来构建、启动和停止所有容器。

先将导师 Web 服务添加为 Docker Compose 文件中的服务，该服务是 12.4 节中为 Postgres 数据库容器创建的。通过这种方式，将拥有一个 Docker Compose 文件，其中包含构建和运行导师 Web 服务所需的 Docker 容器的详细信息。此外，还可以指定两个容器之间的依赖关系，并通过公共 Docker 网络将它们连接起来。可以指定在 Docker 容器运行时将 Postgres 数据保存到哪个 Docker 卷。

图 12.7 说明了应用程序的最终 Docker Compose 文件的关键元素。

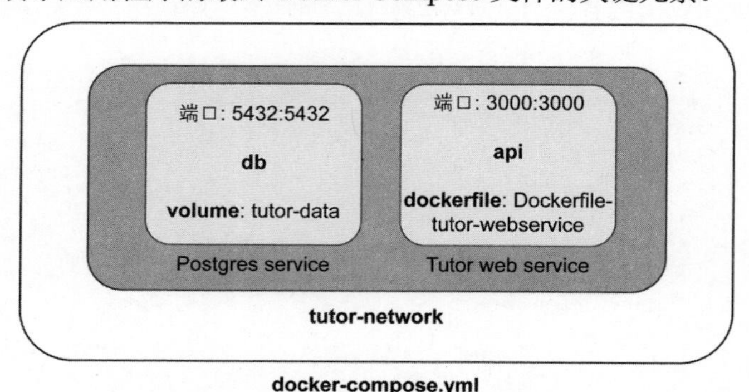

图 12.7 Docker Compose 配置

在 docker-compose.yml 中，将 coach-webservice 添加为服务。完整的 dockercompose.yml 文件应如下所示。

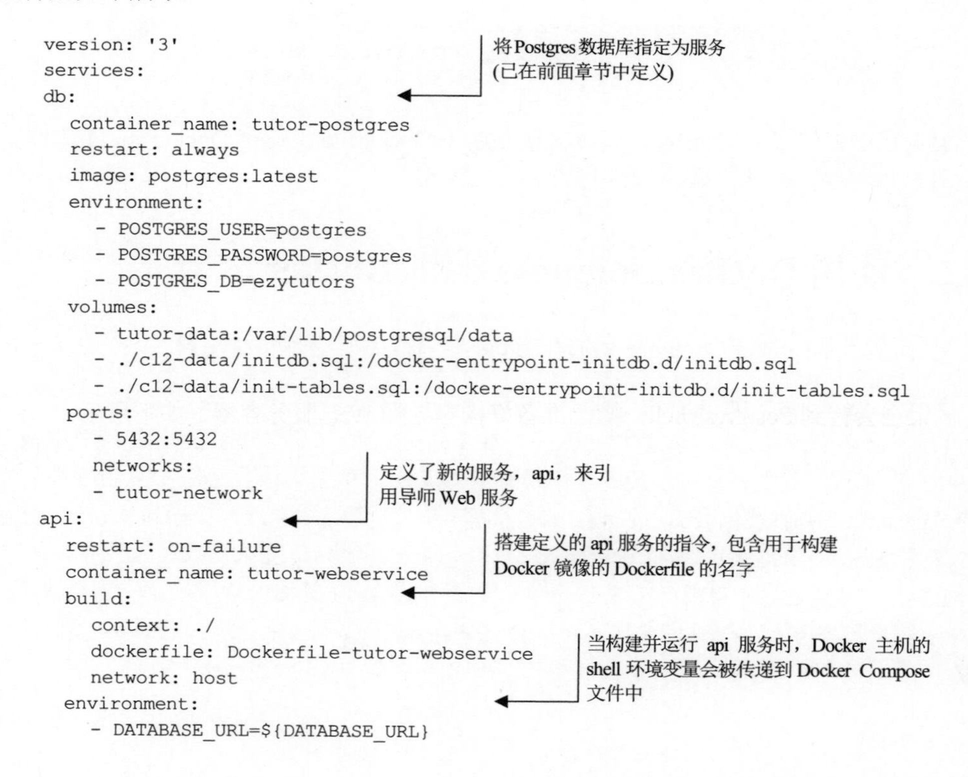

```
version: '3'
services:
db:
  container_name: tutor-postgres
  restart: always
  image: postgres:latest
  environment:
    - POSTGRES_USER=postgres
    - POSTGRES_PASSWORD=postgres
    - POSTGRES_DB=ezytutors
  volumes:
    - tutor-data:/var/lib/postgresql/data
    - ./c12-data/initdb.sql:/docker-entrypoint-initdb.d/initdb.sql
    - ./c12-data/init-tables.sql:/docker-entrypoint-initdb.d/init-tables.sql
  ports:
    - 5432:5432
    networks:
    - tutor-network
api:
  restart: on-failure
  container_name: tutor-webservice
  build:
    context: ./
    dockerfile: Dockerfile-tutor-webservice
    network: host
  environment:
    - DATABASE_URL=${DATABASE_URL}
```

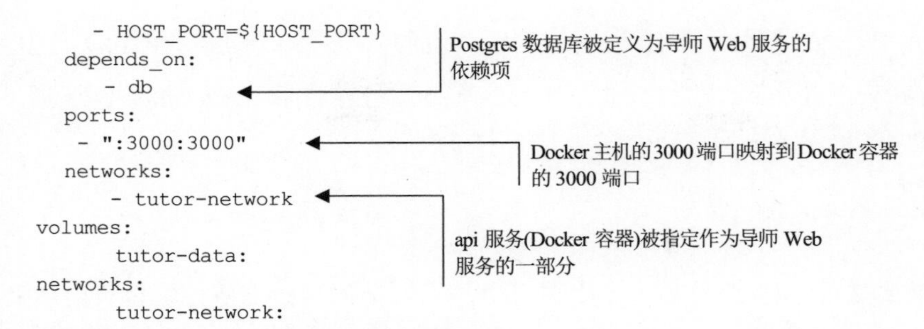

- HOST_PORT=${HOST_PORT}
depends_on:
- db
ports:
- ":3000:3000"
networks:
- tutor-network
volumes:
tutor-data:
networks:
tutor-network:
Postgres 数据库被定义为导师 Web 服务的依赖项
Docker 主机的 3000 端口映射到 Docker 容器的 3000 端口
api 服务(Docker 容器)被指定作为导师 Web 服务的一部分

现在可以启动 Postgres 数据库容器：

```
docker compose up db -d
```

这将单独启动数据库容器作为后台进程。在构建并运行导师 Web 服务容器之前，首先检查环境变量设置：

```
cat .env
```

可看到以下内容：

```
DATABASE_URL=postgres://truuser:trupwd@localhost:5432/ezytutors
HOST_PORT=0.0.0.0:3000
```

接下来，在当前终端 shell 中设置 DATABASE_URL 环境变量：

```
source .env
echo $DATABASE_URL
```

可看到 DATABASE_URL 的值已正确设置为环境变量。此步骤很重要，因为 sqlx 在构建导师 Web 服务时会对数据库进行编译时检查：

```
postgres://truuser:trupwd@localhost:5432/ezytutors
```

仔细检查 Postgres URL 是否可以从 Docker shell 访问(以避免编译过程中不必要的延迟)。

```
psql postgres://truuser:trupwd@localhost:5432/ezytutors
\q
```

如果这会转到 Postgres shell，则已准备好构建导师 Web 服务容器，如下所示。

```
docker compose build api
```

这将需要一段时间，具体取决于机器的配置。

该过程完成后，使用以下命令检查构建的镜像。

```
docker images
```

结果如下：

```
REPOSITORY      TAG      IMAGE ID       CREATED          SIZE
tutor-db_api    latest   23bee1bda139   52 seconds ago   2.87GB
postgres        latest   5b21e2e86aab   7 days ago       376MB
```

现在已构建 Web 服务容器，可以启动了。但在此之前，必须关闭正在运行的 Postgres 容器，因为 Docker Compose 文件将同时启动 api(Web 服务容器)和 db(Postgres 容器)服务。

获取 Docker 镜像 ID，并删除正在运行的 Postgres 容器。

```
docker ps
docker stop <image id>
docker rm <image id>
```

在启动容器之前，还需要完成一个步骤。回想一下，导师 Web 服务使用 DATABASE_URL 环境变量来连接到 Postgres 数据库。在构建 Web 服务容器时，将以下值设置为：

```
DATABASE_URL:

DATABASE_URL=postgres://truuser:trupwd@localhost:5432/ezytutors
```

注意，@符号后面的值代表 Postgres 数据库运行的主机。在构建阶段，将其设置为 localhost，但对于 tutor webservice 容器(在 Docker Compose 文件中名为 api)，localhost 指的是其自身。那么它是如何在构建时连接到 Postgres 容器的呢？答案是在构建时做了一个小修改。查看用于构建导师 Web 服务的 Docker Compose 文件，会注意到 network 参数被设置为 host。

```
api:
  restart: on-failure
  container_name: tutor-webservice
  build:
      context: ./
      dockerfile: Dockerfile-tutor-webservice
      network: host
```

此参数允许通过连接到 Docker 主机的 localhost 端口来继续导师 Web 服务容器的构建过程。这不适合生产环境，因此创建了一个名为 tutor-network 的单独 Docker 网络，并指定两个容器都连接到该网络。现在可以验证：

```
docker network ls
docker inspect tutor-network
```

如果没有看到任何对导师 Web 服务或 Postgres 容器的引用，可手动添加它们，如下所示。

```
docker network connect tutor-network tutor-webservice
docker network connect tutor-network tutor-postgres
docker inspect tutor-network
```

可看到如下输出：

```
"Containers": {
  "26a5fc9ac00d815cb933bf66755d1fd04f6dca1efe1ffbc96f28da50e65238ba": {
    "Name": "tutor-postgres",
    "EndpointID":
    ➥ "e870c365731463198fbdf46ea4a7d22b3f9f497727b410852b86fe1567c8a3e6",
    "MacAddress": "02:42:ac:1b:00:03",
    "IPv4Address": "172.27.0.3/16",
```

```
      "IPv6Address": ""
    },
    "af6e823821b36d13bf1b381b2b427efc6f5048386b4132925ebd1ea3ecfa5eaa": {
      "Name": "tutor-webservice",
      "EndpointID":
      ➥ "015e1dbc36ae8e454dc4377ad9168b6a01cae978eac4e0ec8e14be98d08b4f1c",
      "MacAddress": "02:42:ac:1b:00:02",
      "IPv4Address": "172.27.0.2/16",
      "IPv6Address": ""
    }
  },
```

两个参数，tutor-postgres 和 tutor-webservice，均已添加到导师网络。

在网络中，容器可以通过容器名称相互访问。因此，tutor-webservice 可以使用名称 tutor-postgres 访问 Postgres 容器。现在在.env 文件中修改数据库 URL，如下所示。

```
DATABASE_URL=postgres://truuser:trupwd@tutor-postgres:5432/ezytutors
```

注意，主机值现在设置为 tutor-postgres 而非 localhost。在 shell 中设置环境变量并重新启动容器。

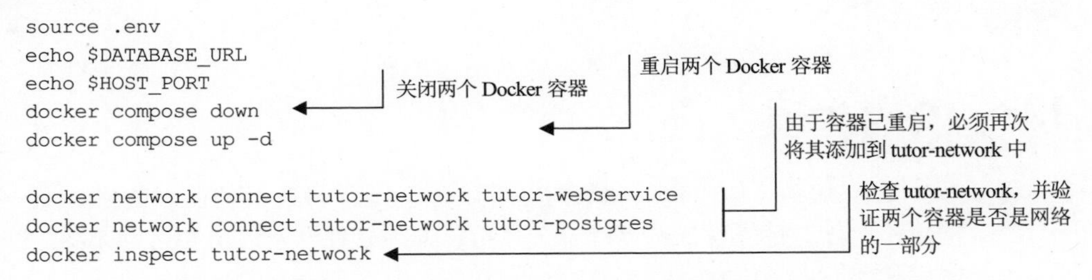

现在，从服务器终端(而非 Docker 内部)运行以下命令来检查 Web 服务端点：

```
curl localhost:3000/tutors/
```

可以看到以下结果：

```
[{"tutor_id":1,"tutor_name":"Merlene",
➥ "tutor_pic_url":"http://s3.amazon.aws.com/pic1",
➥ "tutor_profile":"Merlene is an experienced finance professional"},
➥ {"tutor_id":2,
➥ "tutor_name":"Frank",
➥ "tutor_pic_url":"http://s3.amazon.aws.com/pic2",
➥ "tutor_profile":"Frank is an expert nuclear engineer"},
➥ {"tutor_id":3,
➥ "tutor_name":"Johnny",
➥ "tutor_pic_url":"http://s3.amazon.aws.com/pic2",
➥ "tutor_profile":"Johnny is an expert marriage counselor"}]
```

注意，还会显示添加到导师列表中的条目，要确认数据库改动在容器重新启动后已保留到本地卷。还可以在其他端点上运行测试作为练习。

如果已经走到这一步，那么恭喜你。你已成功对导师 Web 服务和 Postgres 数据库进行容器化。还可以使用 Docker Compose 通过简单的命令来构建、启动和停止所有容器，从而使任务变得更加简单。

至此，本书接近尾声。本书旨在帮助你开启使用 Rust 编写 Web 服务和应用程序的旅程，现在你已经可以自己探索并享受 Rust Web 开发的世界。祝愿你在继续探索 Rust 服务器、服务和应用程序开发过程中一切顺利。

建议练习

如果你正在寻找其他代码练习，这里有一些：

- Docker build 命令可能需要很长时间才能创建 Docker 镜像。探索 cargo-chef 的使用(https://github.com/LukeMathWalker/cargo-chef)以加快容器构建速度。
- 将中间件添加到 Actix Web 服务器以添加附加功能，例如 CORS、API 端点的 JWT 身份验证和日志记录级别。更多详情参阅 Actix 文档对中间件的讨论：https://actix.rs/docs/middleware/。
- 前面章节中的导师 Web 服务容器镜像很大——2.87 GB。作为练习，可强化多阶段构建 Dockerfile-tutor-webservice Dockerfile 并减小 Docker 镜像的大小。有关多阶段构建的更多详情参阅 Docker 文档：https://docs.docker.com/develop/develop-images/multistage-build。

12.6 本章小结

- Rust Web 服务、应用程序和数据库可以打包到 Docker 容器中。Docker 是一种构建和运行轻量级容器的流行方式，可以消除软件开发人员和运营团队之间的摩擦。
- Docker 文件包含构建 Docker 镜像的说明。在镜像中，容器可以被实例化，然后可以服务请求。对于容器化 Rust 程序，使用 musl 构建静态 Rust 二进制文件有助于避免不同目标环境上的 libc 版本出现问题。
- 多阶段 Docker 构建可用于减少最终 Docker 镜像的大小。就 Rust 而言，第一阶段涉及安装 Rust 开发环境和相关依赖项以构建静态 Rust 二进制文件。第二阶段涉及通过创建新的基础镜像并仅复制最终(独立的)Rust 静态二进制文件来删除 Rust 编译器和中间构建工件。
- 可以使用 Docker Compose 将 Docker 容器分组在一起，Docker Compose 是一个用于构建、运行和管理一组 Docker 容器的生命周期的工具。
- Docker 容器可以使用自定义 Docker 网络互连。
- Docker 卷可用于在 Docker 容器运行之间将数据保存到磁盘。
- Docker Compose 极大地简化了一组容器的生命周期管理。
- 项目的 Dockerfile 和 Docker Compose 文件可用于在各种虚拟基础设施和云提供商上部署应用程序或服务。